前言

近年来，工程建设规模不断扩大，在建筑、水利、石化、电力、交通和铁道等土木工程建设中，人们越来越多地遇到不良地基问题，各种不良地基需要进行地基处理才能满足建造上部构筑物的要求。地基基础工程的选择，关系到整个工程质量、进度和投资。合理地进行地基基础设计与施工是降低工程造价的重要途径之一。在建筑工程施工过程中，地基基础的检测与监测工作很关键，也是建筑地基基础科研和检测技术人员必须掌握的技术，为此，我们编写了本书，以期指导相关人员掌握基础工程检测和监测技术。

本书从地基基础的设计到施工、从施工验收到检测和监测，即从基础知识逐步引申到检测与监测，可使读者逐步掌握前期的设计思路、中期的施工工艺特点，最终到地基基础检测和施工监测内容。部分章节从基础理论的发展历史，到阐述现代技术理论的研究成果都会有所介绍。本书的特点如下：

1. 内容全面。涵盖了地基基础的基本理论知识、设计施工要点、施工验收、检测和监测全部内容。

2. 实用性强。用实际工程检测实例讲解检测和监测技术要点，参考性强。

3. 适用性好。根据相关培训岗位要求编写，可作为培训教材。

本书由中国建设教育协会组织编写，金鸣任主编，参与编写的有：王欣丽、文超、常莲、蔚峰炯、黄树情、王惠敏、庄严、仇海洋、杨键、彭燕若、娄瑞龙、张克丹。

由于时间仓促，书中难免存在不足之处，恳请广大读者批评指正。

编　者

2020 年 2 月

目录

第一篇　岩土工程检测

第二篇　地基检测与监测

第三篇　基础工程设计与施工

第四篇　桩基础检测

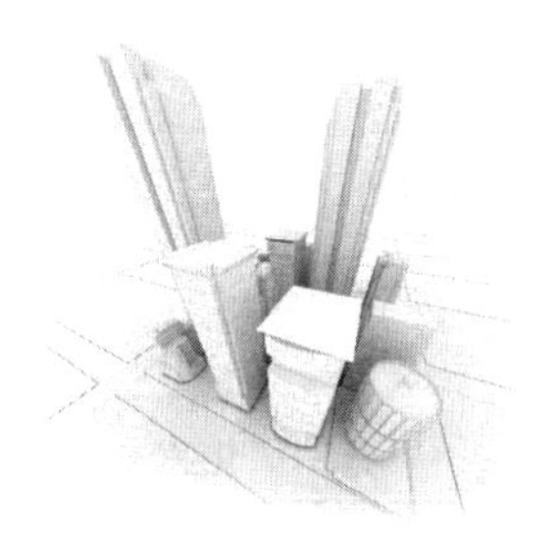

第一篇

岩土工程检测

第一章　岩土工程勘察

岩土工程检测研究的内容为：通过一些检测试验的方法，了解自然环境中岩土工程的结构组成；各种类型岩土的物理力学性能指标参数；分析岩土作为承载体时的承载能力和变形之间的关系；评估为提高岩土承载能力所采取的处理手段的可行性和适应性。

第一节　岩土的组成与分类

一、岩土

自然环境中，一般地面表层是以强风化的岩体（无机体）和部分有机质（动物、植物的残体）形成的土体为主。在达到一定深度以后，则以由岩体（又称岩石）形成的地壳为主。地壳以下则以岩浆为主。

从工程角度说，岩土是分布在地壳表层可移走的松散材料，主要由岩土颗粒和颗粒之间的空隙组成。

岩土工程检测主要是通过岩土工程勘察、岩土原位测试、原位试验等手段，了解岩土体的构成、岩土体的组成含量、岩土体内的物理力学性能指标参数，以浅层和深层载荷试验确定荷载与变形的关系，以及作为人工建造的建筑物和构筑物的基础条件。

岩土工程检测的一些方法不仅可用于了解岩土体原位的基本特性，还可用于人工地基处理效果的检验。

了解岩土体原位的基本特性，首先应了解岩体和土体的类别。

二、岩体与岩体分类

岩体以坚硬程度、完整程度和岩体基本质量等指标来划分。

1. 岩体按风化程度分类

岩体按风化程度的分类见表 1-1。

表 1-1 岩石按风化程度的分类

风化程度	野外特征	风化程度参数指标	
		波速比 K_v	风化系数 K_f
未风化	岩质新鲜，偶见风化痕迹	0.9～1.0	0.9～1.0
微风化	结构基本未变，仅节理面有渲染或略有变色，有少量风化裂隙	0.8～0.9	0.8～0.9
中等风化	结构部分破坏，沿节理面有次生矿物，风化裂隙发育，岩体被切割成岩块，用镐难挖，岩芯钻方可钻进	0.6～0.8	0.4～0.8
强风化	结构大部分破坏，矿物成分显著变化，风化裂隙很发育，岩体破碎，用镐可挖，干钻不易钻进	0.4～0.6	<0.4
全风化	结构基本破坏，但尚可辨认，有残余结构强度，可用镐可挖，干钻可钻进	0.2～0.4	—
残积土	组织结构全部破坏，已风化成土状，锹镐易挖掘，干钻易钻进，具可塑性	<0.2	—

2. 岩体按坚硬程度分类

岩体按坚硬程度分类见表 1-2、表 1-3。

表 1-2 岩体按坚硬程度分类

坚硬程度	坚硬岩	较硬岩	较软岩	软岩	极软岩
饱和单轴抗压强度 f_r/MPa	$f_r>60$	$60\geqslant f_r>30$	$30\geqslant f_r>15$	$15\geqslant f_r>5$	$f_r\leqslant 5$

表 1-3 岩体按坚硬程度等级的定性分类

坚硬程度等级		定性鉴定	代表性岩石
硬质岩	坚硬岩	锤击声清脆，有回弹，震手，难击碎，基本无吸水反应	未风化-微风化的花岗岩、闪长岩、辉绿岩、玄武岩、安山岩、片麻岩、石英岩、石英砂岩、硅质砾岩、硅质石灰岩等
	较硬岩	锤击声较清脆，有轻微回弹，稍震手，较难击碎，有轻微吸水反应	1. 微风化的坚硬岩； 2. 未风化-微风化的大理石、板岩、石灰岩、白云岩、钙质砂岩等
软质岩	较软岩	锤击声不清脆，无回弹，较易击碎，浸水后指甲可刻出印痕	1. 中风化-强风化的坚硬岩或较硬岩； 2. 未风化-微风化的凝灰岩、千枚岩、泥灰岩、砂质泥岩等
	软岩	锤击声哑，无回弹，有凹痕，易击碎，浸水后手可掰开	1. 强风化的坚硬岩或较硬岩； 2. 中等风化-强风化的较软岩； 3. 未风化-微风化的页岩、泥岩、泥质砂岩等
极软岩		锤击声哑，无回弹，有较深凹痕，手可掰开，浸水后可捏成团	1. 全风化的各种岩石； 2. 各种半成岩

3. 岩体按完整程度分类

岩体按完整程度分类见表 1-4、表 1-5。

表 1-4 岩体按完整程度分类

完整程度	完整	较完整	较破碎	破碎	极破碎
完整性指数	>0.75	0.75～0.55	0.55～0.35	0.35～0.15	<0.15

4. 岩体按基本质量分类

岩体基本质量等级表见表 1-6。

5. 岩层按厚度分类

岩层厚度表见表 1-7。

表 1-5　岩体按完整程度的定性分类

完整程度	结构面发育程度		主要结构面的结合程度	主要结构面类型	相应结构类型
	组数	平均间距/m			
完整	1～2	>1.0	结合好或结合一般	裂隙、层面	整体状或巨厚层状结构
较完整	1～2	>1.0	结合差	裂隙、层面	块状或巨厚层状结构
	2～3	1.0～0.4	结合好或结合一般		块状结构
较破碎	2～3	1.0～0.4	结合差	裂隙、层面、小断面	裂隙块状或中厚层状结构
	≥3	0.4～0.2	结合好		镶嵌碎裂结构
			结合一般		中、薄层状结构
破碎	≥3	0.4～0.2	结合差	各种类型结构面	裂隙块状结构
		≤0.2	结合一般或结合差		碎裂状结构
极破碎	无序		结合很差	—	散体状结构

表 1-6　岩体基本质量等级表

完整程度	完整	较完整	较破碎	破碎	极破碎
坚硬岩	Ⅰ	Ⅱ	Ⅲ	Ⅳ	Ⅴ
较硬岩	Ⅱ	Ⅲ	Ⅳ	Ⅳ	Ⅴ
较软岩	Ⅲ	Ⅳ	Ⅳ	Ⅴ	Ⅴ
软岩	Ⅳ	Ⅳ	Ⅴ	Ⅴ	Ⅴ
极软岩	Ⅴ	Ⅴ	Ⅴ	Ⅴ	Ⅴ

表 1-7　岩层厚度表

层厚分类	巨厚层	厚层	中厚层	薄层
单层厚度 h/m	$h>1.0$	$1.0\geq h>0.5$	$0.5\geq h>0.1$	$h\leq 0.1$

三、土体

土体是由“三相”组成。

组成土体的“三相”为：由无机或有机颗粒组成的固体；由电解质溶液组成的液体；与大气相接触和交换的气体。

受土体所处地理环境的影响，土体“三相”占的比例不同。土体中液体和气体含量一并称作土体的孔隙。在自然界里，在土体的自重压力下，土体内的孔隙逐渐减少，我们称之为自然固结。可是，在自然界中也有一些现象，如：降水、洪水泛滥、地震等，可使土体中“三相”比例含量发生期间性的变化。所以，我们不仅需要了解自然环境下的岩土体的“三相”组成，还需了解在自然灾害条件下，岩土体“三相”组成可能发生的变化，避免形成灾害性的破坏，造成人员和物质上的损失。

四、土体分类

按照土体所含颗粒直径的不同，以及不同粒径颗粒所占的比例不同，土体可分为碎石土、砂土、粉土和黏性土。

（1）碎石土

粒径大于 2mm 的颗粒质量超过总质量 50%的土称为碎石土。

（2）砂土

粒径大于 2mm 的颗粒的质量不超过总质量 50%，粒径大于 0.075mm 的颗粒的质量超过总质量 50%的土称为砂土。

(3) 粉土

粒径大于0.075mm的颗粒的质量不超过总质量50%，且塑性指数≤10的土称为粉土。

(4) 黏性土

塑性指数>10的土称为黏性土。黏性土又可分为粉质黏土和黏土。

① 粉质黏土　塑性指数>10，且≤17的土称为粉质黏土。

② 黏土　塑性指数>17的土称为黏土。

1. 碎石土的分类

碎石土根据颗粒级配（颗粒级配是指不同粒径颗粒所占的成分比例情况）不同，又可分为漂石、块石、卵石、碎石、圆砾、角砾。碎石土的分类见表1-8。

表1-8　碎石土的分类

碎石土的名称	颗粒形状	颗粒级配
漂石	圆形及亚圆形为主	粒径大于200mm的颗粒的质量超过总质量的50%
块石	棱角形为主	
卵石	圆形及亚圆形为主	粒径大于20mm的颗粒的质量超过总质量的50%
碎石	棱角形为主	
圆砾	圆形及亚圆形为主	粒径大于2mm的颗粒的质量超过总质量的50%
角砾	棱角形为主	

2. 砂土的分类

砂土根据颗粒级配的不同，可分为砾砂、粗砂、中砂、细砂、粉砂。砂土的分类见表1-9。

表1-9　砂土的分类

砂土的名称	颗粒级配
砾砂	粒径大于2mm的颗粒的质量占总质量的25%～50%
粗砂	粒径大于0.5mm的颗粒的质量超过总质量的50%
中砂	粒径大于0.25mm的颗粒的质量超过总质量的50%
细砂	粒径大于0.075mm的颗粒的质量超过总质量的85%
粉砂	粒径大于0.075mm的颗粒的质量超过总质量的50%

3. 土体的按密实度分类

不论碎石土、砂土、粉土还是黏性土，又可根据相关的动力触探、标准贯入、土体的孔隙比、含水量、液性指数等物理性能指标，进行土体的密实度分类，具体分类见表1-10～表1-17。

表1-10　碎石土密实度野外鉴别

密实度	骨架颗粒含量和排列	可挖性	可钻性
松散	骨架颗粒质量小于总质量的60%，排列混乱，大部分不接触	锹可以挖掘，井壁易坍塌，从井壁取出大颗粒后，立即塌落	钻进较易，钻杆稍有跳动，孔壁易坍塌
中密	骨架颗粒质量等于总质量的60%～70%，呈交错排列，大部分接触	锹镐可以挖掘，井壁有掉块现象，从井壁取出大颗粒处，能保持凹面形状	钻进较困难，钻杆、吊锤跳动不剧烈，孔壁有坍塌现象
密实	骨架颗粒质量大于总质量的70%，呈交错排列，连续接触	锹镐挖掘困难，用撬棍方能松动，井壁较稳定	钻进困难，钻杆跳动剧烈，孔壁较稳定

表1-11　碎石土密实度按重型动力触探锤击数 $N_{63.5}$ 分类

重型动力触探锤击数 $N_{63.5}$	密实度	重型动力触探锤击数 $N_{63.5}$	密实度
$N_{63.5}\leqslant 5$	松散	$10<N_{63.5}\leqslant 20$	中密
$5<N_{63.5}\leqslant 10$	稍密	$N_{63.5}>20$	密实

表 1-12　碎石土密实度按重型动力触探锤击数 N_{120} 分类

重型动力触探锤击数 N_{120}	密实度	重型动力触探锤击数 N_{120}	密实度
$N_{120} \leqslant 3$	松散	$11 < N_{120} \leqslant 14$	密实
$3 < N_{120} \leqslant 6$	稍密	$N_{120} > 14$	很密
$6 < N_{120} \leqslant 11$	中密		

表 1-13　砂土密实度分类

标准贯入锤击数 N	密实度	标准贯入锤击数 N	密实度
$N \leqslant 10$	松散	$15 < N \leqslant 30$	中密
$10 < N \leqslant 15$	稍密	$N > 30$	密实

表 1-14　粉土密实度分类

孔隙比 e	密实度
$e < 0.75$	密实
$0.75 \leqslant e \leqslant 0.90$	中密
$e > 0.90$	稍密

表 1-15　粉土湿度分类

含水量 ω	湿度
$\omega < 20$	稍湿
$20 \leqslant \omega \leqslant 30$	湿
$\omega > 30$	很湿

表 1-16　黏性土状态分类

液性指数 I_1	状态	液性指数 I_1	状态
$I_1 \leqslant 0$	坚硬	$0.75 < I_1 \leqslant 1$	软塑
$0 < I_1 \leqslant 0.25$	硬塑	$I_1 > 1$	流塑
$0.25 < I_1 \leqslant 0.75$	可塑		

表 1-17　目力鉴别粉土和黏性土

鉴别项目	摇振反应	光泽反应	干硬度	韧性
粉土	迅速、中等	无光泽反应	低	低
黏性土	无	有光泽、稍有光泽	高等、中等	高等、中等

4. 土体的其他分类

土体按有机质含量分类见表 1-18。

表 1-18　土体按有机质含量分类

分类名称	有机质含量 W_u/%	现场鉴别特征	说明
无机土	$W_u < 5$		
有机质土	$5 \leqslant W_u \leqslant 10$	深灰色，有光泽，味臭，除腐殖外尚含少量未完全分解的动植物体，浸水后水面出现气泡，干燥后体积收缩	1. 如现场能鉴别或有地区经验时，可不做有机质含量测定； 2. 当 $\omega > \omega_1$，$1.0 \leqslant e < 1.5$ 时称淤泥质土； 3. 当 $\omega > \omega_1$，$e > 1.5$ 时称淤泥
泥炭质土	$10 \leqslant W_u \leqslant 60$	深灰或黑色，有腥臭味，能看到未完全分解的植物结构，浸水体胀，易崩解，有植物残渣浮于水中，干缩现象明显	弱泥炭质土（$10\% < W_u \leqslant 25\%$） 中泥炭质土（$25\% < W_u \leqslant 40\%$） 强泥炭质土（$40\% < W_u \leqslant 60\%$）
泥炭	$W_u > 60$	除有泥炭质土特征外，结构松散，土质很轻，暗无光泽，干缩现象极为明显	—

注：表中 ω 为土的含水比；e 为土的孔隙比；ω_1 为液限含水率。

第二节　岩土工程勘察

岩土勘察是利用钻探、井探、槽探、坑探、洞探、物探、触探等一些手段了解岩土的组成和特性。

一、岩土工程勘察内容

岩土工程勘察内容如下。

(1) 查明场地与地基的稳定性、地层结构、持力层和下卧层的工程特性、土的应力历史和地下水条件以及不良地质作用等。

(2) 提供满足设计、施工所需的岩土参数，确定地基承载力，预测地基变形性状。

(3) 提出地基基础、基坑支护、工程降水和地基处理设计与施工方案的建议。

(4) 提出对建筑物有影响的不良地质作用的防治方案建议。

(5) 对于抗震设防烈度等于或大于6度的场地，进行场地与地基的地震效应评价。

二、岩土工程勘察顺序

岩土工程勘察的基本顺序为：可行性研究勘察、初步勘察、详细勘察、施工勘察、其他特殊工程勘察，依据工程需要进行不同的勘察作业。

可行性研究勘察用于选择场址方案。可行性研究勘察应对拟建场地的稳定性和适宜性做出评价。当有两个或两个以上拟选场地时，应进行比选分析。

初步勘察是为了满足初步设计的需要。初步勘察应对场地内拟建建筑地段的稳定性做出评价。

详细勘察应按建筑物或建筑群提出详细的岩土工程资料和设计、施工所需的岩土参数；对建筑地基做出岩土工程评价，并对地基类型、基础形式、地基处理、基坑支护、工程降水和不良地质作用的防治等提出建议。场地条件复杂或有特殊要求的工程，宜进行施工勘察。其他特殊工程勘察主要指特殊基础工程需要，如：基坑工程、桩基工程、不同的地基处理工程等的勘察。不论何种勘察均首先需确定勘察的布点和勘察需探明的岩土深度。

三、初步勘察

初步勘察的勘探线、勘探点间距和勘探孔深度见表1-19、表1-20。

表1-19 初步勘察的勘探线、勘探点间距

单位：m

地基复杂程度等级	勘探线间距	勘探点间距
一级(复杂)	50～100	30～50
二级(中等复杂)	75～150	40～100
三级(简单)	150～300	75～200

表1-20 初步勘察的勘探孔深度

单位：m

工程重要性等级	一般性勘探孔	控制性勘探孔
一级(重要工程)	≥15	≥30
二级(一般工程)	10～15	15～30
三级(次要工程)	6～10	10～20

四、详细勘察

详细勘察的勘探点间距见表1-21。

表1-21 详细勘察的勘探点的间距

单位：m

地基复杂程度等级	勘探点间距	地基复杂程度等级	勘探点间距
一级(复杂)	10～15	三级(简单)	30～50
二级(中等复杂)	15～30		

(1) 详细勘察的勘探点深度自基础底面算起，应符合下列规定。

① 勘探孔深应能控制地基主要力层，当基础底面宽度不大于5m时，勘探孔的深度对条形基础不应小于基础底面宽度的3倍。对单独柱桩基不应小于预计桩长的1.5倍，且不应小于5m。

② 对高层建筑和需做变形验算的地基，控制性勘探孔的深度应超过地基变形计算深度；高层建筑的一般勘探孔应达到基底以下 0.5～1.0 倍的基础宽度，并深入稳定分布的地层。

③ 对仅有地下室的建筑或高层建筑的裙房，当不满足抗浮设计要求、需设置抗浮桩或锚杆时，勘探孔深度应满足抗拔承载力评价的要求。

④ 当有大面积堆载或软弱下卧层时，应适当加深控制性勘探的深度。

⑤ 在上述规定深度内遇基岩或厚层碎石土等稳定地层时，勘探孔深度可适当调整。

(2) 详细勘察的勘探点深度除应满足以上要求外，还应满足下列规定。

① 地基变形计算深度，对中、低压缩性土可取附加压力等于上覆盖土层有效自重力 20%的深度；对于高压缩性土层可取附加压力等于上覆盖土层有效自重力 10%的深度。

② 建筑总平面内的裙房或地下室部分的控制性勘察探孔的深度可适当减小，但应深入稳定分布地层，且根据荷载和土质条件不宜少于基底下 0.5～1.0 倍的基础宽度。

③ 当需进行地基整体稳定性验算时，控制性勘察孔深应根据具体条件满足验算要求。

④ 当需确定场地抗震类别而邻近无可靠的覆盖层厚度资料时，应布置波速测试孔，其深度应满足确定覆盖层厚的要求。

⑤ 大型设备基础勘探孔深度不宜小于基础底面宽度的 2 倍。

⑥ 当需进行地基处理时，勘探孔的深度应满足地基处理设计与施工要求；当采用桩基时，勘探孔的深度应满足相应要求。

五、施工勘察

基坑或基槽开挖后，岩土条件与勘察资料不符或发现必须查明的异常情况时，应进行施工勘察。在工程施工或使用期间，当地基土、边坡体、地下水等发生未曾估计到的变化时，应进行监测，并对工程和环境的影响进行分析评价。

六、其他特殊工程勘察

1. 基坑工程勘察

需进行基坑设计的工程，勘察时应包括基坑工程勘察的内容。在初步勘察阶段，应根据岩土工程条件初步判定开挖可能发生的问题和需要采取的支护措施。在详细勘察阶段，应针对基坑工程设计的要求进行勘察。在施工阶段，必要时还应进行补充勘察。

勘察深度宜为开挖深度的 2～3 倍；勘察平面范围宜超出开挖边界外开挖深度的 2～3 倍。

当场地水文地质条件复杂，在基坑开挖过程中需要对地下水进行控制（降水或隔渗），且已有资料不能满足要求时，应进行专门的水文地质勘查。

2. 桩基工程勘察

桩基岩土工程勘查应包括如下内容。

(1) 查明场地各层岩土的类型、深度、分布、工程特性和变化规律。

(2) 当采用基岩作为桩的持力层时，应查明基岩的岩性、构造、岩面变化、风化程度，确定其坚硬程度、完整程度和基本质量等级，判定有无洞穴、临空面、破坏岩体或软弱岩层。

(3) 查明水文地质条件，评价地下水对桩基设计和施工的影响，判定水质对建筑材料的腐蚀性。

(4) 查明不良地质作用，可液化土层和特殊性岩土的分析及其对桩基的危害程度，并提出防治措施的建议。

(5) 评价成桩可能性，论证桩的施工条件及其对环境的影响。

勘察孔间距与深度见表 1-22、表 1-23。

表 1-22　桩基工程勘察孔间距　　单位：m

桩基种类	勘探点间距	桩基种类	勘探点间距
端承桩	12～24	摩擦桩	20～35
相邻勘探持力层高差	1～2		

表 1-23　桩基工程勘察孔深

桩基种类	预计孔深
一般性勘探孔	达到桩长以下 3～5 倍桩径，且不小于 3m；大直径桩不小于 5m
嵌岩桩	岩面以下 3～5 倍桩径，并穿透溶洞、破碎带

3. 地基处理工程勘察

地基处理工程勘察是根据地基处理方法，探明该地基处理方法的处理影响深度范围内的岩土特性参数、地层分布走向、层厚、埋深以及下卧层岩土情况。勘察平面布置应超出地基处理面积，且超过由于地基处理对岩土体侧向影响的范围。

第三节　室内土工试验

岩土工程勘察取得原状岩土样品后，送至土工实验室进行样品试验分析，得到岩土体的各项物理力学性能指标，导出物理性能参数。

岩土的室内土工试验内容方法很多。首先应根据现场的初步鉴别结果和室内的进一步试验确定岩土样品的类别，再依据土样类别选择相关的试验内容和方法。土工试验与方法见表 1-24。

表 1-24　土工试验与方法

试验名称	试验方法
含水率试验	烘干法、酒精燃烧法、比重法
密度试验	环刀法、电动取土器法、蜡封法、灌水法、灌砂法
比重试验	比重瓶法、浮力法、浮称法、虹吸筒法
颗粒分析试验	筛分法密度计法、移液管法
界限含水率试验(液、塑限)	液限和塑限联合测试法、液限蝶式仪法、塑限滚搓法、塑限试验法
收缩试验	收缩试验法
天然稠度试验	稠度试验法
砂的相对密实度试验	相对密实度试验法
湿化试验	湿化试验法
毛细管水上升高度试验	毛细管试验法
渗透试验	常水头渗透试验法、变水头渗透试验法
击实试验	击实试验法
承载比试验	承载比重(CBR)试验法
回弹模量试验	承载板法、强度仪法
固结试验	单轴固结仪法、快速试验法
标准吸湿含水率试验	标准吸湿含水率试验法
黄土湿陷试验	相对下沉系数试验法、自重湿陷系数试验法、溶滤变形系数试验法、湿陷起始压力试验法
直接剪切试验	黏性土慢剪试验法、黏性土固结快剪试验法、黏性土快剪试验法、砂土直剪试验法、排水反复直剪试验法
三轴压缩试验	不固结不排水试验法、固结不排水试验法、固结排水试验法、一个试件多级加荷试验法
无侧限抗压强度试验	细粒土无侧限抗压强度试验法
粗颗粒和巨粒土的最大干密度试验	表面振动压实仪法、振动台法
粗粒土的直接剪切试验	粗粒土的直接剪切试验法
粗粒土的三轴压缩试验	粗粒土的三轴压缩试验法

续表

试验名称	试验方法
膨胀试验	自由膨胀率试验法、无荷载膨胀率试验法、有荷载膨胀率试验法、膨胀力试验法
冻土试验	密度浮称法、密度浮力法、密度联合测定法、密度环刀法、密度充砂法、冻结温度试验法、导热系数试验法、未冻含水率试验法、冻胀率试验法、冻土融化压缩试验法
土中化学成分试验	酸碱度法、烧失量法、有机质含量法、易溶盐试验待测液法、易溶盐总量测定法、易溶盐碳酸根及碳酸氢根测定法、易溶盐氯根测定(硝酸银滴定、硝酸汞滴定法)、易溶盐钙和镁离子测定法、易溶盐硫酸测定(质量法、EDTA间接配位滴定法)、易溶盐钠和钾离子测定法、中溶盐石膏测定法、难溶盐碳酸钙测定法、阳离子交换试验法(EDTA铵盐快速法、草酸铵-氯化铵法)
土中矿物质成分试验	硅测定法、倍半氧化物(R_2O_3)总量测定法、铁和铝测定法、钙和镁测定法

涉及岩土体物理力学性能的参数很多，根据工程需要选择部分参数指标。以下简单解释各参数的意义、获得方式和试验手段。

(1) 土的密度 (γ)：又称容重，指自然环境条件下，单位体积土体的质量。

(2) 土的相对密度 (ρ)：又称比重，指自然环境条件下，单位体积土体的质量与同单位体积水的质量之比。

(3) 土的含水比 (ω)：土体中含液体的质量比例。

(4) 土的孔隙比 (e)：土体中含气体和液体的体积比例。

(5) 土的孔隙率 (n)：土体中含气体和液体的质量。

(6) 土的干密度 (ρ_d)：自然环境条件下，单位体积土颗粒的质量。

(7) 土颗粒级配：土体中各种粒径的颗粒所占土体总质量的比例。

(8) 饱和度 (S_r)：土体达到饱和含水的程度。

(9) 土的液性指数与液限：土体达到液性时的含水率为液性指数 (I_l)。此时的含水率数值为液限 (ω_l)。

(10) 土的塑性指数与塑限：土体达到可塑性时的含水率为塑性指数 (I_p)。此时的含水率数值为塑限 (ω_p)。

(11) 土的天然密度 (γ)：自然环境中土体本身的紧密程度。

(12) 最大密实度：达到最佳含水率后，经过击实，达到最大密实的程度。

(13) 最小密实度：达到最佳含水率后，未经过击实，达到最小密实的程度。

(14) 土的有机质含量 (W_u)：土体中有机质的含量，可通过土体充分燃烧（去除有机质）试验获得。

(15) 土的固结度 (C)：在一般环境中，由于土体自重或在人工外力的作用下，达到的土颗粒之间的结构紧密程度称为固结度。

(16) 土的压缩系数 (α)：通过室内压缩试验获得。

(17) 土的压缩模量 (E_m)：通过室内试验的压缩系数导出。

(18) 土的变形模量 (E_o)：通过室内压缩试验数据，导出荷载与变形的关系。

(19) 土的剪切模量 (G)：通过室内土样直剪试验获得。

(20) 土的黏聚力 (c)：通过室内土样直剪试验导出。

(21) 土的抗剪强度 (τ)：通过室内土样直剪试验导出。

(22) 土的内摩擦角 (ψ)：通过室内土样直剪试验导出。

(23) 土的渗透系数 (k)：通过室内土样抗渗透试验得到。

(24) 土的孔隙水压力 (υ)：土体内孔隙中的压力，一般通过野外现场测试得到。

(25) 土的灵敏度 (S_t)：通过室内试验数据导出。

第二章 岩土工程原位检测

第一节 岩土工程现场原位检测的概念

岩土工程相关物质除了要进行岩土工程勘察以外，还可以通过岩土现场原位测试来了解。在岩土体所处的区域位置，基本保持岩土原来的结构、湿度和应力状态，对岩土体进行原位现场测试，得到原始状态下岩土体的物理力学性能指标的方法称为岩土工程现场原位检测。

第二节 静力触探试验

静力触探试验是采用静力方法，将带有传感器的探头，压入所需检测的岩土中。通过仪器记录探头穿过各层岩土的贯入阻力，得到地表下各层岩土的物理性能指标。由该场地几点的静力触探试验结果，可综合分析并描述岩土分层的走向分布。

静力触探可反映土层剖面的连续变化情况。利用地区经验关系可评定土的工程参数，并对一些岩土工程问题做出评价（如地基承载力、单桩承载力、砂土液化等）。

静力触探试验法适用范围：用于软土、一般黏性土、粉土、砂土和含少量碎石的土。

一、静力触探仪器设备

静力触探仪器设备主要包括：探头、静力触探设备、数据采集仪器三部分。

1. 探头

常用的静力触探探头分单桥探头和双桥探头或带孔隙水压力量测的单、双桥探头，见图 2-1。探头的常见规格见表 2-1。

表 2-1 探头的常见规格

锥头面积 A/cm^2	探头直径 d/mm	锥头角度 α/(°)	单桥探头	双桥探头	
			有限侧壁长度/mm	摩擦筒侧面积/cm^2	摩擦筒长度/mm
10	35.7	60	57	200	179
15	43.7		70	300	219
20	50.4		81	300	289

2. 加压和反力设备

静力触探设备见图 2-2。

图 2-1　静力触探探头

(a) 简易静力触探设备　　(b) 静力触探车

图 2-2　静力触探设备

3. 测试仪器

静力触探数据采集仪见图 2-3。

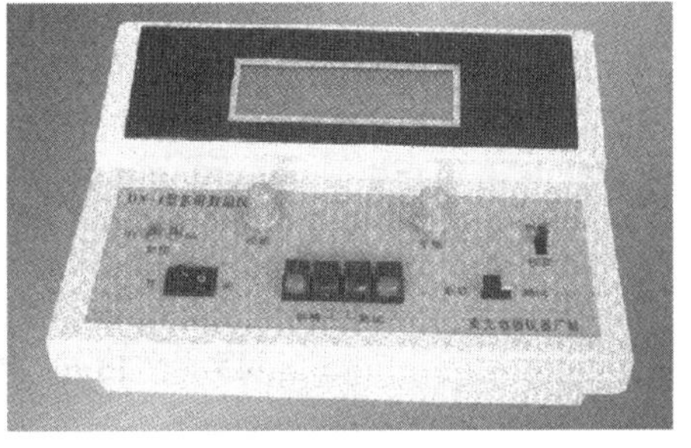

图 2-3　静力触探数据采集仪

二、仪器标定

探头测力传感器应连同仪器、电缆进行定期标定，室内探头标定测力传感器的非线性误差、重复性误差、滞后误差、温度漂移、归零误差均应小于 1%F·S，现场试验归零误差应小于 3%，绝缘电阻不小于 500MΩ。

三、现场试验

（1）深度记录的误差不应大于触探深度的±1%。

（2）探头应匀速垂直压入土中，贯入速率为 1.2m/min。

（3）当贯入深度超过 30m，或穿过厚层软土后再灌入硬土层时，应采取措施防止孔斜或断杆，也可配置测斜探头，量测触探孔的偏斜角，校正土层界限的深度。

（4）孔压探头在贯入前，应在室内保证探头应变腔被已排除气泡的液体所饱和，并在现场采取措施保持探头的饱和状态，直至探头进入地下水位以下的土层为止；在孔压静探试验过程中不得上提探头。

（5）当在预定深度进行孔压消散实验时，应量测停止贯入后不同时间的孔压值，其计时间隔由密而疏合理控制；试验过程不得松动探杆。

四、静力触探试验成果分析

静力触探试验成果分析应包括：静力触探可测定比贯入阻力（P_s）、锥尖阻力（q_c）、侧壁摩阻力（f_s）、贯入时的孔隙水压力（u）。

静力触探试验成果分析应绘制各种灌入曲线：单桥和双桥探头应绘制 P_s-Z 曲线、q_c-Z 曲线、f_s-Z 曲线、R_f-Z 曲线；孔压探头还应绘制 u_i-Z 曲线、q_t-Z 曲线、f_t-Z 曲线、B_q-Z 曲线和孔隙压消散曲线：u_t-lg$t$ 曲线。

其中　Z——深度，m；

R_f——摩阻比；

u_i——孔压探头贯入土中量测的孔隙水压力（即初始孔压）；

q_t——探头锥头阻力（经孔压修正）；

f_t——探头侧壁摩阻力（经孔压修正）；

B_q——静探孔压系数；

u_t——孔压消散过程时刻 t 的孔隙水压力。

$$B_q=\frac{u_i-u_o}{q_t-\delta_{vo}}$$

u_o——试验深度处静水压力，kPa；

δ_{vo}——试验深度处总上覆压力，kPa。

根据灌入曲线的线性特征，结合相邻钻孔资料和地区经验，划分土层和判定土类；计算各土层静力触探有关试验数据的平均值，或对数据进行统计分析，提供静力触探数据的空间变化规律。

五、静力触探试验的成果应用

应用静力触探试验结果可推导：土类划分、土的强度参数、土的变形参数、地基土的承载力、预估单桩承载力（具体推导过程参见有关书籍）。

应用孔压静探的成果可推导：土层划分及土类判别、判定黏性土的稠度状态、土的不排水抗剪强度、饱和黏性土的固结系数、土的渗透系数、土的压缩模量、液化判别（具体推导参见有关书籍）。

第三节　圆锥动力触探试验

圆锥动力触探（DPT）是利用一定的锤击功能，将一定规格的圆锥探头打入土中，记录打入一定厚度岩土层所用的击数。通常锤击数来表示土的阻抗，也有以动贯入阻力来表示土的阻抗的。根据打入土中的阻抗大小判别土层的变化，对土层进行力学分层，并确定土层的物理力学性质，对地基土作出工程地质评价。

按所采用动力锤击的锤重大小不同，可分为 10kg 锤（称为 N_{10}）、63.5kg 锤（称为 $N_{63.5}$）、120kg 锤（称为 N_{120}），一般分别称轻型动力触探、重型动力触探和超重型动力触探。

圆锥动力触探的优点是：设备简单、操作方便、工效较高、适用性广，并具有连续贯入的特性。

圆锥动力触探的缺点是：不能采样对土进行直接鉴别描述，试验误差较大，再现性差。

圆锥动力触探类型见表 2-2。

表 2-2　圆锥动力触探类型

类型		轻型(DPL)	重型(DPH)	超重型(DPSH)
落锤	锤的质量/kg	10	63.5	120
	落距/cm	50	76	100
探头	直径/mm	40	74	74
	锥角/(°)	60	60	60
能量指数 n_d		39.7	115.2	279.1
探杆直径/mm		25	42	50～60
初探指标		贯入 30cm 击数 N_{10}	贯入 10cm 击数 $N_{63.5}$	贯入 10cm 击数 N_{120}
最大贯入深度/m		4～6	12～16	20
主要适用岩土		浅部的填土、砂土、粉土、黏性土	砂土、中密以下的碎石土、极软岩	密实和很密的碎石土、软岩、极软岩

动力触探探头见图 2-4。

自动脱钩装置见图 2-5。

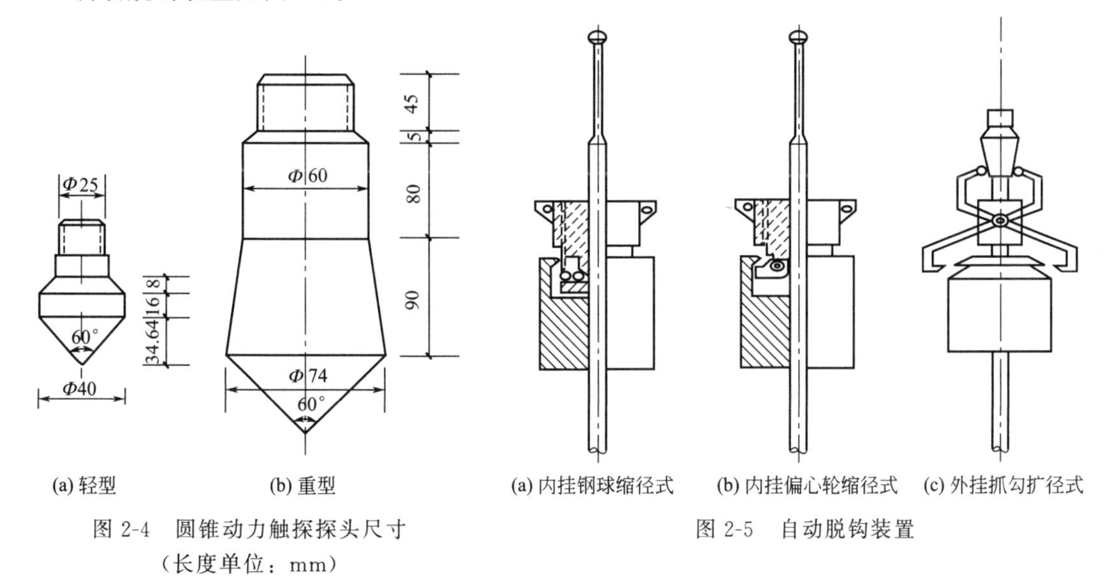

(a) 轻型　(b) 重型

图 2-4　圆锥动力触探探头尺寸（长度单位：mm）

(a) 内挂钢球缩径式　(b) 内挂偏心轮缩径式　(c) 外挂抓勾扩径式

图 2-5　自动脱钩装置

一、圆锥动力触探试验技术的规定

（1）采用自动落锤装置。

（2）触探杆最大偏斜度不应超过 2%，锤击贯入应连续进行；同时防止锤击偏心、探杆倾斜和侧向晃动，保持探杆垂直度；锤击速率宜为 15～30 击/min。

（3）每贯入 1m，宜将探杆转动一圈半；当贯入深度超过 10m，每贯入 20cm 宜转动探杆一次。

（4）对轻型动力触探，当 $N_{10}>100$ 或贯入 15cm 锤击数超过 50 时，可停止试验；对重型动力触探，当连续三次 $N_{63.5}>50$ 时，可停止试验或改用超重型动力触探。

二、圆锥动力触探试验成果分析的内容

（1）单孔连续圆锥动力触探试验应绘制锤击数与贯入深度关系曲线。

（2）计算单孔分层贯入指标平均值时，应剔除临界深度以内的数值、超前和滞后影响范围内的异常值。

（3）根据各孔分层的贯入指标平均值，用厚度加权平均法计算场地分层贯入指标平均值和变异系数。

三、圆锥动力触探的应用

1. 定性评价

场地土层的均匀性；确定软弱土层或坚硬土层的分布；评估地基土加固的效果。

2. 定量的评价

确定土的工程性质；评定天然地基或桩基的承载力。

根据圆锥动力触探试验指标和地区经验，可进行力学分层，评定土的均匀性和物理性质（状态、密实度）、强度、变形参数、地基承载力、单桩承载力，查明土洞、滑动面、软硬土层界面，检测地基处理效果等。应用试验成果时是否修正或如何修正，应根据建立统计关系时的具体情况确定。

第四节　标准贯入试验

标准贯入是一种常用的原位测试手段，适用于检测振冲挤密地基，砂桩、土桩、灰土桩的桩体和桩间土，搅拌桩桩体，排水固结地基。标准贯入试验主要用于提供砂土密实度，提供处理地基的承载力、变形模量，评价地基加固效果和地震可液化地基。标准贯入试验是采用 63.5kg 锤将贯入器打入岩土中，其优点是：设备简单、操作方便、土层的适应性广，除砂土外对硬黏土及软岩也适用，而且贯入器能带上扰动土样，可直接对土进行鉴别描述。

一、标准贯入设备

标准贯入试验设备的部件规格见表 2-3。

表 2-3　标准贯入试验设备的部件规格

部件		项目	规格
落锤		锤的质量/kg	63.5
		落距/cm	76
贯入器	对开管	长度/mm	＞500
		外径/mm	51
		内径/mm	35
	管靴	长度/mm	50～76
		刃口角度/(°)	18～20
		刃口单刃厚度/mm	1.6
钻管		直径/mm	42
		相对弯曲	＜1/1000

二、标准贯入试验的技术要求规定

(1) 标准贯入试验孔采用回转钻进，并保持孔内水位略高于地下水位。当孔壁不稳定时，可用泥浆护壁，钻至试验标高以上 15cm 处，清除孔底残土后再进行试验。

(2) 采用自动脱钩的自由落锤法进行锤击，并减小导向杆与锤间的摩阻力，避免锤击时的偏心和侧向晃动，保持贯入器、探杆、导向杆连接后的垂直度，锤击速率应小于 30 击/min。

(3) 贯入器打入土中 15cm 后，开始记录每打入 10cm 的锤击数，累计打入 30cm 的锤击数为标准贯入试验锤击数 N。当锤击数已达 50 击，而贯入深度未达 30cm 时，可记录 50 击的实际贯入深度，按式(2-1) 换算成相当于 30cm 的标准贯入试验锤击数 N，并终止试验。

$$N=\frac{30\times 50}{\Delta S} \tag{2-1}$$

式中　ΔS——50 击时的贯入度，cm。

三、试验结果

标准贯入试验成果 N 可直接标在工程地质剖面图上，也可绘制单孔标准贯入击数 N 与深度关系曲线或直方图。统计分层标贯击数平均值时，应剔除异常值。

四、标准贯入试验的应用

标准贯入试验的结果可以用于：评定砂土的相对密度和紧密程度、评定黏性土的稠度状态、评定土的强度指标、评定土的变形参数、评定地基土承载力、估算单桩承载力、估算地基基床反力系数、判别地基土的液化、估算土层的平均弹性剪切波速 v_s（m/s）（具体推导参见有关书籍）。

第五节　十字板剪切试验

十字板剪切试验是一种原位测试软黏性土抗剪强度的方法，与取土样室内抗剪强度试验方法相比，具有对土扰动小、可保持土的天然应力状态等优点。作为加固地基的一种检测手段，十字板剪切试验主要用于固结排水法处理的地基，可通过处理前、后土的十字板抗剪强度对比评价加固效果，提供加固后地基的强度值。此外，十字板剪切试验还可用于检测复合地基桩间软土的加固效果。

十字板剪切试验设备见图 2-6。

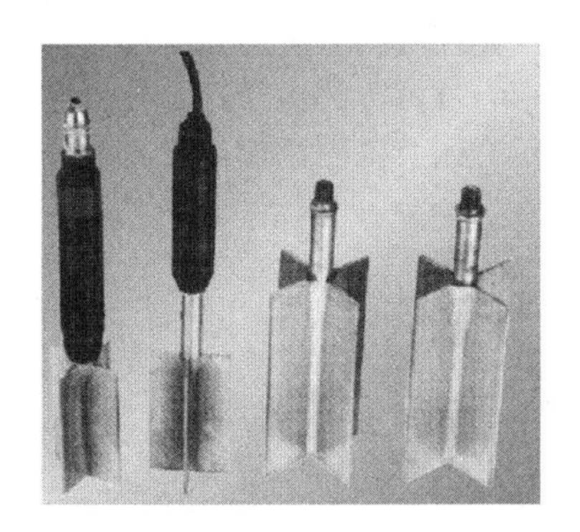

图 2-6　十字板剪切试验设备

十字板头尺寸见表 2-4。

表 2-4　十字板头尺寸

型号	板高 H/mm	板宽 D/mm	板厚 e/mm	刃角 α/(°)	面积比 A_r/%	板头系数 K/m^3
Ⅰ	100	50	2	60	14	2182.70
Ⅱ	150	75	3	60	13	64.72

（1）十字板剪切试验适用范围

十字板剪切试验可用于测定饱和软黏性土（内摩擦角 $\Phi\approx0$）的不排水抗剪强度和灵敏度。

（2）十字板剪切试验点的布置

对均值土竖向间距可为 1m，对非均质或夹薄层粉细砂的软黏性土，宜先做静力触探，结合土层变化，选择软黏土进行试验。

（3）十字板剪切试验的主要技术要求

① 十字板板头形状宜为矩形，径高比 1∶2，板厚宜为 2～3mm。

② 十字板头插入钻孔底的深度不应小于钻孔或套管直径的 3～5 倍。

③ 十字板插入至试验深度后，至少应静止 2～3min，方可开始试验。

④ 扭转剪切速率宜采用（1°～2°）/10s，并应在测得峰值强度后继续测记 1min。

⑤ 在峰值强度或稳定值测试完后，顺扭转方向连续转动 6 圈后，测定重塑土的不排水抗剪强度。

⑥ 对开口钢环十字板剪切仪，应修正轴杆与土间的摩阻力的影响。

(4) 十字板剪切试验成果分析

① 计算各试验点土的不排水抗剪峰值强度、残余强度、重塑土强度和灵敏度。

② 绘制单孔十字板剪切试验土的不排水抗剪峰值强度、残余强度、重塑土强度和灵敏度随深度的变化曲线，需要时绘制抗剪强度与扭转角度的关系曲线。

③ 根据土层条件和地区经验，对实测的十字板不排水抗剪强度进行修正。

(5) 十字板剪切试验成果

十字板剪切试验成果可按地区经验，确定地基承载力、单桩承载力、计算边坡稳定、判定软黏性土的固结历史。

第六节　旁压试验

旁压试验又叫岩土横压试验，是一种岩土原位测试方法，它是通过设置在土中的旁压器，在地下一定深度的岩土层施加水平荷载，使之产生变形，通过量测设施加给土的横向应力和土的变形，推算土的强度和变形参数。

旁压器示意图及工作原理见图 2-7。

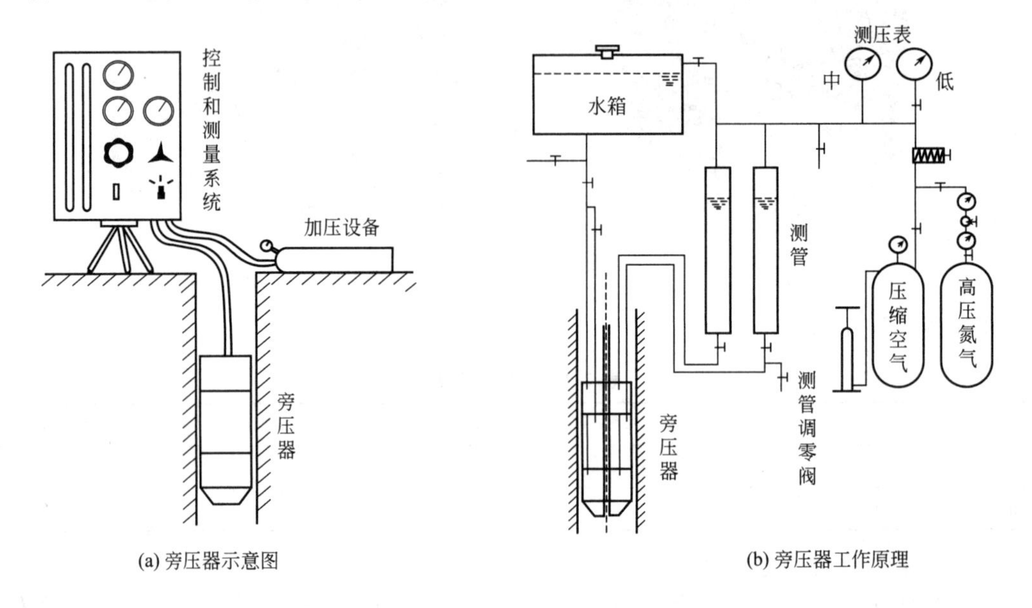

图 2-7　旁压器

根据设置旁压器时是否排土，旁压试验分为钻孔旁压试验和压入式旁压试验。钻孔旁压试验又分为预钻式和自钻式。旁压试验是一种常用的横压试验，本书仅介绍预钻孔旁压试验。由于旁压器几何尺寸相对较小，因此试验适用于加固处理后相对比较均匀的地基，如软土固结排水地基、强夯地基、灌浆地基等。

一、旁压试验适用范围

旁压试验适用于黏性土、粉土、砂土、碎石土、残积土、极软岩和软岩。

二、旁压试验选点

旁压试验应在有代表性的位置和深度进行，旁压器的量测腔应在同一土层内。试验点的垂直间距应根据地层条件和工程要求确定，但不宜小于 1m，试验孔与已有钻孔的水平距离不宜小于 1m。

三、旁压试验的技术要求

(1) 预钻式旁压试验应保证成孔质量，钻孔直径与旁压器直径良好配合，防止孔壁坍塌；自钻式旁压试验的自钻钻头、钻头转速、钻进速率、刃口距离、泥浆压力和流量等应符合有关规定。

(2) 加荷等级可采用预期临塑压力的 1/7～1/5，初始阶段加荷等级可取小值，必要时，可做卸荷再加荷试验，测定再加荷旁压模量。

(3) 每级压力应维持 1min 或 2min 后再施加下一级压力。维持 1min 时，加荷后 15s、30s、60s 测度变形量；维持 2min 时，加荷后 15s、30s、60s、120s 测度变形量。

(4) 当量测腔的扩张体积相当于量测腔的固有体积时，或压力达到仪器的容许最大压力时，应终止试验。

四、旁压试验成果分析

(1) 对各级压力和相应的扩张体积（或换算为半径增量）分别进行约束力和体积的修正后，绘制压力与体积曲线，需要时可作蠕变曲线。

(2) 根据压力与体积曲线，结合蠕变曲线确定初始压力、临塑压力和极限压力。

(3) 根据压力与体积曲线的直线段斜率，按式(2-2) 计算旁压模量

$$E_m=2(1+\mu)[V_c+(V_0+V_f)/2]\frac{\Delta P}{\Delta V} \tag{2-2}$$

式中　E_m——旁压模量，kPa；

μ——泊松比；

V_c——旁压器量测腔初始固有体积，cm^3；

V_0——与初始压力 p_0 对应的体积，cm^3；

V_f——与临塑压力 p_f 对应的体积，cm^3；

$\Delta P/\Delta V$——旁压曲线直线段的斜率，kPa/cm^3。

五、旁压试验成果

根据初始压力、临塑压力、极限压力和旁压模量，结合地区经验可评定地基承载力和变形参数。根据自钻式旁压试验的旁压曲线，还可测求土的原位水平应力、静止侧压力系数、不排水抗剪强度等。

第七节　扁铲侧胀试验

扁铲侧胀试验（DMT）（简称扁胀试验）是用静力（也有时用锤击动力）把一扁铲形探头贯入土中，达到试验深度后，利用气压使扁铲侧面的圆形钢模向外扩张进行试验，它可作为一种特殊的旁压试验。它的优点在于：简单、快速、重复性好和经济。

一、扁铲侧胀试验适用范围

扁铲侧胀试验适用于软土、一般黏性土、粉土、黄土和松散～中密的砂土。

二、扁铲侧胀试验技术要求

(1) 扁铲侧胀试验探头长 230～240mm、宽 94～96mm、厚 14～16mm；探头前缘刃角

12°～16°，探头侧面钢膜片的直径为60mm。

(2) 每孔试验前后均应进行探头率定，取试验前后的平均值为修正值；膜片的合格标准为：

率定时膨胀至0.05mm的气压实测值$\Delta A=5\sim25$kPa；

率定时膨胀至1.10mm的气压实测值$\Delta B=10\sim110$kPa。

(3) 试验时，应以静力匀速将探头贯入土中，贯入速率宜为2cm/s；试验点间距可取20～50cm。

(4) 探头达到预定深度后，应匀速加压和减压测定膜片膨胀至0.05mm、1.10mm和回到0.05mm的压力A、B、C值。

(5) 扁铲侧胀消散试验，应在需测试的深度进行，测度时间间隔可取1min、2min、4min、8min、15min、30min、90min，以后每90min测读一次，直至消散结束。

三、扁铲侧胀消散试验成果分析

(1) 对试验的实测数据进行膜片刚度修正，见式(2-3)～式(2-5)

$$P_0=1.05(A-Z_m+\Delta A)-0.05(B-Z_m-\Delta B) \tag{2-3}$$

$$P_1=B-Z_m-\Delta B \tag{2-4}$$

$$P_2=C-Z_m+\Delta A \tag{2-5}$$

式中 P_0——膜片向土中膨胀之前的接触压力，kPa；

P_1——膜片膨胀至1.10mm时的压力，kPa；

P_2——膜片回到0.05mm时的终止压力，kPa；

ΔA——率定时膨胀至0.05mm的气压实测值，$\Delta A=5\sim25$kPa；

ΔB——率定时膨胀至1.10mm的气压实测值，$\Delta B=10\sim110$kPa；

Z_m——调零前的压力表初读数，kPa。

(2) 根据P_0、P_1和P_2计算下列指标，见式(2-6)～式(2-9)

$$E_D=34.7(P_1-P_0) \tag{2-6}$$

$$K_D=(P_0-\mu_0)\sigma_{vo} \tag{2-7}$$

$$I_D=(P_1-P_0)(P_0-\mu_0) \tag{2-8}$$

$$U_D=(P_2-\mu_0)(P_0-\mu_0) \tag{2-9}$$

式中 E_D——膨胀模量，kPa；

K_D——膨胀水平应力指数；

I_D——侧胀土性指数；

U_D——侧胀孔压指数；

μ_0——试验深度处的静水压力，kPa；

σ_{vo}——试验深度处土的有效上覆压力，kPa。

(3) 绘制E_D、K_D、I_D和U_D与深度的关系曲线。

四、扁铲侧胀试验成果

根据扁铲侧胀试验指标和地区经验，可判别土类，确定黏性土的状态、静止侧压力系数、水平基床系数等。

第八节 现场直接剪切试验

现场直接剪切试验包括：土体现场直剪试验和岩体现场直剪试验。土体现场直剪试验又分为大剪仪法和水平推挤法。

大剪仪法试验的基本原理与室内直剪试验基本相同，但由于试件尺寸大且在现场进行，因此能把土体的非均匀性质及软弱面等对抗强度的影响更真实地反映出来，适用于测求各类土以及岩土接触面或滑面的抗剪强度。

水平推挤法能使被试验土体的剪切面向岩土内的软弱面发展，对黏聚力较小的碎石土试验结果好，同时该法受试坑限制较小。

岩体现场直剪试验分为：岩体本身、岩体沿软弱结构面和混凝土接触面的直剪试验三类。每类试验由可细分为试体在法向应力作用下沿切面剪切破坏的抗剪断试验、试体剪断后沿剪切面继续剪切的抗剪试验（也称摩擦试验）、法向应力为零时对试体进行剪切的抗切试验。

本试验可求得试验对象的抗剪强度和剪切刚度系数，试验结果较室内岩块试验更符合实际情况。

一、现场直剪试验适用范围

现场直剪试验可用于岩土体本身、岩土体沿软弱结构面和岩体与其他材料接触面的剪切试验，可分为岩土体试体在法向应力作用下沿剪切面剪切破坏的抗剪断试验，岩土体剪断后沿剪切面继续剪切的抗剪试验（摩擦试验），法向应力为零时岩体剪切的抗切试验。

二、现场直剪试验适用场景

现场直剪试验可在试洞、试坑、探槽或大口径钻孔内进行。当剪切面水平或接近水平时，可采用平推法或斜推法；当剪切面较陡时，可采用楔形体法。

同一组试验体的岩性应基本相同，受力状态与岩土体在工程中的实际受力状态相近。

三、现场直剪试验规定

现场直接试验每组岩体不宜少于 5 个。剪切面积不得小于 0.25m^2。试体最小边长不宜少于 50cm，高度不宜小于最小边长的 0.5 倍。试体之间的距离应大于最小边长的 1.5 倍。

每组土体试验不宜少于 3 个。剪切面积不宜小于 0.3m^2，高度不宜小于 20cm 或为最大粒径的 4～8 倍，剪切面开缝应为最小粒径的 1/4～1/3。

四、现场直剪试验的技术要求

（1）开挖试坑时应避免对试体的扰动和含水量的显著变化；在地下水位以下试验时，应避免水压力和渗流对试验的影响。

（2）施加的法向荷载、剪切荷载应位于剪切面、剪切缝的中心；或使法向荷载与剪切荷载的合力通过剪切面的中心，并保持法向荷载不变。

（3）最大法向荷载应大于设计荷载，并按等量分级；荷载精度应为试验最大荷载的±2%。

（4）每一试体的法向荷载可分 4～5 级施加；当法向变形达到相对稳定时即可施加剪切荷载。

（5）每级剪切荷载按预估最大荷载的 8%～10%分级等量施加；或按法向荷载的 5%～10%分级等量施加；岩体按每 5～10min，土体按每 30s 施加一级剪切荷载。

（6）当剪切变形急剧增长或剪切变形达到试体尺寸的 1/10 时可终止试验。

（7）根据剪切位移大于 10mm 时的试验成果确定残余抗剪强度，需要时可沿剪切面继续进行摩擦试验。

五、现场直剪试验成果分析

（1）绘制剪切应力与剪切位移曲线、剪应力与垂直位移曲线，确定比例强度、屈服强度、峰值强度、剪胀点和剪胀强度。

（2）绘制法向应力与比例强度、屈服强度、峰值强度、残余强度的曲线，确定相应的强度参数。

第九节　波速测试

利用波速检测地基，是将地基视为弹性介质，测定地基土的弹性波速，根据介质弹性波速和弹性模量的关系，给出加固地基的岩土参数，评价加固效果。

由于土层纵波波速受含水量的影响，不能有效地反映土的力学性质，因此通常用剪切波和瑞利波进行测试，剪切波又分为单孔法和跨孔法。

瑞利波法在地表测试，不需要钻孔，因此也称为无孔勘探，具有快速、经济的特点，是勘探的一个发展方向。

一、波速测试适用范围

波速测试适用于测定各类岩土体的压缩波、剪切波或瑞利波的波速，可根据任务要求，采用单孔法（见图 2-8）、跨孔法（见图 2-9）或面波法（见图 2-10）。

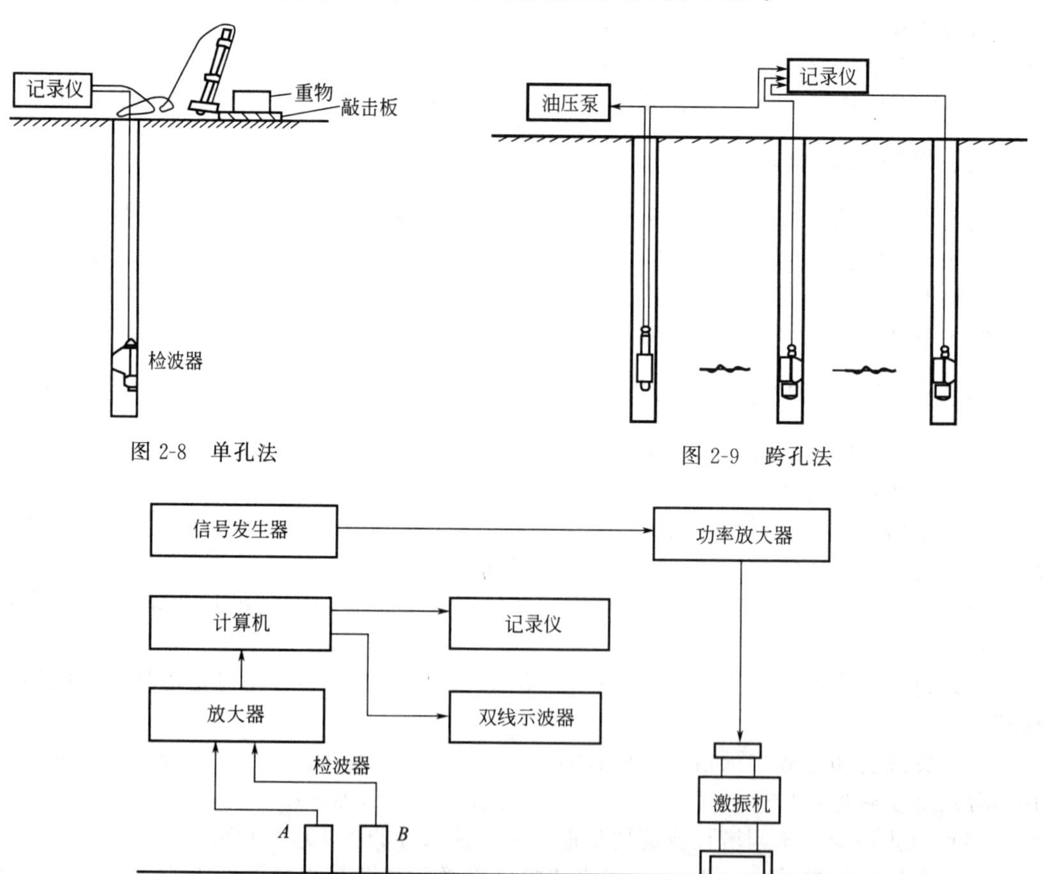

图 2-8　单孔法

图 2-9　跨孔法

图 2-10　面波法

二、单孔法波速测试的技术要求

（1）测试孔应垂直。

（2）将三分量检波器固定在孔内预定深度处，并紧贴孔壁。

（3）可采用地面激振或孔内激振。

（4）应结合土层布置测点，测点的垂直间距宜取 1～3m，层位变化处加密，并宜自下而上逐点测试。

三、跨孔法波速测试的技术要求

（1）振源孔和测试孔应布置在一条直线上。

（2）测试孔的孔距在土层中宜取 2～5m，在岩层中宜取 8～15m，测点垂直间距宜取 1～2m；近地表测点宜布置在 0.4 倍孔距的深度处，振源和检波器应置于同一地层的相同标高处。

（3）当测试深度大于 15m 时，应进行激振孔和测试孔倾斜度和倾斜方法的量测，测点间距宜取 1m。

四、面波法波速测试的技术要求

面波法波速测试可采用瞬态法或稳态法，宜采用低频检波器，道间距可根据场地条件通过试验确定。

五、波速测试成果分析

（1）在波形记录上识别压缩波和剪切波的初至时间。

（2）计算由振源到达测点的距离。

（3）根据波的传播时间和距离确定波速。

（4）计算岩土低应变的动弹性模量、动剪切模量和动泊松比。

六、波速法与其他检测方法的比较

地基处理前后，波速法与其他检测方法的比较见图 2-11、图 2-12。

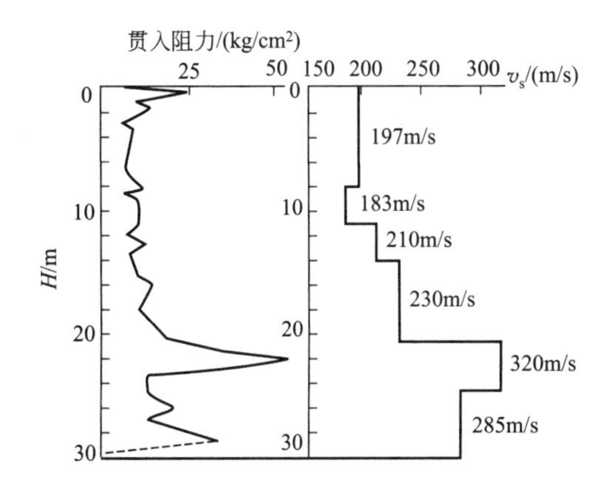

图 2-11　剪切波速和静力触探比贯入阻力对比

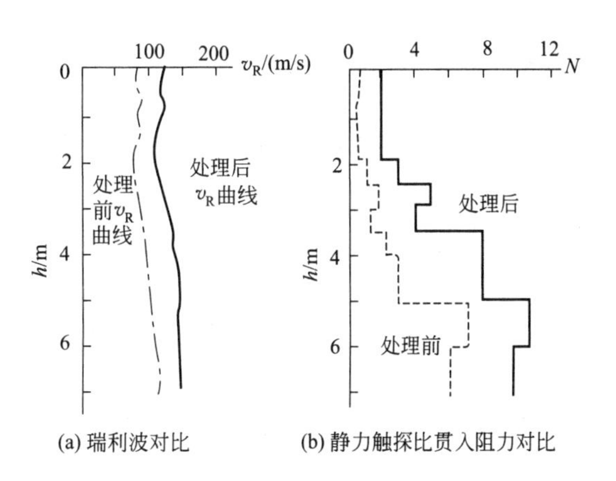

图 2-12　地基处理前后瑞利波速随深度变化曲线

第十节 岩体应力检测

岩体应力测试适用于均质岩体，分为表面、孔壁和孔底应力测试，通常是先测出岩体的应变值，再根据应力与应变的关系计算出应力值。

表面应力测试：分应力解除法和应力恢复法两种，适用于坚硬完整和半坚硬完整的岩体，测量岩体表面的应力状态。

孔壁应力测试适用于地下水位以上、完整或较完整的细粒岩体，用套孔应力解除法测量岩体内某点的三向应力大小和方向。

孔底应力测试适用于地下水位以上完整或较完整的细粒岩体，用孔底面应力解除法测量岩体内某点的平面应力大小和方向。如测求岩体内某点的三向应力状态，应在同一平面内用三个钻孔交汇于该点的方法。

一、岩体应力测试适用范围

岩体应力测试适用于无水、完整或较完整的岩体。可采用孔壁应变法、孔径变形法和孔底应变法测求岩体空间应力和平面应力。

二、岩体应力测试测点深度要求

测试岩体原始应力时，测点深度应超过应力扰动影响区；在地下洞室中进行测试时，测点深度应超过洞室直径的二倍。

三、岩体应力测试技术要求

（1）在测点测段内，岩性应均一完整。

（2）测试孔的孔壁、孔底应光滑、平整、干燥。

（3）稳定标准为连续三次读数（每隔 10min 读一次）之差不超过 $5\mu\varepsilon$。

（4）同一钻孔内的测试读数不应少于三次。

四、围压试验

岩芯应力解除后的围压试验应在 24h 内进行；压力宜分 5～10 级，最大压力应大于预估岩体最大主应力。

五、测试成果整理

（1）根据测试成果计算岩体平面应力和空间应力，计算方法应符合现行国家标准《工程岩体试验方法标准》（GB/T 50266）的规定。

（2）根据岩芯解除应变值和解除深度，绘制解除过程曲线。

（3）根据围压试验资料，绘制压力与应变关系曲线，计算岩石弹性常数。

第十一节 激振法测试

激振法测试主要是测量动力设备地基的自振频率、参振质量，避免地基岩土与动力设备的振动，产生共振破坏。

激振法测试可用于测定天然地基和人工地基的动力特性，为动力机器基础设计提供地基刚度、阻尼比和参振质量。

激振法测试应采用强迫振动方法，有条件时宜同时采用强迫振动和自由振动两种测试方法。

进行激振法测试时，应搜集机器性能、基础形式、基底标高、地基土性质和均匀性、地下构筑物和干扰振源等资料。

一、激振法测试的技术要求

（1）机械式激振设备的最低工作频率为3～5Hz，最高工作频率宜大于60Hz；电磁激振设备的扰力不宜小于600N。

（2）块体基础的尺寸宜采用2.0m×1.5m×1.0m。在同一地层条件下，宜采用两个块体基础进行对比试验，基底面积一致，高度分别为1.0m和1.5m；桩基测试应采用两根桩，桩间距取设计间距；桩台边缘至桩轴的距离可取桩间距的1/2，桩台的长宽比应为2∶1，高度不宜小于1.6m；当进行不同桩数的对比试验时，应增加桩数和相应桩台面积；测试基础的混凝土强度等级不宜低于C15。

（3）测试基础应置于拟建基础附近和性质类似的土层上，其底面标高应与拟建基础底面标高一致。

（4）应分别进行明置和埋置两种情况的测试，埋置基础的回填土应分层夯实。

（5）仪器设备的精度，安装、测试方法和要求等，应符合现行国家标准《地基动力特性测试规范》（GB/T 50269）的规定。

二、激振法测试成果分析

（1）强迫振动测试应绘制下列幅频响应曲线：

① 竖向振动为竖向的振幅随频率变化的幅频响应曲线（A_z-f 曲线）。

② 水平回转耦合振动为水平的振幅随频率变化的幅频响应曲线（A_{x_ϕ}-f 曲线）和竖向振幅随频率变化的幅频响应曲线（A_{z_ϕ}-f 曲线）。

③ 扭转振动为扭转扰力矩作用下的水平振幅随频率变化的幅频响应曲线（A_{x_ϕ}-f 曲线）。

（2）自由振动测试应绘制下列波形图：

① 竖向自由振动波形图。

② 水平回转耦合振动波形图。

③ 根据强迫振动测试的幅频响应曲线和自由振动测试的波形图，按现行国家标准《地基动力特性测试规范》（GB/T 50269）计算地基刚度系数、阻尼比和参振质量。

思考题

1. 采用岩土工程勘察取样，室内试验得到结果与采用现场试验得到的结果不一致时，应如何修正试验结果？

2. 当采用不同现场试验方法得到的结果，推导出的同一个岩土物理参数结果不一致时，如何选用？

3. 环境污染对自然岩土结构是否产生影响？受污染影响的岩土在勘察和地基处理时应采取何种手段？

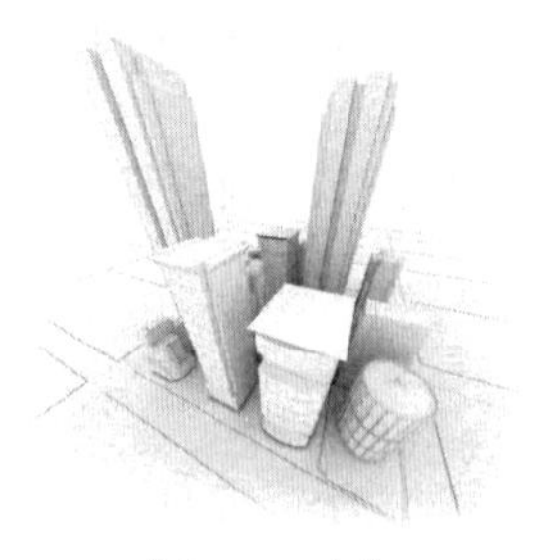

第二篇 地基检测与监测

第三章 地基处理方法

地基处理是依据天然岩土地基条件，根据地基适用的需要，选择合理的处理方式对天然岩土进行人工处理。要评估处理后的条件是否满足适用需要，则需进行地基检测。处理效果检测项目包括：地基承载能力与其变形之间的关系变化、地基稳定性能的提高、地基岩土的渗透性能的改变等。

第一节 地基处理的目的

当自然环境中地基土的承载能力不能承担拟建建筑物荷载时，采用人工加固来处理的方法称为地基处理。即应用人工方法加速土体固结、置换部分地基土或组成复合地基。

地基处理的概念为：为提高地基承载力、改善其变形性能或渗透性能而采取的技术措施。

经处理后的地基应满足上部建筑物或构筑物对地基承载力、沉降变形和稳定性的要求。

第二节 地基处理方法

在选择地基处理方案时，应考虑上部结构、基础和地基的共同作用，进行多种方案的技术经济比较，选用地基处理方案，或选用加强上部结构与地基处理相结合的方案。

处理后的地基应满足建筑物或构筑物地基承载力、变形和稳定性的要求。

一、地基处理设计的验算规定

（1）经处理后的地基，当受力层范围内存在软弱下卧层时，应进行软弱下卧层地基承载力验算。

（2）按地基变形设计或应对变形进行验算且需进行地基处理的建筑物或构筑物，应对处理后的地基进行变形验算。

（3）对建造在处理后的地基上受较大水平荷载或位于斜坡上的建筑物及构筑物，应进行地基稳定性验算。

二、换填垫层

换填垫层适用于浅层软弱土层或不均匀土层的地基处理。换填垫层的厚度应根据置换软弱土的深度以及下卧土层的承载力确定，厚度宜为0.5～3.0m。

垫层材料：砂石、粉质黏土、灰土、粉煤灰、矿渣、其他工业废料等。

需置换垫层深度或下卧层的承载力应满足式(3-1）的要求

$$p_z + p_{cz} \leqslant f_{az} \tag{3-1}$$

式中　p_z——相应于作用的标准组合时，垫层底面处的附加压力值，kPa；

p_{cz}——垫层底面处土的自重压力值，kPa；

f_{az}——垫层底面处经深度修正后的地基承载力特征值，kPa。

垫层底面的宽度应满足式(3-2）的要求

$$b' \geqslant b + 2z\tan\theta \tag{3-2}$$

式中　b'——垫层底面宽度，m；

b——矩形基础或条形基础底面的宽度，m；

z——基础底面下垫层的厚度，m；

θ——压力扩散角，根据z/b按表3-1取值。

表3-1　z/b取值表

换填材料	中砂、粗砂、砾砂、圆砾、角砾、石屑、卵石、碎石、矿渣	粉质黏土、粉煤灰	灰土
$z/b \leqslant 0.25$	20	6	28
$z/b \geqslant 0.50$	30	23	

换填垫层施工验收检测内容如下。

（1）素土、灰土垫层地基验收检验内容：配合比、拌和均匀性、垫层厚度、掺水量、垫层压夯实遍数、施工后地基承载力检测等。素土、灰土地基质量检验标准见表3-2。

表3-2　素土、灰土地基质量检验标准

项目	序号	检查项目	允许值或允许偏差		检查方法
			单位	数值	
主控项目	1	地基承载力	不小于设计值		静载试验
	2	配合比	设计值		检查拌和时的体积比
	3	压实系数	不小于设计值		环刀法
一般项目	1	石灰粒径	mm	≤5	筛分法
	2	土料有机质含量	%	≤5	灼烧减量法
	3	土颗粒粒径	mm	≤15	筛分法
	4	含水量	最优含水量±2%		烘干法
	5	分层厚度	mm	±50	水准测量

（2）砂和砂石垫层地基验收检验内容：原料质量、配合比、拌和均匀性、垫层厚度、掺

水量、垫层压夯实遍数、施工后地基承载力检测等。砂和砂石地基质量检验标准见表 3-3。

表 3-3 砂和砂石地基质量检验标准

项目	序号	检查项目	允许值或允许偏差		检查方法
			单位	数值	
主控项目	1	地基承载力	不小于设计值		静载试验
	2	配合比	设计值		检查拌和时的体积比或质量比
	3	压实系数	不小于设计值		灌砂法、灌水法
一般项目	1	砂石料有机质含量	%	≤5	灼烧减量法
	2	砂石料含泥量	%	≤5	水洗法
	3	砂石料粒径	mm	≤50	筛分法
	4	分层厚度	mm	±50	水准测量

（3）粉煤灰垫层地基验收检测内容：原料质量、配合比、拌和均匀性、垫层厚度、掺水量、垫层压夯实遍数、施工后地基承载力检测等。粉煤灰地基质量检验标准见表 3-4。

表 3-4 粉煤灰地基质量检验标准

项目	序号	检查项目	允许值或允许偏差		检查方法
			单位	数值	
主控项目	1	地基承载力	不小于设计值		静载试验
	2	压实系数	不小于设计值		环刀法
一般项目	1	粉煤灰粒径	mm	0.001～2.000	筛分法、密度计法
	2	氧化铝及二氧化硅含量	%	≥70	试验室试验
	3	烧失量	g	≤12	灼烧减量法
	4	含水量	最优含水量±4%		烘干法
	5	分层厚度	mm	±50	水准测量

三、加筋垫层

加筋垫层为在垫层材料内铺设单层或多层水平向加筋材料（土工合成材料）形成的垫层。土工合成材料宜采用抗拉强度较高、耐久性好、抗腐蚀的土工带、土工格栅、土工格室、土工垫或土工织物等土工合成材料。

土工合成材料在允许延伸率下的抗拉强度应大于或等于，相应于作用的标准组合时，单位宽度的土工合成材料的最大拉力。

1. 加筋设置位置

（1）单层加筋时，可设置在垫层的中间。

（2）多层加筋时，首层加筋层距垫层顶面的距离宜取 30%垫层厚度，加筋材料间距宜取 30%～50%的垫层厚度，且不应小于 200mm。

（3）加筋线密度宜为 0.15～0.35。无经验值时，单层取高值，多层取低值。垫层的边缘应有足够的锚固长度。

2. 加筋垫层施工验收检测项目

土工合成材料的质量、厚度、密度、强度、延伸率、铺设方向、接缝搭接长度或缝接状况、土与砂石料质量、回填料厚度及平整度等。土工合成材料按每 100m^2 抽检 5%。施工后需进行地基承载力检测。土工合成材料质量检验标准见表 3-5。

四、预压地基

预压地基适用于处理淤泥质土、淤泥、充填土等饱和黏性土地基。

表 3-5　土工合成材料质量检验标准

项目	序号	检查项目	允许值或允许偏差		检查方法
			单位	数值	
主控项目	1	地基承载力	不小于设计值		静载试验
	2	土工合成材料强度	%	≥−5	拉伸试验(结果与设计值比)
	3	土工合成材料延伸率	%	≥−3	拉伸试验(结果与设计值比)
一般项目	1	土工合成材料搭接长度	mm	≥300	用钢尺量
	2	土石料有机质含量	%	≤5	灼烧减量法
	3	层面平整度	mm	±20	用 2m 靠尺
	4	分层厚度	mm	±25	水准测量

预压处理地基按处理工艺可分为：堆载预压、真空预压、真空和堆载组合预压。

不论是堆载预压还是真空预压，首先应在被处理的土体内设置排水竖井通道。如普通砂井、袋装砂井和塑料排水板。普通砂井直径宜为 300～500mm，袋装砂井直径宜为 70～120mm。普通砂井的间距按 n＝6～8 选用；袋装砂井和塑料排水板的间距按 n＝15～22 选用。其中 n 为竖井的有效排水直径与竖井直径之比。

堆载预压处理是将荷载堆放在被处理的土体上，利用堆放的荷载作用，加速土体的排水固结。真空预压处理是将大气压力作用在被加固的土体上，利用大气压力加速土体的排水固结。但堆载预压和真空预压的加固处理周期相对较长。

预压地基施工检测内容如下。

施工前检查施工监测措施和监测初始数据、排水设施及排水材料。施工中检查：堆载高度、变形速率、真空密封膜性能、真空度质量。施工后进行承载力、强度、变形指标检验。预压地基质量检验标准见表 3-6。

表 3-6　预压地基质量检验标准

项目	序号	检查项目	允许值或允许偏差		检查方法
			单位	数值	
主控项目	1	地基承载力	不小于设计值		静载试验
	2	处理后地基土强度	不小于设计值		原位测试
	3	变形指标	设计值		原位测试
一般项目	1	预压荷载(真空度)	%	≥−2	高度测量(压力表)
	2	固结度	%	≥−2	原位测试(与设计比较)
	3	沉降速率	%	±10	水准测量(与控制值比)
	4	水平位移	%	±10	测斜仪、全站仪测量
	5	竖向排水体位置	mm	≤100	用钢尺量
	6	竖向排水体插入深度	mm	+2000	经纬仪测量
	7	插入塑料排水板回带长度	mm	≤500	用钢尺量
	8	插入塑料排水板回带根数	%	<5	统计法
	9	排水体高出垫层距离	mm	≥100	用钢尺量
	10	砂垫层材料含泥量	%	≤5	水洗法

五、压实地基

压实地基为利用平碾、羊足碾、振动碾、冲击碾或其他碾压设备将土分层密实处理的地基。这种处理方法适用于处理大面积填土地基。压实处理的填土层厚与压实遍数参考见表 3-7。

压实地基施工检测项目如下：

施工过程监测填垫土层厚度、碾压遍数、每遍碾压沉降量；施工后需进行地基承载力检测。

表 3-7　压实处理的填土层厚与压实遍数参考

施工设备	每层铺填厚度/mm	每层压实遍数
平碾(8～12t)	200～300	6～8
羊足碾(5～16t)	200～350	8～16
振动碾(8～15t)	500～1200	6～8
冲击碾压(冲击势能 15～25kJ)	600～1500	20～40

六、夯实地基

利用夯锤在一定落距下，多次夯击给地基土施加冲击和振动能量，形成密实地基土或形成密实墩体的地基。

夯实地基可分为强夯和强夯置换处理地基。强夯处理适用于碎石土、砂土、低饱和度的粉土与黏性土、湿陷性黄土、素填土和杂填土等地基；强夯置换适用于高饱和度的粉土与软塑～流塑的黏性土地基上对变形要求不严格的工程。

强夯和强夯置换处理地基前，应选择具有代表性的场地进行试验，确定夯击能量与夯击间隔。尤其是强夯置换处理地基，必须通过现场试验确定其适用性和处理效果。强夯的有效加固深度见表 3-8、强夯法最后两击平均夯沉量见表 3-9。

表 3-8　强夯的有效加固深度

单击夯击能量 E/(kN·m)	碎石土、砂土等粗颗粒土	粉土、粉质黏土、湿陷性黄土等细颗粒土	单击夯击能量 E/(kN·m)	碎石土、砂土等粗颗粒土	粉土、粉质黏土、湿陷性黄土等细颗粒土
1000	4.0～5.0	3.0～4.0	6000	8.5～9.0	7.5～8.0
2000	5.0～6.0	4.0～5.0	8000	9.0～9.5	8.0～8.5
3000	6.0～7.0	5.0～6.0	10000	9.5～10.0	8.5～9.0
4000	7.0～8.0	6.0～7.0	12000	10.0～11.0	9.0～10.0
5000	8.0～8.5	7.0～7.5			

表 3-9　强夯法最后两击平均夯沉量

单击夯击能量 E/(kN·m)	最后两击平均夯沉量不大于/mm	单击夯击能量 E/(kN·m)	最后两击平均夯沉量不大于/mm
$E<4000$	50	$6000 \leqslant E<8000$	150
$4000 \leqslant E<6000$	100	$8000 \leqslant E<12000$	200

夯实地基施工检测内容如下。

施工前检测夯击锤的质量和尺寸、落锤落距控制方法、排水设施及地基土质情况。施工中监测夯锤落距、夯击点位、夯击范围、夯击遍数、每击沉降、最后两击沉降量、夯点施工起止时间、总沉降量等。施工后进行承载力、强度、变形指标检验和设计要求的检测要求。强夯地基质量检验标准见表 3-10。

表 3-10　强夯地基质量检验标准

项目	序号	检查项目	允许值或允许偏差		检查方法
			单位	数值	
主控项目	1	地基承载力	不小于设计值		静载试验
	2	处理后地基土强度	不小于设计值		原位测试
	3	变形指标	设计值		原位测试
一般项目	1	夯锤落距	mm	±300	钢索设标志
	2	夯锤质量	kg	±100	称重
	3	夯击遍数	不小于设计值		计算法
	4	夯击顺序	设计要求		检查施工记录
	5	夯击击数	不小于设计值		计算法

续表

<table>
<tr><th rowspan="2">项目</th><th rowspan="2">序号</th><th rowspan="2">检查项目</th><th colspan="2">允许值或允许偏差</th><th rowspan="2">检查方法</th></tr>
<tr><th>单位</th><th>数值</th></tr>
<tr><td rowspan="5">一般项目</td><td>6</td><td>夯点位置</td><td>mm</td><td>±500</td><td>用钢尺量</td></tr>
<tr><td>7</td><td>夯击范围(超出基础范围距离)</td><td colspan="2">设计要求</td><td>用钢尺量</td></tr>
<tr><td>8</td><td>前后两遍间歇时间</td><td colspan="2">设计值</td><td>检查施工记录</td></tr>
<tr><td>9</td><td>最后两击夯沉量</td><td colspan="2">设计值</td><td>水准测量</td></tr>
<tr><td>10</td><td>场地平整度</td><td>mm</td><td>⊥100</td><td>水准测量</td></tr>
</table>

七、注浆加固地基

注浆加固地基的概念是：将水泥浆或其他化学浆液注入地基土层中，增强土颗粒间的联结强度，使土体强度提高、变形减少、渗透性降低的地基处理方法。

注浆加固主要用于建筑地基的局部加固处理，适用于砂土、粉土、黏性土和人工滩涂等的地基加固。注浆材料可选用水泥浆液、硅化浆液和碱液等固化剂。

注浆加固地基施工验收检测内容如下：

施工前检查注浆点位置、浆液配比、浆液材料的性能及注浆设备性能；施工中抽检浆液的配比、性能指标、注浆顺序及注浆压力控制；施工后进行承载力、强度、变形指标检验。注浆加固地基质量检验标准见表 3-11。

表 3-11 注浆加固地基质量检验标准

<table>
<tr><th rowspan="2">项目</th><th rowspan="2">序号</th><th rowspan="2" colspan="3">检查项目</th><th colspan="2">允许值或允许偏差</th><th rowspan="2">检查方法</th></tr>
<tr><th>单位</th><th>数值</th></tr>
<tr><td rowspan="3">主控项目</td><td>1</td><td colspan="3">地基承载力</td><td>不小于设计值</td><td>静载试验</td><td>地基承载力</td></tr>
<tr><td>2</td><td colspan="3">处理后地基土强度</td><td>不小于设计值</td><td>原位测试</td><td>原位测试</td></tr>
<tr><td>3</td><td colspan="3">变形指标</td><td>设计值</td><td>原位测试</td><td>原位测试</td></tr>
<tr><td rowspan="18">一般项目</td><td rowspan="14">1</td><td rowspan="14">原材料检测</td><td rowspan="4">注浆用砂</td><td>粒径</td><td>mm</td><td><2.5</td><td>筛分法</td></tr>
<tr><td>细度模数</td><td colspan="2"><2.0</td><td>筛分法</td></tr>
<tr><td>含泥量</td><td>%</td><td><3</td><td>水洗法</td></tr>
<tr><td>有机质含量</td><td>%</td><td><3</td><td>灼烧减量法</td></tr>
<tr><td rowspan="4">注浆用黏土</td><td>塑性指数</td><td colspan="2">>14</td><td>界限含水率试验</td></tr>
<tr><td>黏粒含量</td><td>%</td><td>>25</td><td>密度计法</td></tr>
<tr><td>含砂率</td><td>%</td><td><5</td><td>洗砂瓶</td></tr>
<tr><td>有机质含量</td><td>%</td><td><3</td><td>灼烧减量法</td></tr>
<tr><td rowspan="2">粉煤灰</td><td>细度模数</td><td colspan="2">不粗于同时使用的水泥</td><td>筛分法</td></tr>
<tr><td>烧失率</td><td>%</td><td><3</td><td>灼烧减量法</td></tr>
<tr><td colspan="2">水玻璃模数</td><td colspan="2">3.0～3.3</td><td>试验室试验</td></tr>
<tr><td colspan="2">其他化学浆液</td><td colspan="2">设计值</td><td>查产品证书或抽样</td></tr>
<tr><td>2</td><td colspan="3">注浆材料</td><td>%</td><td>±3</td><td>称重</td></tr>
<tr><td>3</td><td colspan="3">注浆孔位</td><td>mm</td><td>±50</td><td>用钢尺量</td></tr>
<tr><td>4</td><td colspan="3">注浆孔深</td><td>mm</td><td>±100</td><td>量测注浆管长度</td></tr>
<tr><td>5</td><td colspan="3">注浆压力</td><td>%</td><td>±10</td><td>检查压力表读数</td></tr>
</table>

八、微型桩加固地基

微型桩加固地基：用桩工机械或其他小型设备在土中形成直径不大于 300mm 的树根桩、预制混凝土桩或钢管桩。

微型桩加固地基适用于处理淤泥、淤泥质土、黏性土、粉土、砂土、碎石土及人工填土的地基。

微型桩加固后的地基，当桩与承台整体连接时，可按桩基设计；桩与基础不整体连接时，可按复合地基设计。

微型桩加固地基施工验收检测：应按基桩检测方法验收检测和按复合地基检测方法检测。

第三节　复合地基处理

复合地基为部分土体被增强或被置换后所形成的由地基土和增强体共同承担荷载的人工地基。

复合地基根据其增强体材质不同，又可分为如下三类。

(1) 散体材料桩复合地基：以砂桩、砂石桩和碎石桩等散体材料桩作为竖向增强体的复合地基。

(2) 柔性桩复合地基：以柔性桩为竖向增强体的复合地基，如水泥土桩、灰土桩和石灰桩等。

(3) 刚性桩复合地基：以摩擦型刚性桩为竖向增强体的复合地基，如钢筋混凝土桩、素混凝土桩、预应力管桩、大直径薄壁筒桩、水泥粉煤灰碎石桩（CFG 桩）和钢管桩等。

复合地基还有深层搅拌桩复合地基、高压旋喷桩复合地基、夯实水泥土桩复合地基、灰土挤密桩复合地基、挤密砂石桩复合地基、置换砂石桩复合地基、强夯置换墩复合地基、长-短桩复合地基、桩网复合地基等。

复合地基置换率为复合地基中置换体的横截面积和该置换体所承担的复合地基面积的比值。

荷载分担比为复合地基中桩体承担荷载与桩间土承担的荷载的比值。

桩、土应力比为复合地基中桩体上的平均竖向应力和桩间土的平均竖向应力的比值。

第四节　复合地基设计

一、复合地基设计的计算

复合地基承载力特征值可按式(3-3) 计算

$$f_{spk}=\beta_p mR_a/A_p+\beta_s(1-m)f_{sk} \tag{3-3}$$

式中　f_{spk}——复合地基承载力特征值，kPa；

β_p——桩体竖向抗压承载力修正系数，宜综合复合地基中桩体实际竖向抗压承载力和复合地基破坏时桩体的竖向抗压承载力发挥度，结合工程经验取值；

R_a——单桩竖向抗压承载力特征值，kN；

A_P——单桩截面积，m^2；

β_s——桩间土地基承载力修正系数，宜综合复合地基中桩间土地基实际承载力和复合地基破坏时桩间土地基承载力发挥度，结合工程经验取值；

f_{sk}——处理后桩间土承载力特征值，kPa，可按地区经验确定；

m——复合地基面积置换率。

$$m=d^2/d_e^2$$

式中　d——桩身平均直径；

d_e——一根桩分担的处理地基面积的等效圆直径。

等边三角形布桩 $d_e=1.05s$，正方形布桩 $d_e=1.13s$，矩形布桩 $d_e=1.13(s_1s_2)^{1/2}$。s、

s_1、s_2 分别为桩间距、纵向桩间距和横向桩间距。

二、柔性桩和刚性桩计算

柔性桩和刚性桩的竖向承载力特征值可按式(3-4)计算

$$R_a = u_p \sum_{i=1}^{n} q_{si} l_i + a q_p A_p \quad (3\text{-}4)$$

式中　R_a——单桩竖向抗压承载力特征值，kN；

u_p——桩的截面周长，m；

n——桩长范围内所划分的土层数；

q_{si}——第 i 层土的桩侧摩阻力特征值，kPa；

l_i——桩长范围内第 i 层土的厚度，m；

a——桩端土地基承载力折减系数；

q_p——桩端土地基承载力特征值，kPa；

A_p——单桩截面积，m^2。

第五节　复合地基处理方法

一、碎石桩复合地基

碎石桩复合地基为将碎石、砂或碎石混合料挤压入已成的孔中，形成密实碎石竖向增强体的复合地基。

碎石桩复合地基适用于挤密处理松散砂土、粉土、粉质黏土、素填土、杂填土等地基，以及用于处理可液化地基。饱和黏土地基，如对变形控制不严格，可采用碎石桩置换处理。

碎石桩复合地基施工验收检测：施工前应检查砂石料的含泥量及有机质含量等；施工中检查桩位、填料量、标高、垂直度等；施工后进行桩体密实度和复合地基承载力检测。砂石桩复合地基质量检验标准见表3-12。

表3-12　砂石桩复合地基质量检验标准

项目	序号	检查项目	允许值或允许偏差		检查方法
			单位	数量	
主控项目	1	复合地基承载力	不小于设计值		静载试验
	2	桩体密实度	不小于设计值		重型动力触探
	3	填料量	%	≥−5	实际用料量与计算填料量体积比
	4	孔深	不小于设计值		测钻杆长度或用测绳
一般项目	1	填料含泥量	%	<5	水洗法
	2	填料有机质含量	%	≤5	灼烧减量法
	3	填料颗粒	设计要求		筛分法
	4	桩间土强度	不小于设计值		标准贯入试验
	5	桩位	mm	≤0.3D	全站仪或用钢尺量
	6	桩顶标高	不小于设计值		水准测量，将顶部预留的松散桩体挖除后测量
	7	密实电流	设计值		查看电流表
	8	留振时间	设计值		用表计量
	9	褥垫层夯填度	≤0.9		水准测量

注：D 为桩径。

二、水泥粉煤灰碎石复合地基

水泥粉煤灰碎石复合地基为由水泥、粉煤灰、碎石等混合料加水拌和在土中灌注形成竖向增强体的复合地基。

水泥粉煤灰碎石复合地基适用于处理黏性土、粉土、砂土和自重固结已完成的素填土地基。

水泥粉煤灰碎石复合地基施工验收检测：施工前检验水泥、粉煤灰、砂及碎石原料；施工中检查混合料的配比、坍落度、孔深和充盈系数；施工后检验桩体质量、单桩和复合地基承载力。水泥粉煤灰碎石复合地基质量检验标准见表3-13。

表3-13　水泥粉煤灰碎石复合地基质量检验标准

项目	序号	检查项目	允许值或允许偏差		检查方法
			单位	数量	
主控项目	1	复合地基承载力	不小于设计值		静载试验
	2	单桩承载力	不小于设计值		静载试验
	3	桩长	不小于设计值		测桩管长度或测绳测孔深
	4	桩径	mm	+500	用钢尺量
	5	桩身完整性	—		低应变检测
	6	桩身强度	不小于设计值		28d试块强度
一般项目	1	桩位	条基边桩沿轴线	≤1/4D	全站仪或用钢尺量
			垂直轴线	≤1/6D	
			其他情况	≤2/5D	
	2	桩顶标高	mm	±200	水准测量，最上部500mm劣质桩体不计入
	3	桩垂直度	≤1/100		经纬仪测桩管
	4	混合料坍落度	mm	160～220	坍落度仪
	5	混合料充盈系数	≥1.0		实际灌注量与理论灌注量的比
	6	褥垫层夯填度	≤0.9		水准测量

注：D为桩径。

三、夯实水泥土桩复合地基

夯实水泥土桩复合地基为将水泥和土按设计比例拌和均匀，在孔内分层夯实形成竖向增强体的复合地基。

夯实水泥土桩复合地基适用于处理地下水位以上的粉土、黏性土、素填土和杂填土等地基，处理地基深度不宜大于15m。

夯实水泥土桩复合地基施工验收检测：施工前检验原料质量；施工中检测孔位、孔径、孔深以及混合料的含水量；施工后检验桩体质量和复合地基承载力以及褥垫层夯填度。夯实水泥土桩复合地基质量检验标准见表3-14。

表3-14　夯实水泥土桩复合地基质量检验标准

项目	序号	检查项目	允许值或允许偏差		检查方法
			单位	数量	
主控项目	1	复合地基承载力	不小于设计值		静载试验
	2	桩体填料平均压实系数	≥0.97		环刀法
	3	桩长	不小于设计值		用测绳测孔深
	4	桩身强度	不小于设计值		28d试块强度

续表

项目	序号	检查项目	允许值或允许偏差		检查方法
			单位	数量	
一般项目	1	土料有机质含量	≤5%		灼烧减量法
	2	含水量	最优含水量±2%		烘干法
	3	土料粒径	mm	≤20	筛分法
	4	桩位	条基边桩沿轴线	≤1/4*D*	全站仪或用钢尺量
			垂直轴线	≤1/6*D*	
			其他情况	≤2/5*D*	
	5	桩径	mm	±500	用钢尺量
	6	桩顶标高	mm	±200	水准仪，最上部500mm劣质桩体不计入
	7	桩孔垂直度	≤1/100		经纬仪测桩管
	8	褥垫层夯填度	≤0.9		水准测量

注：*D* 为桩径。

四、水泥土搅拌桩复合地基

水泥土搅拌桩复合地基为以水泥作为固化剂的主要材料，通过深层搅拌机械，将固化剂和地基土强制搅拌形成竖向增强体的复合地基。

水泥土搅拌桩复合地基适用于处理正常固结的淤泥、淤泥质土、素填土、黏性土（软塑、可塑）、粉土（稍密、中密）、粉细砂（松散、中密）、中粗砂（松散、稍密）、饱和黄土等土层。不适用于含大孤石或障碍物较多且不易清除的杂填土、欠固结的淤泥和淤泥质土、硬塑及坚硬的黏土、密实的砂类土，以及地下水渗流影响成桩质量的土层。当遇到泥灰土、有机质土、pH 值小于 4 的酸性土、塑性指数大于 25 的黏土，或在腐蚀性环境中以及无工程经验的地区使用水泥土搅拌桩处理时，必须通过现场和室内试验确定其适用性。

水泥土搅拌桩复合地基施工验收检测：施工前检验水泥和外掺剂的质量；施工中检查机头提升速度、水泥注入量搅拌桩长度；施工后检验桩体强度、单桩和复合地基承载力。水泥土搅拌桩复合地基质量检验标准见表 3-15。

表 3-15　水泥土搅拌桩复合地基质量检验标准

项目	序号	检查项目	允许值或允许偏差		检查方法
			单位	数量	
主控项目	1	复合地基承载力	不小于设计值		静载试验
	2	单桩承载力	不小于设计值		静载试验
	3	水泥用量	不小于设计值		查看流量表
	4	搅拌叶回转直径	mm	±20	用钢尺量
	5	桩长	不小于设计值		测钻杆长度
	6	桩身强度	不小于设计值		28d 试块强度或钻芯法
一般项目	1	水胶比	设计值		实际用水量与水泥等胶凝材料的重量比
	2	提升速度	设计值		测机头上升距离及时间
	3	下沉速度	设计值		测机头下沉距离及时间
	4	桩位	条基边桩沿轴线	≤1/4*D*	全站仪或用钢尺量
			垂直轴线	≤1/6*D*	
			其他情况	≤2/5*D*	
	5	桩顶标高	mm	±200	水准仪，最上部500mm劣质桩体不计入

续表

项目	序号	检查项目	允许值或允许偏差		检查方法
			单位	数量	
一般项目	6	导向架垂直度	≤1/150		经纬仪测量
	7	褥垫层夯填度	≤0.9		水准测量

注：D 为桩径。

五、旋喷桩复合地基

旋喷桩复合地基为通过钻杆的旋转、提升，将高压水泥浆由水平方向的喷嘴喷出，形成喷射流，来切割土体并与土拌和形成水泥土竖向增强体的复合地基。

旋喷桩复合地基适用于处理淤泥、淤泥质土、黏性土（流塑、软塑和可塑）、粉土、砂土、黄土、素填土和碎石土等地基。

旋喷桩复合地基施工验收检测：施工前检验水泥和外掺剂的质量、浆液配比以及压力设备。施工中检查压力、水泥浆量、提升和旋转速度；施工后检验桩体强度和直径，单桩和复合地基承载力。旋喷桩复合地基质量检验标准见表 3-16。

表 3-16　旋喷桩复合地基质量检验标准

项目	序号	检查项目	允许值或允许偏差		检查方法
			单位	数量	
主控项目	1	复合地基承载力	不小于设计值		静载试验
	2	单桩承载力	不小于设计值		静载试验
	3	水泥用量	不小于设计值		查看流量表
	4	桩长	不小于设计值		测钻杆长度
	5	桩身强度	不小于设计值		28d 试块强度或钻芯法
一般项目	1	水胶比	设计值		实际用水量与水泥等胶凝材料的重量比
	2	钻孔位置	mm	≤50	用钢尺量
	3	钻孔垂直度	≤1/100		经纬仪测钻杆
	4	桩位	mm	≤0.2D	开挖后桩顶下 500mm 处用钢尺量
	5	桩径	mm	≥−50	用钢尺量
	6	桩顶标高	不小于设计值		水准测量，最上部 500mm 处浮浆层及劣质桩体不计入
	7	喷射压力	设计值		检查压力表
	8	提升速度	设计值		测机头上升距离及时间
	9	旋转速度	设计值		现场测定
	10	褥垫层夯填度	≤0.9		水准测量

注：D 为桩径。

六、土和灰土桩复合地基

土和灰土桩复合地基为用土和灰土填入孔内分层夯挤密实形成竖向增强体的复合地基。

土和灰土桩复合地基适用于处理地下水位以上的粉土、黏性土、素填土、杂填土和湿陷性黄土等地基，可处理地基的厚度宜为 3～15m。

要消除地基土的湿陷性，可选用土挤密桩；要提高地基土承载力或增强水稳性，宜选用灰土挤密桩。

土和灰土桩复合地基质量检验标准见表 3-17，施工验收检测项目为：施工前检验材料质量；施工中检查桩孔直径、深度、夯击次数、填料的含水量及压实系数；施工后检验桩体质量和复合地基承载力。

表 3-17　土和灰土桩复合地基质量检验标准

项目	序号	检查项目	允许值或允许偏差		检查方法
			单位	数量	
主控项目	1	复合地基承载力	不小于设计值		静载试验
	2	桩体填料平均压实系数	≥0.97		环刀法
	3	桩长	不小于设计值		用测绳测孔深
一般项目	1	土料有机质含量	≤5%		灼烧减量法
	2	含水量	最优含水量±2%		烘干法
	3	石灰粒径	mm	≤5	筛分法
	4	桩位	条基边桩沿轴线	≤1/4D	全站仪或用钢尺量
			垂直轴线	≤1/6D	
			其他情况	≤2/5D	
	5	桩径	mm	±500	用钢尺量
	6	桩顶标高	mm	±200	水准仪，最上部 500mm 劣质桩体不计入
	7	桩孔垂直度	≤1/100		经纬仪测桩管
	8	砂、碎石褥垫层夯填度	≤0.9		水准测量
	9	灰土垫层压实系数	≥0.95		环刀法

注：D 为桩径。

七、柱锤冲扩桩复合地基

柱锤冲扩桩复合地基为用柱锤冲扩方法成孔分层夯扩填料形成竖向增强体的复合地基。

柱锤冲扩桩复合地基适用于处理地下水位以上的杂填土、粉土、黏性土、素填土和黄土等地基。

柱锤冲扩桩复合地基施工验收检测项目为：施工后检验桩体质量、单桩及复合地基承载力。

八、多桩型复合地基

多桩型复合地基为采用两种或两种以上不同材料增强体，或采用同一材料、不同长度增强体加固形成的复合地基。

多桩型复合地基适用于处理不同深度存在相对硬层的正常固结土，或浅层存在欠固结土、湿陷性黄土、可液化土等特殊土，以及地基承载力和变形要求较高的地基。

多桩型复合地基施工验收检测项目为：施工后检验桩体质量、单桩及复合地基承载力。

第四章　地基检测

第一节　地基静荷载试验

一、基本概念

地基土在荷载作用下会发生沉降变形，根据其沉降与荷载的关系绘制出荷载位移曲线，该曲线按形状分为：阶段拐点型［图 4-1(a) 中的曲线Ⅰ］和圆滑渐变型［图 4-1(a) 中的曲线Ⅱ］两种曲线。

阶段拐点型曲线分为三个阶段：线性变形阶段（又称弹性阶段）；塑性变形阶段（又称屈服阶段）；剪切破坏阶段。相应得到特征临界点和极限临界点，导出地基土的特征值和极限值。圆滑渐变型曲线一般由相对沉降量控制，由此确定地基土的特征值和极限值，见图 4-1。

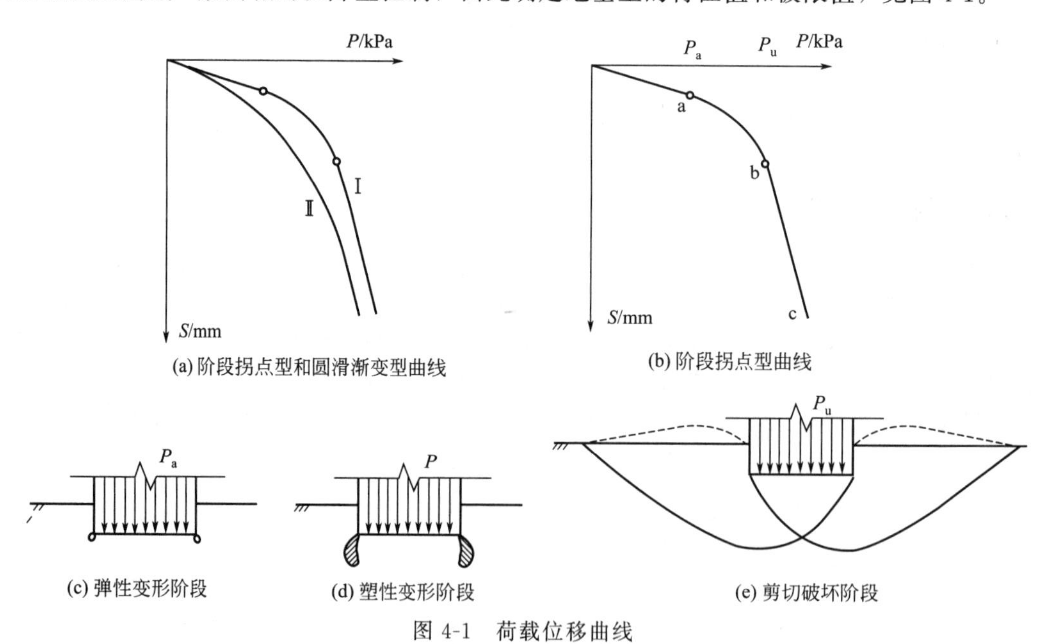

图 4-1　荷载位移曲线

二、地基的承载力

1. 地基承载力特征值

比例极限与临塑荷载：载荷试验中第一直线段终点即为比例极限。在此比例极限内，当荷载撤出后，沉降变形几乎为零，故而称其为弹性阶段。对应比例极限的荷载称为临塑荷载。

2. 地基的极限承载力

浅基础的地基极限承载力是指使得地基达到完全剪切破坏时的最小压力，也就是相应于 P-S 曲线中地基从塑性变形阶段转为整体剪切破坏的界限荷载。

当地基发生整体剪切破坏时，地基中从基础的一侧到另一侧形成连续的滑动面，基础四周的地面隆起，基础倾斜，最终甚至倒塌，这种模式称为整体剪切破坏。

三、浅层与深层平板荷载试验

平板荷载试验根据所测试岩土层深度位置，分为浅层平板荷载试验和深层平板荷载试验两种。

浅层平板荷载试验与深层平板荷载试验的区别：浅层平板荷载试验的荷载作用于半无限体表面；深层平板荷载试验的荷载作用于半无限体内部。

四、试验设备

（一）平板载荷试验设备

1. 承压板

均质地基土载荷试验，承压板最小面积不宜小于 0.5m^2，一般情况下宜为 0.5m^2、0.7m^2 和 1.0m^2 三种；承压板的形状宜为圆形或正方形，见图 4-2。

复合地基载荷试验中的承压板面积应根据桩体面积和置换率确定。单置换体复合地基载荷试验宜采用圆形或方形板，面积为一根桩置换处理的面积；多置换体复合地基载荷试验的压板可用正方形或矩形，其尺寸按实际置换体数量所承担的处理面积确定。

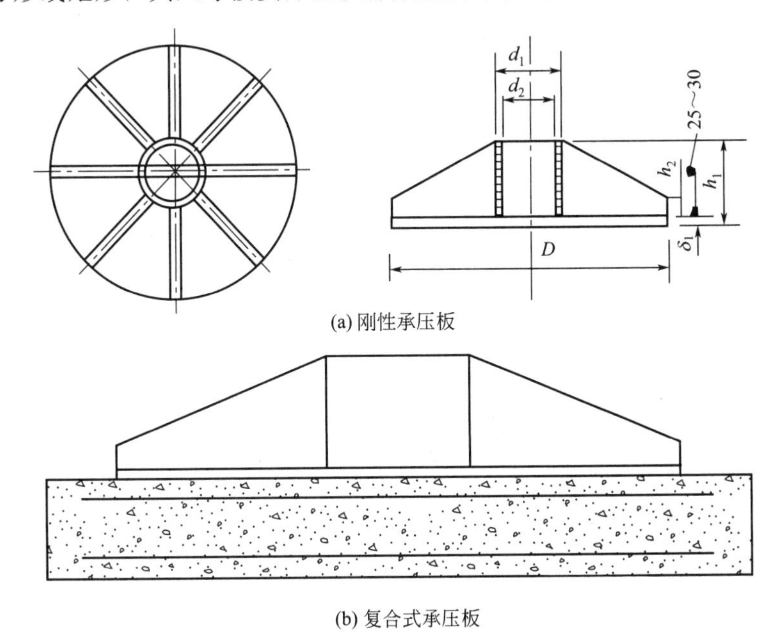

(a) 刚性承压板

(b) 复合式承压板

图 4-2　承压板

2. 加荷反力装置

加荷反力装置除施加荷载采用千斤顶外，反力荷载可采用以下方式进行施加。

（1）可直接分级堆码重物。直接堆码重物一般是使用标准质量的砝码，没有标准砝码时，用磅秤控制加荷量。

（2）由于总加荷量相对较小，可堆载一次施加总的荷载量，或根据总加载量选用 n 个地锚提供反力，再依据分级原则，分阶段施加荷载。

（二）深层荷载试验

深层荷载试验一般采用螺旋板试验设备，可完成地表以下某一深度岩土层的荷载试验。深层荷载试验的深度一般不应小于 3m，若深度过浅则不符合变形模量计算假定荷载作用于无限体内部的条件。

螺旋板载荷试验设备要求如下。

深层螺旋荷载板的承压板直径：地基土的承压板直径不应小于 0.8m；岩基荷载试验的承压板直径不应小于 0.3m。全套试验装置如图 4-3 所示。

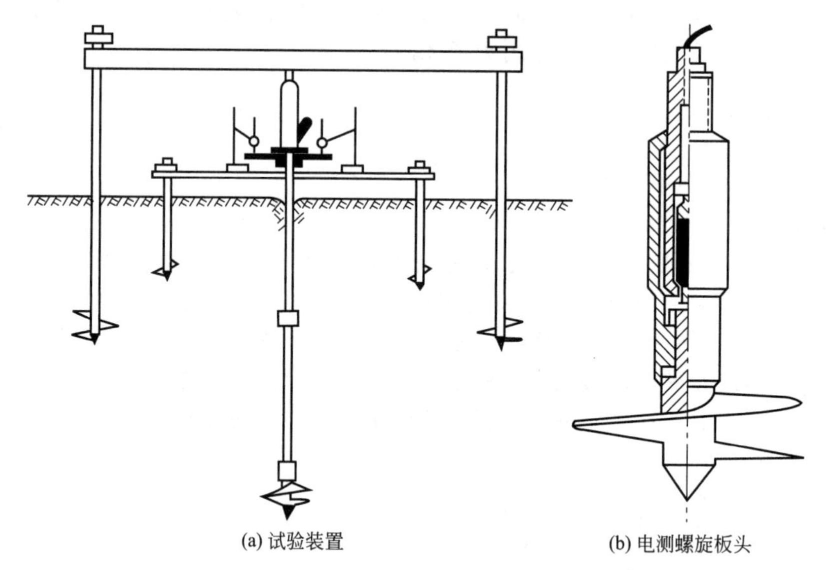

(a) 试验装置　　(b) 电测螺旋板头

图 4-3　螺旋板荷载试验设备

螺旋板荷载试验仪器设备及要求见表 4-1。

表 4-1　螺旋板荷载试验仪器设备及要求

名称	仪器设备及要求
反力装置	由 4 个单叶片地锚提供反力，由 2 根小梁和 1 根大梁组成反力梁
加荷系统	由油压千斤顶加荷，通过传力杆将荷载传递到承压板
承压板	为螺旋单叶片形，直径有 0.3m 和 0.8m 两种。承压板必须具有一定刚度，保证在荷载作用下，不影响试验数据。承压板表面粗糙度不宜大于 12.5μm
板头传感器	量程有 20kN 和 30kN 两种。精度及防水性能同静力触探探头
荷载测量系统	同单桩荷载试验所用的电阻应变测量仪器。应与板头传感器一起做系统标定
位移测量系统	同单桩荷载试验

五、现场测试

基本检测比例要求每个场地不宜少于 3 点。

（一）平板载荷试验要点

1. 试坑开挖

在基础底面设计高程处试验时，试坑底面宽度应不小于 $3b$（b 为承压板直径或宽度）。

试验前应保持坑底土层的天然湿度和原状结构。

实际基础有碎石等垫层时，试验标高应位于垫层底部，不应在垫层上进行试验。

试验点位于地下水位以下时，开挖试坑及安装设备前，应先将坑内地下水位降到试坑底面以下。安装好设备待水位恢复后再行试验。

试验过程中应避免试坑受冻、曝晒和雨淋。

2. 试验设备安装

安置承压板前，应整平板下的试坑面并用水平尺找平后铺约 2cm 的中粗砂垫层，轻轻拍实找平，使承压板与试坑面平整接触。

复合地基载荷试验桩的中心（或多根桩的形心）应与承压板中心保持一致。

依次安装千斤顶、荷重传感器（使用时）、传力柱（或垫块）及反力装置时，应逐一检查、调整对承压板中心的垂直度和同心度，并应避免对承压板施加冲击力和预应力。

3. 沉降测量装置的安装

用于观测承压板沉降的百分表或位移传感器，当不能居中安置时，必须对称设置于承压板的板面上，且应使收缩杆垂直于板面。

百分表应带有磁性表座，并应在保证百分表测头垂直承压板板面的前提下具有便利定位的能力；使用的位移传感器连同其托梁，也应具有相应的能力。

表座托梁的支点（固定点）与承压板中心的距离应大于 1.5b、与地锚反力装置之反力点的距离不得小于 0.8m。

根据需要，用于观测承压板周围地面垂直位移的百分表或位移传感器，宜在过承压板形心的两条相互垂直的直线上、且在距压板边缘的距离为 (0.2～1)b 的范围内按等间距布置 4～5 只。

4. 试验加荷

试验荷载应分级施加，按设计要求的极限承载力分 8～12 级。最大加荷不小于设计要求的承载力特征值的 2 倍。尽量按等量分级，第一级不能按 2 倍分级加荷。

5. 试验观测记录和稳定标准

施加某级荷载后、应按时观测相应的沉降量。每级荷载下的沉降观测时间为：自加荷开始按 5min、5min、10min、10min、15min、15min 间隔，以后每隔 30min 观测沉降一次。当进行岩体试验时，间隔 1min、2min、2min、5min 测读一次沉降，以后每 10min 测读一次。

稳定标准为：连续 2h 内每小时的沉降量小于 0.1mm 时，可施加下一级荷载。岩体稳定标准为连续三次读数差小于 0.01mm。

6. 终止加荷条件

出现下列情况之一时可终止加荷。

（1）承压板周围的土层明显侧向挤出，周边岩土出现明显隆起或径向裂缝持续发展。

（2）本级荷载的沉降量大于前级荷载沉降量的 5 倍，荷载与沉降曲线出现明显陡降。

（3）在某级荷载下 24h 沉降速率不能达到相对稳定标准。

（4）总沉降量与承压板直径（或宽度）之比超过 0.06。

7. 卸荷与观测

需要时应做卸荷回弹观测，卸荷级数可为加荷级数的一半，每卸一级间隔 0.5h 记录回弹量。荷载全部卸除后，继续观测 2～3h。

（二）螺旋板载荷试验方法要点

1. 试验前的准备工作

核查板头标定记录；螺旋板几何尺寸应符合设计要求，且无损伤、板面光滑；检查百分表（或位移传感器）、液压千斤顶、计时器、记录仪等设备的完好性。

将螺旋板的方榫插入板头传感器下端的方孔中，上下活动自如后，用一根直径约 3mm 的软金属丝插入连接好的销孔中，使螺旋板与板头连成一体。

2. 试验设备安装

平整场地，然后用下锚机或人力旋下 4 个反力地锚和两个固定沉降观测支架的小地锚。

根据测试深度的需要，连接好传力杆。若用电测式板头，应穿好电缆，检查信号输出是否正常。然后将板头旋到既定测试深度，并保持传力杆的垂直状态。

安装相应的组件，对工字大梁、千斤顶座、表座托板均应用水平尺校准。在传力杆上固定沉降观测支板，然后安装千斤顶、垫块等，并保持传力系统垂直，避免偏压。

安装沉降观测仪表。测力系统若用电测板头，应先预热调零，然后开始试验。

3. 试验方法

试验方法分为应力法和应变法两类。

应力法是规程中规定的方法，又分为快法和慢法，其加荷分级、观测时间、稳定标准同平板载荷试验。

应变法是以等沉降速率来控制加荷，连续加荷直到土体破坏为止，并同时按等沉降量间隔测记荷载。沉降速率可按地基土的类别和性质来确定，对灵敏度高的饱和黏性土一般以 0.25～0.50mm/min；对一般黏性土可采用 0.50～2.00mm/min；对粉土、砂土可采用 2.00～5.00mm/min。螺旋板载荷试验方法的选择可参考表 4-2。

表 4-2　螺旋板载荷试验方法的选择

试验目的	应力法		应变法
	慢速法	快速法	
地基土的承载力	√	√	√
地基土的排水模量	√		
地基土的不排水模量		√	√
不排水抗剪强度		√	√

4. 终止试验条件

出现下列情况之一，可终止试验：沉降急剧增大，荷载沉降曲线出现陡降；累计沉降量达到承压板宽度的 10%；荷载不变，24h 内沉降速率几乎不变。

5. 其他要求

试验点应在静力触探了解地层剖面后布置，同一试验孔在竖直方向上试验点间距宜为 1m。土质均匀、厚度较大时，点间距可取 2～3m。

试验孔全部测试完成后，将传力杆和传感器拔出地面，将螺旋板留在孔中。

六、资料整理

1. 平板载荷试验资料整理

检查复核现场记录，绘制 p-S 和 S-$\lg t$ 曲线图，见图 4-4。

2. 螺旋板载荷试验的资料整理

根据各级荷载下的累计沉降观测值 S，绘制 p-S 曲线。对于应变法，为了确定极限压力值，也可绘制压力-沉降量与板径之比百分数的关系曲线（$\lg p$-S/d，见图 4-5，S/d 单位为%）。前者取对数坐标，后者取算术坐标。

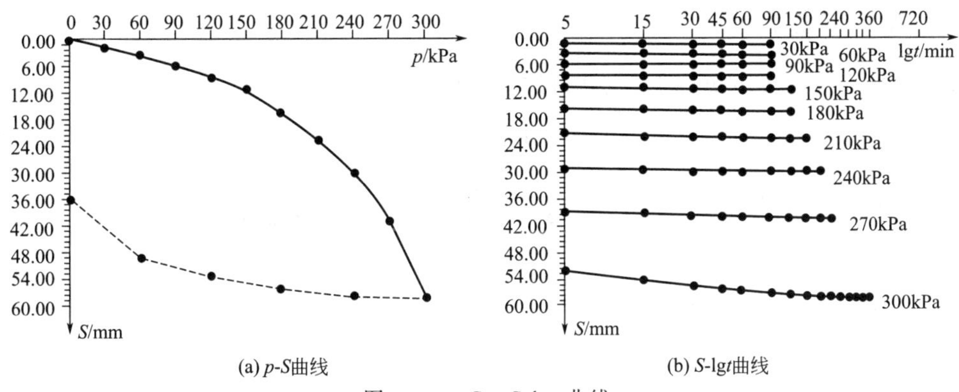

(a) p-S曲线　　(b) S-lg$t$曲线

图 4-4　p-S、S-lg$t$ 曲线

七、确定地基土的变形模量

土的变形模量应根据 p-S 曲线的初始线段，可按均质各向同性半无限弹性介质的弹性理论计算。

图 4-5　lg$p$-S/d 曲线

1. 平板载荷试验

浅层载荷试验的变形模量可按式(4-1) 计算

$$E_0=I_0(1-\mu^2)p\cdot\frac{d}{S} \tag{4-1}$$

式中　E_0——变形模量，MPa；

I_0——刚性承压板的形状系数，圆形承压板取 0.785，方形承压板取 0.886；

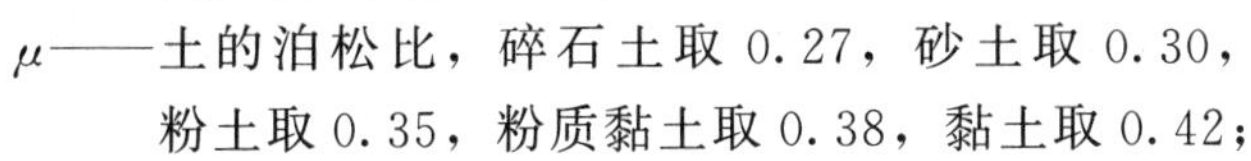

μ——土的泊松比，碎石土取 0.27，砂土取 0.30，粉土取 0.35，粉质黏土取 0.38，黏土取 0.42；

p——比例界限压力，即 p-S 曲线上第一拐点的压力，kPa；

d——承载板直径或边长，m；

S——与 p 相对应的沉降，mm。

2. 螺旋板载荷试验

深层平板载荷试验和螺旋板载荷试验按式(4-2) 计算

$$E_0=\omega_{\mathrm{p}}\cdot\frac{d}{z} \tag{4-2}$$

式中　ω——与试验深度和土类有关的系数，可按深度载荷试验计算。

深度载荷试验计算系数 ω 参考表 4-3 选取。

表 4-3　深度载荷试验计算系数 ω

d/z	土类				
	碎石土	砂土	粉土	粉质黏土	黏土
0.30	0.477	0.489	0.491	0.515	0.524
0.25	0.469	0.480	0.482	0.506	0.514
0.20	0.460	0.471	0.474	0.497	0.505
0.15	0.444	0.454	0.457	0.479	0.487
0.10	0.435	0.446	0.448	0.470	0.478
0.05	0.427	0.437	0.439	0.461	0.468
0.01	0.418	0.429	0.431	0.452	0.459

注：d/z 为承压板直径和承压板底面深度之比。

八、基准基床系数 K_v

可根据承压板边长 30cm 的平板载荷试验，按式(4-3) 计算

$$K_v=\frac{p}{S} \tag{4-3}$$

第二节　人工处理地基检测

平板载荷试验适用于确定换填垫层、预压地基、压实地基、夯实地基和注浆加固等处理后地基承压板应力影响范围内土层的承载力与变形参数。

一、检测数量

同一地基处理方法、同一深度土层的单位工程检测数量为每 500m^2 不应少于一点，且试验点不应少于三点。

深层平板载荷试验的试验深度不应小于 5m。

二、设备要求

承压板面积应按需要检测土层的厚度确定。浅层平板载荷试验承压板面积不应小于 0.25m^2，换填垫层和压实地基承压板面积不应小于 1.0m^2，对于夯实地基，承压板面积不应小于 2.0m^2。深层平板载荷试验的承压板直径不应小于 0.8m。岩基荷载试验的承压板直径不应小于 0.3m。

三、现场要求

试验基坑宽度不应小于承压板宽度或直径的三倍；承压板下宜用粗纱或中砂找平，厚度不应超过 20mm。

四、试验分级

每级加载不应少于预估最大加载量的 1/12～1/8，岩基分级宜为预估最大加载量的 1/15。首级加载可为分级的两倍，总加载级数为奇数时首级加载为分级的 3 倍。最大加载量不应小于设计要求承载力特征值的 2 倍。

五、采集间隔

每级加载后，按 10min、20min、30min、45min、60min 时刻读取沉降变形量，以后每间隔 30min 测读一次。

六、稳定标准

在连续 2h 内，每小时沉降小于 0.1mm 时，判为稳定，可以加下一级荷载。

七、卸载

卸载级别为加载的两倍。每级卸载变形观测 1h，分别在 10min、30min、60min 读取。卸载至零后观测 3h，分别在 10min、30min、60min、120min、180min 读取。

八、岩基载荷试验

每级加载后每间隔 10min 观测一次。当每 0.5h 内变形量小于 0.03mm，且连续出现两

次，则判为稳定。每级卸载后，1h 内每 10min 观测一次，卸至零后每 0.5h 内回弹量小于 0.01mm 时结束试验。

九、终止条件

满足下列条件之一时可终止试验。

(1) 承压板周围的土明显地侧向挤出；岩基载荷试验无法达到每级稳定标准。

(2) 本级沉降量大于前级的 5 倍，荷载-沉降曲线出现陡降段。

(3) 在某一级荷载下，24h 内沉降速率不能达到稳定标准。

(4) 浅层载荷试验的变形量与承压板宽度或直径之比大于 0.06，或累计变形量大于等于 150mm。深层载荷试验的变形量与承压板宽度或直径之比大于 0.04。

(5) 加载至最大要求荷载。

十、地基承载力

人工处理后的承载力特征值和极限值的确定，参见地基静载荷试验。

第三节　复合地基检测

复合地基检测方法适用于单桩复合地基静载荷试验和多桩复合地基静载荷试验，用于测定承压板下主要影响范围复合土层的承载力。

对散体材料复合地基增强体应进行密实度检验；对有黏结强度复合地基增强体应进行强度及桩身完整性检验。

复合地基承载力的验收检验应采用复合地基静载荷试验，对有黏结强度的复合地基增强体尚应进行单桩静载荷试验。

复合地基检测试验应采用慢速维持荷载的加载方法。

一、复合地基增强体检测

复合地基增强体依据采用的材料性质，分为：以松散材料为主形成增强体的复合地基；以胶凝材料为主，与土拌和形成增强体的复合地基。

以松散材料为主的增强体，主要检测增强体的密实程度。以胶凝材料为主与土拌和的增强体，主要检测增强体本身的胶凝材料的掺入量、拌和的均匀性和其抗压强度。

1. 以松散材料为主的增强体的检测

检测方法包括静力触探试验、圆锥形动力触探和标准贯入试验。检测增强体的密实程度，是满足到设计密实度要求。

2. 胶凝材料为主与土拌和的增强体的检测

检测方法一般根据胶凝材料的凝聚时间可分为两种。

(1) 胶凝材料达到初凝（一般在 7d 以内），采用轻便动力触探 N_{10} 来检测。检测比例：单位工程检测数量不应少于 10 点。当总面积超过 3000m^2 时，每 500m^2 增加一点。

(2) 胶凝材料达到终凝（一般在 28d 以上至 90d），采用钻芯法取出增强体不同深度位置的芯样，进行无侧限抗压强度试验，视检测结果判断是否满足设计使用要求。钻芯检测比例：单位工程检测数量应不少于总桩数的 0.5%，且不少于 3 根。

3. 检测比例

增强体承载力检测，试验点不应少于增强体总数的 0.5%，且不应少于三点。除以上检测比例，按批次抽检的不应少于增强体总数的20%。检测方法参见基桩检测方法。

二、复合地基检测

1. 设备要求

单桩承压板可用圆形或方形，面积为一根桩承担的处理面积；多桩承压板可用方形或矩形，其尺寸按实际桩数所承担的处理面积。

2. 现场要求

试验应在桩顶设计标高进行。承压板下宜用粗砂或中砂找平，厚度不应超过100～150mm，也可采用设计的垫层厚度进行试验。

试坑的长与宽不应小于承压板尺寸的3倍。基准梁及加荷平台支点宜设在试坑以外，且与承压板边的净距不应小于2m。

3. 试验分级

加载分级不应少于8～12级，第一次加载可加至分级的两倍。预压荷载不得大于总加载量的5%。最大加载量不应小于设计要求承载力特征值的2倍。

4. 变形采集间隔

每级加载前后均应读记承压板沉降量一次，以后间隔30min读取沉降变形量。

5. 稳定标准

当1h沉降小于0.1mm时，判为稳定，可加下一级荷载。

6. 终止条件

（1）沉降急剧增大，土被挤出或承压板周围出现明显隆起。

（2）承压板的累计沉降量已大于其宽度或直径的60%或150mm。

（3）当达不到极限荷载，而最大加载压力已大于设计要求压力值的2倍。

7. 卸载操作

卸载每级为加载级别的2倍，每卸一级，间隔30min读记回弹量，全部卸完后3h读记总回弹量。

8. 复合地基特征值

（1）当压力-沉降曲线上极限荷载能确定，而其值不小于对应比例界限的2倍时，可取比例界限；当其值小于对应比例界限的2倍时，可取极限荷载的一半。

（2）当压力-沉降曲线是平缓的光滑曲线时，可按相对变形值确定，并应符合下列规定。

① 对沉管砂石桩、振冲碎石桩和柱锤冲扩桩复合地基，可取s/b或s/d等于0.01所对应的压力。

② 对灰土挤密桩、土挤密桩复合地基，可取s/b或s/d等于0.008所对应的压力。

③ 对水泥粉煤灰碎石桩或夯实水泥土桩复合地基，对以卵石、圆砾、密实粗中砂为主的地基，可取s/b或s/d等于0.008所对应的压力；对以黏性土、粉土为主的地基，可取s/b或s/d等于0.01所对应的压力。

④ 对水泥土搅拌桩或旋喷桩复合地基，可取s/b或s/d等于0.006～0.008所对应的压力，桩身强度大于1.0MPa且桩身质量均匀时可取高值。

⑤ 对有经验的地区，可按当地经验确定相对变形值，但原地基土为高压缩性土层时，相对变形值的最大值不应大于0.015。

⑥ 复合地基荷载试验，当采用边长或直径大于2m的承压板进行试验时，b或d按2m计。

⑦ 按相对变形值确定的承载力特征值不应大于最大加载压力的一半。

9. 平均值

当其极差不得超过其平均值的30%，取此作为平均特征值。当超过其平均值的30%时，分析原因，需要时应增加试验数量并结合工程具体情况确定特征值。

第四节 地基物探法检测

地基的物探法检测包含瞬态面波测试和地质雷达测试两种方法。

地基物探法检测最早是用于工程物探，探明拟建铁路、公路地质岩土分布和构造情况。探测隧道岩层构造性质、高架桥梁基础下岩体风化程度、隧道衬体结构施工质量、铁路和公路周围山体的岩土构造、边坡可能出现滑移塌方的危险性等。近年来此物探方法又扩展到用于原有地基或处理后地基的检测，并且应用于既有地基、处理后地基、复合地基、基础结构的检测。

地基物探法属于地质岩土的宏观探测方法，结合其他地质勘察等测试手段，可进一步探明岩土地质详细情况，也可用于地基处理效果、已使用多年的基础结构的损伤和侵蚀情况探测。检测结果可指导地基处理方法的选定、提供设计所采用施工方式的依据、有利于制定施工过程中的预防措施、检验建筑物基础受损的程度以确定修补处理措施。

一、瞬态面波测试

适用于测试天然地基、处理后人工地基等浅层、深层地质分布的波速情况。瞬态面波测试近似于《岩土工程勘察规范》（GB 50021）中“原位测试”的波速法试验。瞬态面波测试还可在基础内外布置测试点，用于测量既有基础以下地基的情况。

通过瞬态面波测试的数据分析，可推算岩土层的标准贯入击数、划分既有建筑地基岩土层的分布、分析古河道砾石场地和浅水层的埋深等。检测时改变激振力、激振能量等条件，可得到不同测试深度岩土和基础结构情况。

瞬态面波测试与其他检测方法（如：钻探、动力触探等）相结合，可判定地基承载力、变形参数，评价地基均匀性、砂土液化、地基动弹性模量等动力参数。

1. 瞬态面波测试的振源

有效监测深度不超过20m可采用18磅[1]大锤激振；有效监测深度不超过30m可采用质量为60～120kg的重物，提升1.8m落距进行激振。

2. 测试仪器

采用垂直方向的速度型检波器。检波器固有频率应为不大于4.0Hz的低频；测量频率误差应小于0.1Hz；灵敏度和阻尼系数不应大于10%。

3. 数据整理

剪切波计算公式见式(4-4)、式(4-5)

$$v_s = v_R / \eta_s \tag{4-4}$$

$$\eta_s = \frac{0.87 - 1.12\mu_d}{1 + \mu_d} \tag{4-5}$$

式中 v_s——剪切波速度，m/s；

v_R——面波速度，m/s；

η_s——与泊松比有关的系数；

[1] 1磅（lb）≈453.59克（g）。

μ_d——动泊松比。

分层等效剪切波速计算公式见式(4-6)、式(4-7)

$$v_{se}=\frac{d_0}{t} \tag{4-6}$$

$$t=\sum_{i=1}^{n}\frac{d_i}{v_{si}} \tag{4-7}$$

式中 v_{se}——土层等效剪切波速，m/s；

d_0——计算深度，m，一般取2～4m；

t——剪切波在计算深度范围内的传播时间，s；

d_i——计算深度范围内第 i 层土的厚度，m；

v_{si}——计算深度范围内第 i 层土剪切波速，m/s；

n——计算深度范围内土层的分层数。

瑞利波（面波）波速、碎石地基承载力特征值和变形模量的对应关系，应通过现场试验比对与结合地区经验累积确定。初步判定估算参照表4-4。

表 4-4　面波波速、碎石地基承载力特征值与变形模量的关系

v_R/(m/s)	100	150	200	250	300
f_{ak}/kPa	110	150	200	240	280
E_0/MPa	5	10	20	30	45

二、地质雷达（又称探地雷达）

地质雷达测试原理：用高频电磁波以宽频带短脉冲形式，通过天线定向发射于地面以下，经穿过存在电性差异的地下地层，遇到地下目标物体反射至地面，经接收天线接收记录。高频电磁波在介质中传播时，其传播路径、电磁场强度与波形将随介质的电性特征与几何形态而变化。因此，通过对时域波形的采集、处理分析，可确定地下分界面或目标的空间位置及结构，达到识别目标物的目的。

地质雷达可用于工程勘察、考古调查、管线探测、质量测试等，其原理见图4-6～图4-8。

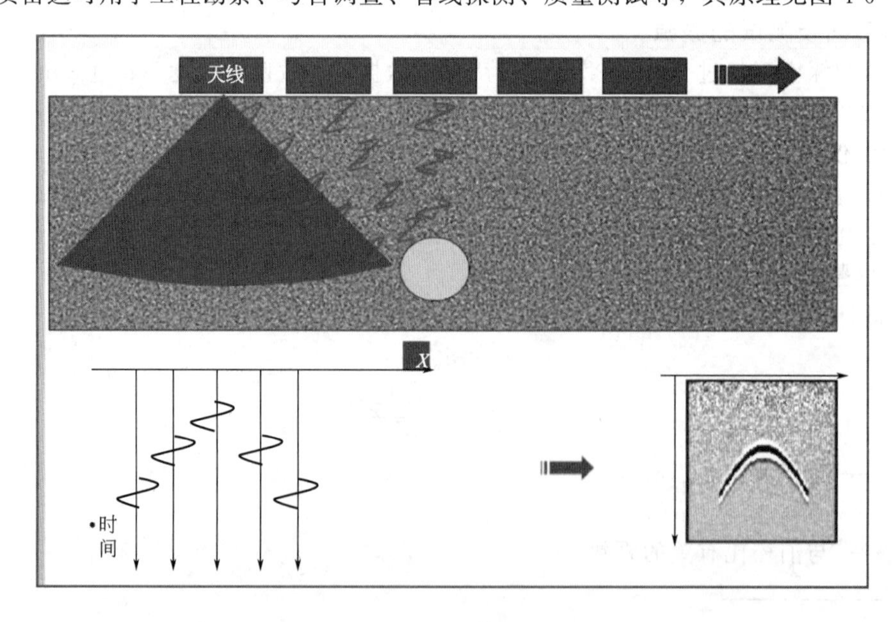

图 4-6　地质雷达探测孔洞示意

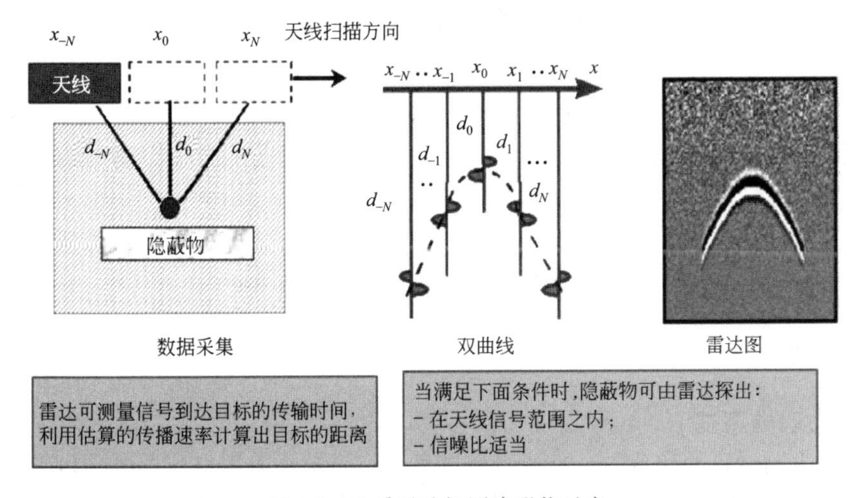

图 4-7　地质雷达探测障碍物示意

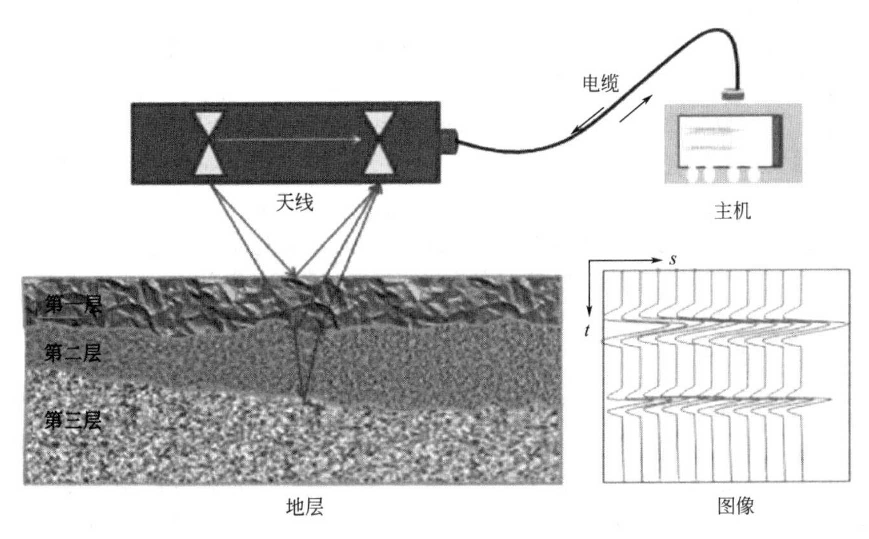

图 4-8　地质雷达探测地层剖面示意

地质雷达天线中心频率和时间与扫描采样点数之间的适宜关系可按式(4-8) 计算确定

$$S_{amples} \geqslant 1 \times 10^{-8} R_{ange} F \tag{4-8}$$

式中　S_{amples}——扫描采样点数；

R_{ange}——时间，ns；

F——天线中心频率，Hz。

扫描采样点数宜选用 128/scan、256/scan、512/scan、1024/scan 或 2048/scan，垂直分辨率要求较高时宜选用大值。扫描采样点数与扫描速度的关系见表 4-5。

表 4-5　扫描采样点数与扫描速度的关系

扫描采样点数/(道数/scean)	扫描速度/(道数/s)
256	16,32,64
512	
1024	16,32
2048	

地质雷达仪时窗长度应根据天线频率和探测目标最大埋置深度选择。

探测深度、时间与雷达波波速之间的适应关系可按式(4-9)计算确定

$$R_{ange}=1.3\frac{2H}{v} \tag{4-9}$$

式中 R_{ange}——时间，ns；

H——探测深度，m；

v——雷达波在被测介质中的波速，m/ns。

第五节 其他地基检测

一、压力测试

1. 土压力现场测试

(1) 土压力测试目的和范围：土压力测试可测量土中平面压力分布情况和压力影响深度情况。测试可应用于测量载荷试验中载荷板下应力分布情况；测量基础下应力分布和影响深度；测量桩与桩间土力的分担值；监测外部动载荷对基础的压力影响。

(2) 测试仪器：包括压力传感器、数据采集接受仪。土压力传感器目前有钢弦式、电阻应变式、电感式土压力盒。国内生产的土压力盒直径为10～100mm，国外有直径更小的压力盒。数据采集接受仪一般根据传感器形式匹配。

(3) 传感器安装：传感器分受力面和非受力面，应将受力面对着需测量面。传感器依据测试要求布置测量位置和深度。测量导线引出以便进行测量。

(4) 测量：依据载荷施加变化情况，分别在施加时刻和稳定时刻量测数据。

(5) 数据整理：土压力传感器所测量的是应变值，通过标定关系导出应力值。由各测点的位置和载荷情况绘制应力分布图。

2. 孔隙水压力测试

在饱和的地基土层中进行地基处理和基础施工过程中，往往产生孔隙水压力的变化，而孔隙水压力对土体的变形和稳定性有很大影响，故孔隙水压力测试是施工过程中的监测手段。其测量可推导固结度、控制加载速率、控制强夯间隙和确定强夯影响深度、控制打桩速率、监测降水井压力、控制地面沉降、监测与治理滑坡、确定施工过程的静停间歇时间。

(1) 孔隙水压力计类型及适用条件见表4-6。

表4-6 孔隙水压力计类型及适用条件

仪器类型		适用条件
立管式测压计(敞开式)		渗透系数>10^{-4}cm/s的含水量
水压式测压计(液压式)		渗透系数低的土层，量测精度≥2kPa，测试期<1个月
电测式测压计	振弦式	各种土层，量测精度≤2kPa，测试期>1个月
	差动变压式	各种土层，量测精度≤2kPa，测试期>1个月
	电阻式	各种土层，量测精度≤2kPa，测试期>1个月
气动测压计(气压式)		各种土层，量测精度≥10kPa，测试期<1个月
孔压静力触探仪		各种土层，不宜进行长期观测

(2) 电测式孔隙水压力计（又称渗压计）的埋设：首先根据测量深度要求成孔。用滤网包细纱将测量探头包紧，防止泥土堵塞探头。按测量深度埋设探头，土层之间用膨胀泥球封孔，避免各测量层的水压力串通。

3. 检测数据整理

根据测量数据绘制压力值与时间的关系曲线。

二、变形测试

1. 沉降观测

沉降观测是最基本、最重要的观测项目之一，观测内容包括：荷载作用范围内地基的总沉降；荷载外地面沉降或隆起；分层沉降以及沉降速率等。

在荷载作用下地基的沉降主要是由于地基土的固结和侧向变形引起的，固结随着时间而发展，侧向变形是在加荷过程和加荷后立即发生的。在快速加荷过程中，由于软土地基土渗透性小，固结沉降较慢，而侧向变形引起的沉降是主要原因。在加荷过程中，如果沉降速率突然增大，说明地基可能产生较大的塑性变形，若连续几天沉降速率较大，则可能导致地基整体破坏。因此，可以根据沉降速率来控制加荷速率。一般沉降速率可控制在10～20mm/d的范围。

（1）测量仪器：水准仪、经纬仪、全站仪。

（2）沉降观测标：各级别沉降观测基准点（含方位定向点）不应少于3个，工作测点可根据需要设定。测量点由钢或钢筋混凝土底板、金属测杆和保护套组成。底板尺寸不小于50cm×50cm×3cm，测杆直径以4cm为宜，测杆外侧应加保护套管。

（3）观测周期：沉降观测周期因测量需要而定，一般为每天至一个月观测一次。

（4）数据整理：提交场地沉降观测点平面布置图、场地沉降观测数据表、绘制沉降与时间曲线、沉降速率曲线。

2. 侧向变形观测

侧向变形观测包括地面侧向位移观测和土体侧向位移观测两部分。

在软土地基上修筑堤坝或进行堆载加固时，由于填土荷载作用使地基产生侧向水平位移，地表水平位移以坡角附近最为灵敏。为保证工程安全，常常在坡角边垂直方向设置边桩，观测其在施工过程中的侧向位移，并控制其不超过一定值来限制加载速率，监测地基的稳定性。

土体侧向位移观测可采用预埋测斜管，用测斜仪进行观测。测斜法进行侧向土体位移测量，先决条件是测斜管的刚度必须小于或等于被测物体的刚度。但目前国产测斜管的刚度一般远远大于被测土体的刚度，因而用测斜法观测软土侧向位移，其测量误差较大。现多采用观测周围土体的隆起和地表侧向位移推算土体的侧向位移。

第六节　检测报告

检测报告所含内容如下。

1. 工程信息

（1）工程名称与地点；

（2）建设、勘察、设计、监理、施工单位；

（3）建筑物概况与地基处理形式；

（4）检测要求和检测数量；

（5）地质条件。

2. 检测

（1）检测日期时间；

（2）检测使用设备、仪器型号和编号；

（3）选择的检测方法，依据的规范、规程；

（4）检测结果表；

（5）检测结果判定以及扩大检测依据。

3. 检测结论

（1）检测评价结论；

（2）建议。

4. 附件

检测设备安装示意图。带有检测点位、检测要求的平面图，所检测点组的检测结果曲线、汇总表、检测工作照片。

第五章　地基处理监测

第一节　地基加固处理监测

地基加固监测：一般根据加固施工方法和监测要求制定监测方案、确定检测内容。

一、地基加固监测的内容

(1) 地面表层沉降与水平位移变形；
(2) 地表下分层沉降与水平位移变形；
(3) 分层土压力与孔隙水压力监测；
(4) 其他岩土室外原位测试监测；
(5) 加固效果检测。

二、堆载预压加固工程监测示例

1. 施工方法

该工程场地加固处理总面积为2.4万平方米。所加固的地质为近21m厚的新近吹填土层。为便于固结插入塑料排水板，表层自上而下铺垫400mm厚砂垫层、300mm山皮土与荆笆层。采用堆载预压法加固。为比较加固效果，2.4万平方米分为3个区，每个区分三级加载，各区加载速率和控制要求不同。其中：Ⅰ区三级设计加载速率分别为0.78kPa/d、4.34kPa/d、3.59kPa/d，设计沉降速率均不大于10mm/d；Ⅱ区三级设计加载速率分别为6.28kPa/d、6.05kPa/d、6.24kPa/d，设计沉降速率均不大于30mm/d；Ⅲ区三级设计加载速率分别为12.57kPa/d、16.77kPa/d、12.48kPa/d，设计沉降速率均不大于50mm/d。每级加载后休止时间为30～40d。

2. 监测检测要求

根据不同的加固施工设计，监测不同加载速率对土体变形的影响；监测对土体固结程度的影响；比较加固后的效果（加固前承载力22kPa，要求加固后达到50kPa）。

3. 监测检测实施

(1) 土体变形：采用地面沉降观测、深层沉降观测、地表侧向变形观测、深层侧向变形观测来完成。

(2) 加载速率和休止间隔：用孔隙水压力观测结合土体变形的变化量进行控制指导。

(3) 土体固结情况：采用深层剪切（十字板）和土工试验进行测试。

(4) 加固效果：用以上观测结果比较和用载荷试验完成。

4. 监测检测结果

（1）地表沉降：最终Ⅰ、Ⅱ、Ⅲ区沉降值分别为1030mm、981mm、1259mm。

（2）深层沉降：由地表往下逐层减小，最终Ⅰ、Ⅱ、Ⅲ区18m左右处沉降分别为47mm、53mm、74mm。

（3）地表侧向位移：最终Ⅰ、Ⅱ、Ⅲ区沉降值分别为31.5mm、29mm、76.7mm。

（4）深层侧向位移：最终Ⅰ、Ⅱ、Ⅲ区边缘4.0m处（最大）位移值分别为85.9mm、104.0mm、157.9mm。距边缘15m处的水平侧向位移已衰减98%。

（5）孔隙水压力：在每级加载后1～2d内孔隙水压力达到峰值，随之开始消散，上部消散较快，以下逐步减弱。

（6）固结情况：土体达到75%固结Ⅰ、Ⅱ、Ⅲ区所需时间分别为115d、115d、75d，比理论计算缩短20～50d。

（7）加固效果：加固后地基容许承载力，由22kPa提高至70kPa。

5. 结论

（1）加载速率：分三级每级加载4d，每天加载6.24kPa，休止间隔35d。

（2）表面沉降：最大值不大于每天30mm，平均每天不大于20mm。

（3）地表水平位移：最大值每天不大于10mm。

第二节　边坡加固监测

一、边坡监测内容

（1）边坡工程监测项目应考虑其安全等级、支护结构变形控制要求、地质和支护结构特点，根据表5-1选择。

表5-1　边坡监测项目

测试项目	测点布置位置	边坡工程安全等级		
		一级	二级	三级
坡顶水平位移和垂直位移	支护结构顶部	应测	应测	应测
地表裂缝	墙顶背后1.0H(岩质)～1.5H(土质)范围内	应测	应测	选择
坡顶建(构)筑物变形	边坡坡顶建筑基础、墙面	应测	应测	选择
降雨、洪水与时间关系	—	应测	应测	选择
锚杆拉力	外锚头或锚杆主筋	应测	选择	可不测
支护结构变形	主要受拉杆件	应测	选择	可不测
支护结构应力	应力最大处	选择	选择	可不测
地下水、渗水与降雨关系	出水点	应测	选择	可不测

注：1. 在边坡塌滑区内有重要建（构）筑物，破坏后果严重时，应加强对支护结构的应力监测；
2. H为挡墙高度。

（2）边坡工程应由设计提出监测要求，由业主委托有资质的监测单位编制监测方案，经设计、监理和业主等共同认可后实施。方案应包括监测项目、监测目的、测试方法、测点布置、监测项目报警值、信息反馈制度和现场原始状态资料记录等内容。

二、边坡监测要求

边坡工程监测应符合下列规定。

（1）坡顶位移观测，应在每一典型边坡段的支护结构顶部设置不少于3个观测点的观测网，观测位移量、移动速度和方向。

（2）锚杆拉力和预应力损失检测，应选择有代表性的锚杆，测定锚杆（索）应力和预应力损失。

（3）非预应力锚杆的应力监测根数不宜少于锚杆总数的5%，预应力锚索的应力监测根数不宜少于锚索总数的10%，且不应少于3根。

（4）监测方案可根据设计要求、边坡稳定性、周边环境和施工进程等因素确定。当出现险情时应加强监测。

（5）一级边坡工程竣工后的监测时间不应少于2年。

三、边坡工程监测报告内容

（1）监测方案；

（2）监测仪器的型号、规格和标定资料；

（3）监测各阶段原始资料和应力、应变曲线图；

（4）数据整理和监测结果评述；

（5）使用期监测的主要内容和要求。

第三节　锚杆的检测和监测

一、锚杆

锚杆按照锚杆体划分为非锚固段与锚固段。

为了节省材料，非锚固段通常不灌注水泥砂浆，只含有锚拉筋（钢绞线），起到传力作用。非锚固段长度取决于被加固体可能产生的滑移面距锚杆顶端的距离，一般非锚固段长度应超过这个距离。所以，要确定非锚固段长度，首先应根据被锚固体的岩土性质，计算被锚固体可能产生的滑移面。

锚固段则是由锚拉筋（钢绞线）、水泥浆或水泥砂浆组成的，是锚固力的主要提供体。锚固段直径和长度决定了锚固力的大小。因而，应根据所需锚固力的大小，设计确定锚杆的直径和长度。但为了发挥锚固段顶端的抗剪性能，在灌注锚固段时，一般超灌一部分，使锚固段穿过被锚固岩土可能出现的滑移面。

锚杆一般按其施工方法分为预应力锚杆和非预应力锚杆。

预应力锚杆即在锚固体达到强度后，预先施加锚固力并加以固定，利用预先施加的锚固力起到固定被锚固结构的作用。

非预应力锚杆与锚拉桩（抗浮锚拉桩）作用基本相同，只是所受作用力方向的差别和锚固体材质不同。

二、扩底锚杆

锚杆加固中，锚杆提供的锚固力主要是靠锚固段的锚杆体与岩土之间的摩阻力。为了提高锚固力，只有加大锚杆锚固段直径；或加大锚杆锚固段长度，从而增加锚固体与岩土的接触表面积，提高锚固力值。由此增大了锚杆的施工难度，加大了工程成本。尤其地处我国沿海地区的软土地质条件区域，此问题更为突出。为解决这个难题，20世纪90年代作者研究出适合于软土地区的扩底锚杆（原称扩孔锚杆），可大大扩展软土锚杆加固技术的应用。

扩底锚杆是在锚固段的端部采用一定的工艺，实现锚固段的端部部分扩径。此施工工艺不仅增大了扩径段锚杆与岩土的表面接触面积，而且在变径处还利用和发挥了岩土的抗剪能力。因此，可大大提高锚固的效果。

扩底锚杆施工中，既要实现前段锚固段开孔钻进，又要完成端部段扩径的操作。为了使钻孔、扩孔、收回钻具一次完成，就需要在钻头、钻杆和钻机上加以研究改进。除了完成成孔，在锚固段（含扩径部分）水泥砂浆灌注时需充盈饱满，在水泥砂浆达到强度后，才能保证扩底部分段在锚固拉力作用下共同起到作用。

三、锚杆与锚索的差别

锚杆是在已有岩土施工中起到锚固作用的锚固体结构，由锚固段（一般由锚拉钢筋或钢绞线、水泥砂浆、含较细骨料的混凝土或其他材料组成）、非锚固段（仅由锚拉钢筋或钢绞线组成）两部分构成。其锚固力由在岩土中的锚固体段提供，且有些锚杆的锚固体段还起到抗边坡滑移的作用。

锚索是在被锚固体施工的同时，预先将锚拉钢筋或钢绞线、锚固端施工于被锚固体内（外）。在被锚固体施工后，达到一定施工龄期，利用锚固端起到锚固作用。其主体不含锚固段体。其锚固力是由锚固端来提供的。

四、锚杆加固设计

（一）基本规定

锚杆加固分为锚杆体、锁固段与加固结构三部分。根据锚固需要，锚杆体又分为锚固段和非锚固段。锚固段主要提供锚固力，非锚固段主要传导锚固力。锚固段和非锚固段之和为锚固体长度。锚固段直径以及所处地质条件决定锚固力的大小。除了提供锚固力，锚固段一般需穿过岩土可能出现滑坡的滑移面。所以，锚固段起抗剪作用，还起到抗滑移作用。

基于以上原因，锚杆加固设计应满足以下规定。

（1）锚拉结构可根据锚固力的大小和节省造价的原则，选用钢绞线或钢筋作为锚拉材料。

（2）在易塌孔的松散或稍密岩土层施工锚杆，可采用套管护壁成孔工艺。

（3）对于软土地基，可采用扩底锚杆加固，提高锚固力。也可采用加固锚固段岩土的工艺（如二次压力注浆等工艺），来提高锚固力。

（4）锚杆加固结构或岩土前，应通过现场试验比较确定锚杆的适用性，并确定锚杆段的直径和长度。

（二）普通锚杆设计

1. 基本规定

（1）锚杆数量：锚杆数量除满足提供水平锚固力要求外，最小水平间距不得小于1.5m。多层锚杆竖向间距不得小于2.0m。

（2）锚杆锚固段上部覆盖土层厚度不得小于4.0m。

（3）锚杆倾角一般为15°～25°，不应小于10°，且不应大于45°。

（4）锚杆成孔直径一般为100～150mm。

（5）非锚固段不应小于5m；锚固段不应小于6m。

（6）锚杆注浆应采用水泥浆或水泥砂浆，其强度不应低于20MPa。

（7）为满足保护层需要，沿锚杆方向：非锚固段1.5～2.0m；锚固段1.0～2.0m安装支架固定锚拉筋。

（8）反力腰梁应采用具有一定刚度的型钢组合梁，保证抗弯要求。

2. 锚固段标准锚固力

锚固段标准锚固力计算公式见式(5-1)

$$N_k = \frac{F_h S}{b_a \cos\alpha} \tag{5-1}$$

式中 N_k——锚杆轴向抗拉力标准值，kN；

F_h——挡土结构计算宽度的弹性支点水平反力，kN；

S——锚杆水平间距，m；

b_a——挡土结构计算宽度，m；

α——锚杆倾角（°）。

3. 锚固段极限锚固力

锚固段极限锚固力计算公式见式(5-2)

$$R_k = \pi d \Sigma q_{sk,i} l_i \tag{5-2}$$

式中 R_k——锚杆轴向抗拉力极限值，kN；

d——锚杆的锚固段直径；

$q_{sk,i}$——锚固段与第 i 层土的极限黏结强度标准值，kPa，根据表 5-2 查找；

l_i——锚固段在第 i 层土中的长度，m，此长度为可能出现滑移面以外的锚固段长度。

表 5-2 锚杆的极限黏结强度标准值

土的名称	土的状态或密实度	q_{sk}/kPa	
		一次常压注浆	二次压力注浆
填土		16～30	30～45
淤泥质土		16～20	20～30
黏性土	$I_l>1$	18～30	25～45
	$0.75<I_l\leqslant 1$	30～40	45～60
	$0.50<I_l\leqslant 0.75$	40～53	60～70
	$0.25<I_l\leqslant 0.50$	53～65	70～85
	$0<I_l\leqslant 0.25$	65～73	85～100
	$I_l\leqslant 0$	73～90	100～130
粉土	$e>0.90$	22～44	40～60
	$0.75\leqslant e\leqslant 0.90$	44～64	60～90
	$e<0.75$	64～100	80～130
粉细土	稍密	22～42	40～70
	中密	42～63	75～110
	密实	63～85	90～130
中砂	稍密	54～74	70～100
	中密	74～90	100～130
	密实	90～120	130～170
粗砂	稍密	80～130	100～140
	中密	130～170	170～220
	密实	170～220	220～250
砾砂	中密、密实	190～260	240～290
风化岩	全风化	80～100	120～150
	强风化	150～200	200～260

4. 锚固段的安全系数

锚固段的安全系数见式(5-3)

$$K_t \leqslant \frac{R_k}{N_k} \tag{5-3}$$

式中 K_t——锚杆抗拔安全系数；安全等级为一级、二级、三级的支护结构，K_t 分别不小于1.8、1.6、1.4。

5. 锚杆锚固段长度

假设：以可能出现滑移面以下为锚杆的锚固段；以可能出现滑移面以上为锚杆的非锚固段。则锚固段长度为

$$l_{m}=\frac{\overline{R}_{k}}{\pi d q_{sk}} \tag{5-4}$$

$$q_{sk}=\sum \overline{q}_{sk,i} \tag{5-5}$$

式中 l_m——锚杆锚固段长度，m；

$\overline{R}_k$——锚杆轴向抗拉力极限值的平均值，kN；

d——锚杆的锚固段直径，m；

$\overline{q}_{sk,i}$——锚固段各土层极限黏结强度标准值的平均值，kPa。

6. 非锚固段长度

非锚固段长度一般不小于5m，计算方法见式(5-6)

$$l_{fm}=\frac{b}{\cos\alpha} \tag{5-6}$$

式中 l_{fm}——锚杆非锚固段长度，m；

b——锚杆顶端距滑移面交点的水平距离，m；

α——锚杆的水平夹角。

7. 锚杆锚拉配筋计算

$$f_{p}\geqslant\frac{\frac{R_{k}}{A_{p}}}{n} \tag{5-7}$$

式中 f_p——单根抗拉强度值，kN；

n——抗拉筋总数量；

A_p——抗拉筋总面积，m^2。

8. 扩底锚杆计算

极限锚固力 R_{kk} 计算见式(5-8)

$$R_{kk}=\pi\Sigma(\tau_1 d_1 l_{i1}+\tau_2 d_2 l_{i2})+j\Delta A \tag{5-8}$$

式中 R_{kk}——扩底锚杆极限锚固力，kN；

τ_1、τ_2——锚固段周边各岩土体的抗剪强度值，kPa；

$d_1 l_{i1}$——非扩底锚杆段锚杆直径与长度，m；

$d_2 l_{i2}$——扩底锚杆段锚杆直径与长度，m；

j——经验系数，一般取（2.66～3.91）×10^2kPa。此系数由试验数据得到，仅供参考；

ΔA——扩底端变截面差值，m^2。

五、锚杆施工

1. 锚杆施工工艺

锚杆施工按照其工艺可分为预制和现场灌注两种。预制锚杆是按照使用需要，提前预制好锚杆体，成孔后将预制的锚杆插入孔内，等到锚杆周围岩土达到恢复期要求后，再使用锚杆锚固。现场灌注锚杆施工分为锚杆的成孔施工、锚杆的锚拉筋（钢绞线）的制作和下放、锚固段的灌注三个过程。

2. 预制锚杆

预制锚杆施工应满足以下规定。

(1) 保证成孔位置、间距和深度。

(2) 成孔直径应满足预制锚杆体插入条件。采用套管护壁时，应插入锚杆体后再拔出套管。

(3) 锚杆的锚拉钢筋的焊接应采用双面搭焊或帮焊，焊接长度应不小于5倍钢筋直径。

(4) 采用钢绞线时，钢绞线位置与间距应固定。

(5) 预制锚杆体应防油污、避免弯曲。

(6) 成孔后及时插入锚杆体，及时注浆。

3. 现场灌注锚杆

现场灌注锚杆施工应满足以下规定。

(1) 保证成孔位置、间距和深度。

(2) 锚拉筋或钢绞线的端部应下放至孔底。锚拉筋或钢绞线应按间距固定，保证其在锚杆体中的位置和距离。

(3) 注浆顺序应按照由锚杆端部向上灌注。注浆管端部距孔底距离不应大于200mm。

(4) 水泥浆的水灰比宜取0.5～0.55；水泥砂浆的水灰比宜取0.4～0.45，灰砂比宜取0.5～1.0（宜用粗砂）。

(5) 采用压力二次注浆时，注浆压力不应少于1.5MPa。采用劈裂式二次压力注浆，注浆宜在锚固体强度达到5MPa后进行。

(6) 若锚杆施工时穿过止水帷幕，应在止水帷幕处采取封堵措施。

(7) 若采用预应力锚杆，应在锚杆锚固体强度达到15MPa或设计强度的75%时，施加预应力并锁定。

(8) 扩底锚杆注浆，应保证扩底段部分水泥砂浆灌注充满后，再灌注非扩底段锚杆体。

4. 锚杆施工验收

锚杆施工前应对锚拉筋（钢绞线）、锚具、水泥（或水泥砂浆）、机械设备等进行检验。

锚杆施工中应对锚杆位置、锚杆成孔与水平夹角、锚杆直径和长度、注浆配比、注浆压力和灌注量进行检验。锚杆质量检验标准见表5-3。

表5-3　锚杆质量检验标准

项目	序号	检查项目	允许值或允许偏差		检查方法
			单位	数值	
主控项目	1	抗拔承载力	不小于设计值		锚杆抗拔试验
	2	锚固体强度	不小于设计值		试块强度
	3	预应力	不小于设计值		检查压力表
	4	锚杆长度	不小于设计值		用钢尺量
一般项目	1	钻孔位置	mm	≤100	用钢尺量
	2	锚杆直径	不小于设计值		用钢尺量
	3	钻孔倾斜度	≤30		测倾角
	4	水灰比(水泥砂浆配比)	设计值		实际用水与水泥等胶凝材料的重量比(实际用水、水泥、砂的重量比)
	5	注浆量	不小于设计值		查看流量表
	6	注浆压力	设计值		检查压力表
	7	非锚固段套管长度	mm	±50	用钢尺量

锚杆施工前应完成：锚杆的基本试验和蠕变试验。锚杆施工后应完成：锚杆施工验收试验（对于预应力锚杆，还应进行锚杆监测检测）。

六、锚杆试验与监测

锚杆试验分为锚杆基本试验、锚杆蠕变试验、锚杆验收试验三种。

锚杆基本试验一般在锚杆施工之前进行。其试验目的是为锚杆设计提供极限锚固力的设计依据，为施工提供施工方法的指导。

锚杆蠕变试验一般在锚杆施工之前进行。其试验目的是确定锚杆的设计使用锚固力。检验锚杆在长期使用过程中，由于蠕变变形对锚固作用的影响，确保锚固作用。

锚杆验收试验一般在锚杆施工之后进行。用于检验锚杆施工质量，确定锚杆的锚固力是否满足设计要求。

锚杆的监测一般在锚杆施工后的使用期进行，其试验目的是：用于预应力锚杆使用期，监测由于时间的关系，预先施加预应锚固力的变化情况。

锚杆试验的基本规定如下。

(1) 锚杆锚固段浆体强度达到15MPa或达到设计强度等级的75%时可进行锚杆试验。

(2) 加载装置（千斤顶、油泵）的额定压力必须大于试验压力，且试验前应进行标定。

(3) 加荷反力装置的承载力和刚度应满足最大试验载荷要求。计量仪表（测力计、位移计等）应满足测试要求的精度。

(4) 锚杆基本试验和锚杆蠕变试验，在试验锚杆材料尺寸及施工工艺应与工程锚杆相同条件下，锚杆试验数量不应少于3根。

(5) 验收试验锚杆的数量应取锚杆总数的5%，且不得少于3根。

(6) 锚杆监测试验比例宜采用100%。

七、锚杆基本试验

(1) 基本试验最大的试验荷载不宜超过锚杆杆件承载力标准值的90%。

(2) 锚杆基本试验应采用分级循环加、卸荷载法，加荷等级与锚头位移测读间隔时间应按表5-4确定。

表 5-4　锚杆基本试验表

循环数加载标准	(加载量/预估破坏荷载)/%								
第一循环	10				30				10
第二循环	10	30			50			30	10
第三循环	10	30	50		70		50	30	10
第四循环	10	30	50	70	80	70	50	30	10
第五循环	10	30	50	80	90	80	50	30	10
第六循环	10	30	50	90	100	90	50	30	10
观测时间/min	5	5	5	5	10	5	5	5	5

注：1. 在每级加载等级观测时间内，测读锚头位移不应少于3次。

2. 在每级加载等级观测时间内，锚头位移小于0.1mm时，可施加下一级荷载，否则应延长观测时间，直至锚头位移增量在2h内小于2.0mm时，方可施加下一级荷载。

(3) 锚杆破坏标准：后一级荷载产生的锚头位移增量达到或超过前一级荷载产生位移增量的2倍；锚头位移不稳定；锚杆杆件拉断。

(4) 试验结果宜按循环荷载与对应的锚头位移读数列表整理，并绘制锚杆荷载-位移（Q-S）曲线、锚杆荷载-弹性位移（Q-S_e）曲线、锚杆荷载-塑性位移（Q-S_p）曲线。图5-1为将锚头位移记录分解为弹性和残余分量的锚杆基本试验结果曲线。

(5) 锚杆弹性变形不应小于自由段长度变形计算值的80%，且不应大于自由段长度与

1/2 锚固段长度之和的弹性变形计算值。

（6）锚杆极限承载力取破坏荷载的前一级荷载，在最大试验荷载下未达到规定的破坏标准时，锚杆极限承载力取最大试验荷载值。

八、锚杆蠕变试验

锚杆蠕变试验是锚杆的另一种检测指标。检验锚杆在长期拉力作用下，由于蠕变变形造成锚固力的损失，其变形与时间的关系称为锚杆的蠕变。锚杆的蠕变情况由蠕变系数反映。

（1）锚杆蠕变试验加荷等级与观测时间应满足表 5-5 的规定，在观测时间内荷载应保持恒定。

表 5-5　锚杆蠕变试验加荷等级与观测时间

加荷等级	$0.4N_u$	$0.6N_u$	$0.8N_u$	$1.0N_u$
观测时间/min	10	30	60	90

注：N_u 为锚杆轴向受拉承载力设计值。

（2）每级荷载按时间隔 1min、2min、3min、4min、5min、10min、15min、20min、30min、45min、60min、75min、90min 记录蠕变量。

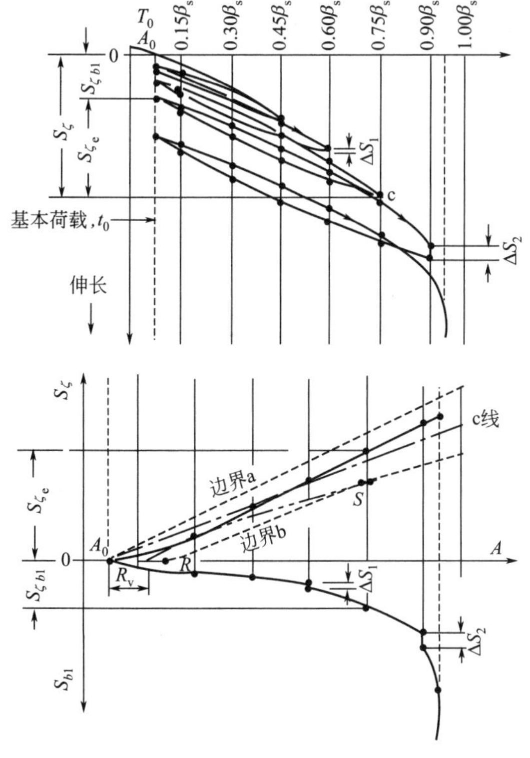

图 5-1　锚杆基本试验结果曲线
（引自德国工业标准 DIN4125，1972）

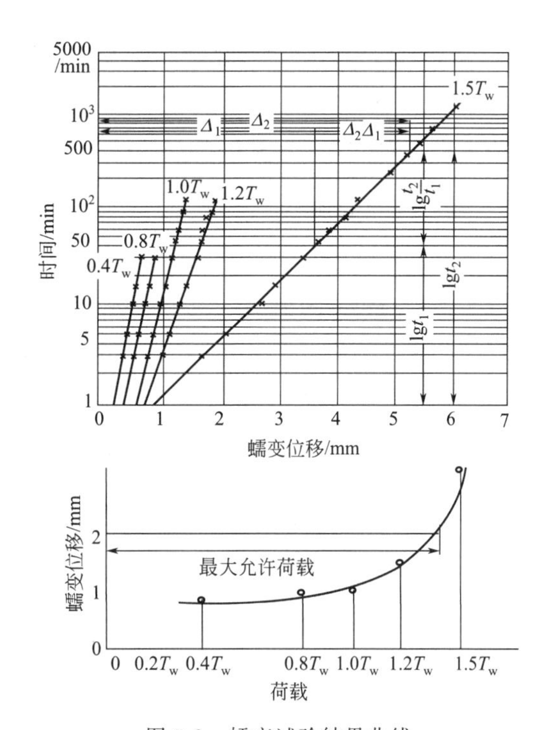

图 5-2　蠕变试验结果曲线

（3）试验结果宜按每级荷载在观测时间内不同时段的蠕变量列表整理，并绘制蠕变量-时间对数（s-lg$t$）曲线，蠕变系数可由式(5-9）计算

$$K_c=(s_2-s_1)/\lg(t_2/t_1) \tag{5-9}$$

式中　K_c——蠕变系数；

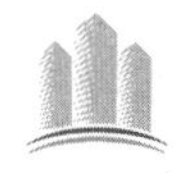

s_1——t_1 时所测得的蠕变量；

s_2——t_2 时所测得的蠕变量。

(4) 蠕变试验和验收标准为最后一级荷载作用下的蠕变系数小于 2.0mm。

蠕变试验结果曲线见图 5-2。

九、锚杆验收试验

(1) 最大试验荷载应取锚杆轴向受拉承载力设计值 N_u。

(2) 锚杆验收试验加荷等级及锚头位移测读间隔时间应符合下列规定。

① 初始荷载宜取锚杆轴向设计值的 10%。

② 加载等级与观测时间宜按表 5-6 的规定执行。

表 5-6　锚杆验收试验加载等级与观测时间

加载等级	$0.1N_u$	$0.2N_u$	$0.4N_u$	$0.6N_u$	$0.8N_u$	$1.0N_u$
观测时间/min	5	5	5	10	10	15

注：N_u——设计锚固力值。

③ 在每级加荷等级观测时间内，测读锚头位移不应少于 3 次。

④ 达到最大试验荷载后观测 15min，卸载至 $0.1N_u$ 并测读锚头位移。

(3) 试验结果宜按每级荷载对应的锚头位移列表整理，并绘制锚杆荷载-位移（Q-s）曲线。

(4) 锚杆验收标准如下。

① 在最大试验荷载作用下，锚头位移相对稳定。

② 应符合锚杆弹性变形不应小于自由段长度变形计算值的 80%，且不应大于自由段长度与 1/2 锚固段长度之和的弹性变形计算值。

十、锚杆监测

锚杆监测的主要内容：锚杆预应锚固力监测、被锚固体变形监测。

锚杆预应锚固力监测：由于锚索（锚拉筋）在拉力长期作用下产生拉伸变形和岩土在应力作用的续变变形，而造成预锚固力的损失。故在锚杆使用期间，应根据施工进度情况分期对预应锚固力进行监测。监测方法同预应锚固力施工的操作。

被锚固体变形监测：主要采用测量仪器，定期监测被锚固体使用期间的变形发展情况和规律。若变形总量、变形趋势接近或达到报警值时，应及时反馈数据并向有关部门报警。

十一、扩底锚杆研究

扩底锚杆的国内研究始于 20 世纪 90 年代。原研究题目是“软土地基扩孔锚固技术研究”。研究方向：在软土地基条件下，实现在普通等直径锚杆的基础上，完成锚杆锚固段的端部位置扩径，使锚杆端部产生一段扩底段。研究扩径段在锚固拉力作用下，锚杆与岩土的传力机理；比较经扩底后锚固力的提高效果。

（一）需研究的问题

(1) 实现锚杆开孔和端部扩孔钻进一次完成；在扩孔段扩径完成后，收回钻头的扩径部分，退出锚杆孔。

(2) 研究扩底段锚拉筋（或钢绞线）的插入；受锚拉荷载作用时，扩底段整体受力。

(3) 保证扩底段水泥砂浆灌注的充盈。

(4) 检验扩底锚杆的锚固效果。

（二）问题解决方式

（1）钻头研究：制作钻头前端为开孔钻进（开孔直径 150mm）、钻头后端可张开、收回的扩径钻进（扩径直径 400mm）钻头钻具。

（2）研制钻杆：采用双钻杆，实现钻头扩径和收回的传导。

（3）完成普通锚杆钻机的改造，实现钻头的扩径和收回的地面操作。

（4）锚拉筋：将扩径段与非扩径段隔开；扩径段锚拉筋加固处理；提高非锚拉筋配筋率，确保锚拉力的需要。

（5）设置多个注浆管，完成扩径段与非扩径段的分段注浆。提高扩径段注浆压力，保证扩径段注浆的充盈。

（三）模型试验

模型试验共选择五组，其中两组为非扩底锚杆，三组为扩底锚杆。非扩底锚杆锚固体长度分别为 2m 和 8m，锚杆锚固体直径为 150mm。扩底锚杆的非扩底长度为 1m、7m、2m，扩底段长度均为 1m；非扩底锚固体直径为 150mm，扩底锚杆段直径为 400mm。扩底锚固见图 5-3～图 5-5。

每组试验均加至破坏，确定极限锚固力。

图 5-3　扩底锚杆钻头收缩状态

图 5-4　扩底锚杆钻头张开状态

（四）模拟试验情况

1. 地质条件

模型试验场地选在地表。地质条件：地表 0.5m 左右为杂填土；以下为淤泥质黏土，呈黑灰色，流塑状态，饱和含水，厚度为 1.4m 左右；再下为一层稍密的粉土夹层，厚度为 0.3m 左右；夹层以下是可塑的粉质黏土，呈黄褐色，厚度 3.6m 左右，饱和含水。岩土物理力学指标见表 5-7。

2. 锚杆情况

试验锚杆情况见表 5-8。

3. 灌注情况

锚杆灌注情况见表 5-9。

4. 试验结果

试验结果见表 5-10。

图 5-5　扩底锚杆的锚拉筋下放前

表 5-7　模拟试验岩土物理力学指标

分层	地质年代	土的岩性	层厚/m	层底标高/m	W/%	Γ/(kN/m³)	E_s/MPa	C/kPa	Φ/(°)
1	Q^{ml}	杂填土、松散	0.5	0.5					
		淤泥黏土、流塑	1.4	1.9	39.3	18.3	3.68	7	9.5
2	$Q3_4^{al}$	粉土、稍密	0.3	2.2	25	20	6.25	17	30
3	Q_4^{2m}	粉质黏土、可塑	3.6	33	33	19.1	5.21	16.7	11.35

表 5-8　试验锚杆情况

编号	锚杆长/m	锚固段长/m	扩底否	非扩底长/m	非扩底直径/mm	扩底段长/m	扩底段直径/mm
1	7	2	非	2	150	无	无
2	8	3	非	3	150	无	无
3	7	2	扩	1	150	1	400
4	7	7	扩	6	150	1	400
5	7	2	扩	1	150	1	400

表 5-9　锚杆灌注情况

编号	计算体积/m³	实际灌浆量/m³	充盈系数/%
1	0.035	0.033	0.94
2	0.265	0.147	0.55
3	0.143	0.135	0.93
4	0.231	0.272	1.18
5	0.143	0.195	1.36

表 5-10　试验结果

编号	计算值/kN					试验值/kN	提高率/%
	非扩段摩阻	扩段摩阻	侧摩阻	扩底端摩阻	合计①		
1	25	0	25	0	25	30	20
2	100	0	100	0	100	140	40
3	12	35	47	6	53	200	277
4	40	35	75	6	81	300	270
5	12	40	52	7	59	300	408

① 合计为侧摩阻与扩底端摩阻之和。

5. 模型试验结果

（1）扩底锚固不仅增加了锚杆与周围岩土的接触面积，提高了摩阻力；而且还充分发挥了岩土的抗压缩作用，故能大大提高锚固力。

（2）扩底锚固工艺，不仅减少了锚杆长度，避免了因施工锚杆造成对周围环境的影响隐患，还提高了单位体积水泥砂浆提供的锚固力值，降低了造价。

（3）由于扩底锚杆的外形尺寸减缓和改变了锚杆破坏形式。因此，提高了锚杆使用的安全度。

6. 建议

（1）扩底锚杆施工尽量连续作业，尤其在软土地区，以减少扩底段的缩孔。

（2）扩底锚杆应采用预应力张拉法（预应力值控制在设计使用值的 100%～120%），这样可充分发挥扩底段的扩底作用。

（3）在地区选用扩底锚固技术时，应先进行现场试验，获得相应数据，指导工程的施工。

7. 模型试验现场照片

模型试验现场照片见图 5-6～图 5-9。

图 5-6 扩底锚杆模型试验现场

图 5-7 现场锚固力试验

图 5-8 未扩底锚杆试验后挖出照片

图 5-9 扩底锚杆试验后挖出照片

（五）扩底锚杆的研究试验与工程应用

在天津市某工程采用地扩底锚杆技术。该工程主楼 30 层，裙房 3 层，地下两层为地下室。基坑开挖深度 11m。基坑原围护结构采用 Φ800mm×28000mm 钻孔灌注桩间隔排列，桩外加一道封闭水泥土拌和止水帷幕。基坑开挖分为两步，第一步开挖 7.0m，第二步开挖 4.0m。围护桩顶和第一部开挖后（−7.0m）处各加一道连梁。

基坑开挖施工过程中，第一步开挖完后，围护结构部分区段出现较大变形。最大处变形量达 195mm。虽然经过一段时间，变形基本达到稳定，但已有变形量较大，无法保证下一步开挖施工。经建设方、施工方等单位研究：在变形较大的三段区域，采取扩底锚固技术进行加固，确保下一步开挖施工。

1. 对基坑开挖现状和变形数据的分析

（1）基坑原围护结构在开挖−7.0m 时，允许抵抗弯矩 M=1340kN·m。而基坑第一步开挖−7.0m 时，围护结构后的岩土和地下水等产生弯矩 M=1470kN·m；基坑边底面活荷

载按 $q=20\text{kPa}$ 考虑，则总产生的弯矩为 $M=1820\text{kN}\cdot\text{m}$。

基坑原围护结构在开挖−11.0m 时，允许抵抗弯矩 $M=4810\text{kN}\cdot\text{m}$。而基坑第二步开挖−11.0m 时，围护结构后的岩土和地下水等产生弯矩 $M=6100\text{kN}\cdot\text{m}$；基坑边底面活荷载按 $q=20\text{kPa}$ 考虑，则总产生的弯矩为 $M=6970\text{kN}\cdot\text{m}$。

造成基坑局部围护结构变形较大的主要原因是：底面活荷载变化、围护结构局部段跨度较大、第一步开挖施工深度较大等因素。按理论值计算，产生弯矩已接近抵抗弯矩的极限值。

(2) 因原基坑开挖施工方案未考虑危险情况，围护结构设计趋于不安全。基于此情况，建设方、施工方研究确定采用扩底锚杆加固。

2. 扩底锚固设计

考虑原基坑围护结构，其抵抗能力与可产生的弯矩的差值为 2169kN·m。根据围护排桩结构间距等因素，折合考虑水平荷载，每根锚杆应提供大于 593kN 锚固力。在−6.8m 与水平成 30°夹角处，采用普通等直径（直径 150mm）锚杆，锚杆非锚固段长度为 7.0m，锚固段长需达到 24m，总锚杆长 31.0m。提供锚固力为 837kN。若采用加扩底锚杆加固，非锚固段直径 150mm，长度 7m；锚固段非扩底段直径 150mm，长度 5m，扩底锚固段直径 400mm，长度 2m，锚杆总长度为 23.0m。可提供 848kN 极限锚固力。场地平面锚杆布置、扩孔锚杆剖面图见图 5-10、图 5-11。

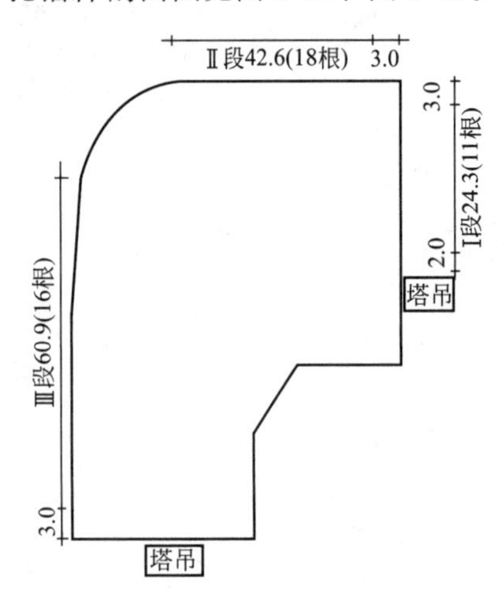

图 5-10　场地平面锚杆布置图（单位：m）

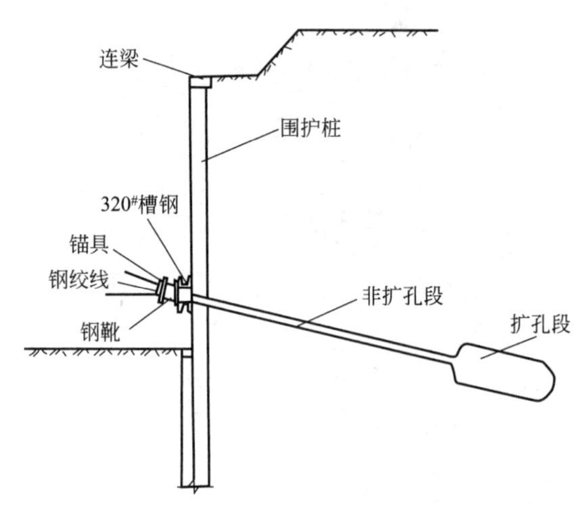

图 5-11　扩孔锚杆剖面图

3. 加固后效果

经过增加扩底锚杆加固工艺，在基坑第二步开挖施工至−11.0m 后，未增加扩底锚杆

图 5-12　扩底锚杆成孔钻进

图 5-13　现场扩底锚杆施工——下放锚拉筋

段（原变形较小区域），变形量明显增大，最大增加量为 290mm。而经过采用扩底锚杆加固工艺的区段，变形增量仅仅增加了 10mm。

工程应用照片见图 5-12～图 5-15。

图 5-14　扩底锚杆施工后——锚固力试验

图 5-15　扩底锚杆施工完毕

经过模型试验和工程应用，证实扩底锚固工艺是一种既能大大提高锚固力，又能节省材料、减少对环境影响的新工艺，尤其适用于软土地区。

思考题

1. 复合地基检测中，置换体试验结果不满足设计要求，而复合地基试验时可能出现满足设计要求。此时应如何判定？

2. 地基荷载板试验，存在荷载板影响深度，复合地基荷载试验时的影响深度如何考虑？

3. 复合地基检测的荷载板应覆盖置换体所置换影响的面积，施工单位现有荷载板无法满足检测需要，有几种解决方法？

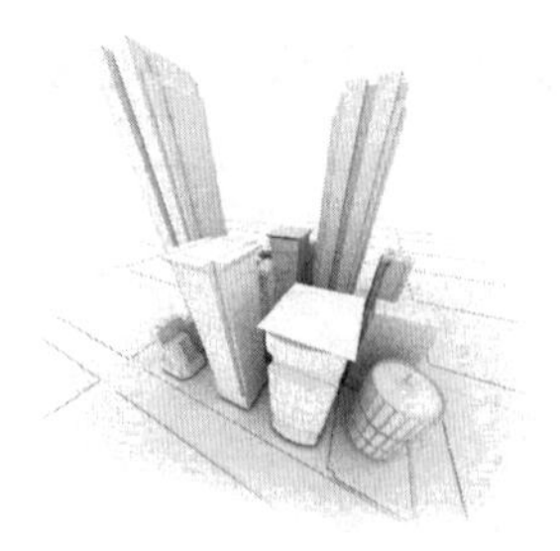

第三篇

基础工程设计与施工

第六章　基础设计

基础是将上部结构所承受的各种作用力传递到地基上的结构组成部分。按照基础的埋深和基础形式，又可划分为不同的类型。

第一节　基础的划分

1. 按基础埋深分类

（1）浅层基础：一般埋深在几至十几米，基础形式有独立基础（又称扩展基础）、条形基础、筏形基础、箱形基础等。

（2）深层基础：是较小截面尺寸而很长的长度构件，将上部荷载传递到十几到上百米的地基上。基础形式有桩基础、桩-筏基础、桩-箱基础、沉井基础、沉箱基础等。目前最广泛使用的是桩基础（简称桩基）。

2. 按基础形式分类

（1）扩展基础：为扩散上部结构传递的荷载，使作用在基底的压应力满足地基承载力的设计要求，且基础内部的应力满足材料强度的设计要求，通过向侧边扩展一定底面积的基础。

（2）无筋扩展基础：由砖、毛石、混凝土或毛石混凝土、灰土和三合土等材料组成的，不需配置钢筋的墙下条形基础或柱下独立基础。

（3）筏片基础：由具有一定刚度的钢筋混凝土组成，基础形式如同一个片筏的板式结构。为了提高刚度，可增加地梁形成梁板式结构。

（4）桩基基础：由设置在岩土中的桩和与桩顶连接的承台共同组成的基础或由柱与桩直接连接的单桩基础。

桩基按照承载力提供形式可分为竖向抗压桩基、竖向抗拔桩基、抗水平荷载桩基。按照桩身与岩土接触形式可分为摩擦桩、摩擦端承桩、端承摩擦桩、端承桩。按桩身材料组成可分为木桩、碎石或碎砖桩、混凝土预制桩、混凝土灌注桩、钢桩、混合桩基。

（5）箱形基础：由具有一定刚度的钢筋混凝土组成，基础外形如同一个箱体的结构。为了提高刚度和构造需要，可在箱体内增加地梁或隔墙组成整体结构。

（6）组合基础：由桩筏、桩箱、多种桩型组成的组合基础结构。

第二节　基础设计

一、一般扩展基础

基础高度计算见式(6-1)

$$H_0 \geqslant \frac{b-b_0}{2\tan\alpha} \tag{6-1}$$

式中　b——基础底面宽度，m；

b_0——基础顶面的墙体宽度或柱脚宽度，m；

H_0——基础高度，m；

$\tan\alpha$——基础台阶宽高比 $b_2 : H_0$，其允许值见表 6-1；

b_2——基础台阶宽度，m。

二、无筋扩展基础

无筋扩展基础台阶宽高比的允许值见表 6-1。

表 6-1　无筋扩展基础台阶宽高比的允许值表

基础材料	台阶宽高比的允许值			基础材料	质量要求
	$p_k \leqslant 100$	$100 < p_k \leqslant 200$	$200 < p_k \leqslant 300$		
混凝土基础	1∶1.00	1∶1.00	1∶1.25	混凝土基础	C15 混凝土
毛石混凝土基础	1∶1.00	1∶1.25	1∶1.50	毛石混凝土基础	C15 混凝土
砖基础	1∶1.50	1∶1.50	1∶1.50	砖基础	砖不低于 MU10、砂浆不低于 M5
毛石基础	1∶1.25	1∶1.50	—	毛石基础	砂浆不低于 M5
灰土基础	1∶1.25	1∶1.50	—	灰土基础	3∶7 或 2∶8 灰土，密度：粉土 1550kg/m³；粉质黏土 1500kg/m³；黏土 1450kg/m³
三合土基础	1∶1.50	1∶2.00	—	三合土基础	(1∶2∶4)～(1∶3∶6)(石灰∶砂∶骨料)，铺 220mm 夯至 150mm

三、扩展基础

（1）锥形基础的边缘高度不宜小于 200mm，且两个方向的坡度不宜大于 1∶3；阶梯形基础的每阶高度宜为 300～500mm。

（2）垫层的厚度不宜小于 70mm，垫层混凝土强度不宜低于 C10。

（3）扩展基础受力钢筋最小配筋率不应小于 0.15%，底板受力钢筋最小直径不应小于 10mm，间距不应小于 100mm，且不应大于 200mm。墙下钢筋混凝土条形基础纵向分布钢筋的直径不应小于 8mm；间距不应大于 300mm；每延米分布钢筋面积不应小于受力钢筋面积的 15%。当有垫层时钢筋保护层的厚度不应小于 40mm；无垫层时不应小于 70mm。

(4) 混凝土强度等级不应低于 C20。

(5) 当柱下钢筋混凝土独立基础的边长和墙下钢筋混凝土条形基础的宽度大于或等于 2.5m 时，底板受力钢筋的长度可取边长或宽度的 90%，并宜交错布置。

(6) 扩展基础的计算应符合下列条件

① 对柱下独立基础，当冲切破坏锥体落在基础底面以内时，应验算柱与基础交接处以及基础变阶处的受冲切承载力。

② 对基础底面短边尺寸小于或等于柱宽加两倍基础有效高度的柱下独立基础，以及墙下条形基础，应验算柱（墙）与基础交错处的基础受剪切承载力。

③ 基础底板的钢筋，应按抗弯计算确定。

④ 当基础的混凝土强度等级小于柱的混凝土强度等级时，尚应验算柱下基础顶面的局部受压承载力。

四、筏形基础

筏形基础分为梁板式和平板式两种类型，其选型应根据地基土质、上部结构体系、柱距、荷载大小、使用要求以及施工条件等因素确定。框架-核心筒结构和筒中筒结构宜采用平板式筏形基础。

(1) 平板式筏基的板厚应满足受冲切承载力的要求。

(2) 平板式筏基应验算距内筒和柱边缘 h_0 截面的受剪承载力。当筏板变厚度时，尚应验算变厚度处筏板的受剪承载力。

(3) 梁板式筏基底板应计算正截面受弯承载力，其厚度尚应满足受冲切承载力、受剪切承载力的要求。

(4) 梁板式筏基基础梁和平板式的顶板应满足底层柱下局部受压承载力的要求。对抗震设防烈度为 9 度的高层建筑，验算柱下基础梁、筏板局部受压承载力时，应计入竖向地震作用对柱轴力的影响。

五、桩基础

桩基设计等级分甲级、乙级、丙级三种。

桩基一般应根据具体条件分别进行竖向、水平承载力计算和稳定性验算。对于桩侧土不排水抗剪强度小于 10kPa 且长径比大于 50 的桩，应进行桩身压屈验算；对于混凝土预制桩应进行桩身承载力验算；对于钢桩应进行局部压屈验算。对于抗浮、抗拔桩基应进行抗拔承载力计算。

桩基按成桩方法分有非挤土桩、部分挤土桩、挤土桩。

按桩径（d）大小分小直径桩（$d \leqslant 250$mm）、中等直径桩（250mm$<d<$800mm）和大直径桩（$d \geqslant 800$mm）。

桩的负摩阻力：桩周土由于自重固结、湿陷、地面荷载作用等原因而产生大于桩的沉降所引起的对桩表面的向下摩阻力。

桩身混凝土强度等级不得小于 C25。灌注桩主筋的混凝土保护层厚度不应小于 35mm，水下灌注桩的主筋混凝土保护层厚度不应小于 50mm。

预应力混凝土空心桩包括：预应力高强度混凝土管桩（PHC）和方桩（PHS），预应力混凝土管桩（PC）和方桩（PS）。预应力混凝土桩的连接接头数量不宜超过 3 个。

基桩设计配筋率：当桩身直径为 300～2000mm 时，正截面配筋率可取 0.2%～0.65%（小直径桩取高值）；对受荷载特别大的桩、抗拔桩和嵌岩端承桩应根据计算确定配筋率，配筋率不应小于0.2%～0.65%。

主筋配筋长度：对于端承桩、边坡桩、岸边桩的主筋应通长配筋；摩擦桩主筋长度不应小于2/3桩长；抗水平桩主筋长度不宜小于$4.0/\alpha$（α为桩的水平变形系数）；受负摩阻力影响的桩，主筋长度应穿过软弱土层$(2\sim3)d$；抗拔桩、因地震或冻胀影响的桩，主筋应通长配筋。

（一）桩顶作用效应计算

1. 竖向力

轴心竖向力作用计算见式(6-2)

$$N_k=\frac{F_k+G_k}{n} \tag{6-2}$$

偏心竖向力作用计算见式(6-3)

$$N_{ik}=\frac{F_k+G_k}{n}\pm\frac{M_{xk}y_i}{\Sigma y_i^2}\pm\frac{M_{yk}x_i}{\Sigma x_i^2} \tag{6-3}$$

2. 水平力计算

水平力计算见式(6-4)

$$H_{ik}=\frac{H_k}{n} \tag{6-4}$$

式中　F_k——荷载效应标准组合下，作用于承台顶面的竖向力；

G_k——桩基承台和承台上土自重标准值，对稳定的地下水位以下部分应扣除水的浮力；

N_k——荷载效应标准组合轴心竖向力作用下，基桩或复合基桩的平均竖向力；

N_{ik}——荷载效应标准组合偏心竖向力作用下，第i基桩或复合基桩的竖向力；

M_{xk}、M_{yk}——荷载效应标准组合下，作用于承台底面，绕通过桩群心的x、y主轴的力矩；

x_i、y_i——第i基桩或复合基桩至y、x轴的距离；

H_{ik}——荷载效应标准组合下，作用于第i基桩或复合基桩的水平力；

H_k——荷载效应标准组合下，作用于桩基承台底面的水平力；

n——桩基中的桩数。

（二）桩基竖向承载力计算

1. 荷载效应标准组合

轴心竖向力作用计算见式(6-5)

$$N_k\leqslant R \tag{6-5}$$

偏心竖向力作用下，除满足式(6-5)外，尚应满足式(6-6)的要求

$$N_{kmax}\leqslant 1.2R \tag{6-6}$$

2. 地震作用效应和荷载效应标准组合

轴心竖向力作用计算见式(6-7)

$$N_{Fk}\leqslant 1.25R \tag{6-7}$$

偏心竖向力作用下，除满足式(6-7)外，尚应满足式(6-8)的要求

$$N_{Fkmax}\leqslant 1.5R \tag{6-8}$$

式中　N_k——荷载效应标准组合轴心竖向力作用下，基桩或复合基桩的平均竖向力；

N_{kmax}——荷载效应标准组合偏心竖向力作用下，桩顶最大竖向力；

N_{Fk}——地震作用效应和荷载效应标准组合下，基桩或复合基桩的平均竖向力；

N_{Fkmax}——地震作用效应和荷载效应标准组合下，基桩或复合基桩的最大竖向力；

R——基桩或复合基桩竖向承载力特征值。

（三）单桩竖向极限承载力

1. 竖向抗压

单桩竖向极限承载力计算见式(6-9)

$$Q_{uk}=Q_{sk}+Q_{pk}=u\Sigma q_{sik}l_i+q_{pk}A_p \tag{6-9}$$

式中 Q_{uk}——单桩竖向极限承载力标准值；

Q_{sk}，Q_{pk}——总极限侧阻力标准值和总极限端阻力标准值；

u——桩身周长；

q_{sik}——桩侧第 i 层土的极限侧阻力标准值；

l_i——桩周第 i 层土的厚度；

q_{pk}——极限端阻力标准值；

A_p——桩端面积。

2. 竖向抗拔

单桩竖向极限抗拔承载力计算见式(6-10)

$$N_k=u\Sigma\lambda q_{sik}l_i+G_{gp} \tag{6-10}$$

式中 N_k——单桩竖向抗拔极限承载力标准值；

u——桩身周长；

λ——抗拔系数，取值见表 6-2；

q_{sik}——桩侧第 i 层土的极限侧阻力标准值；

l_i——桩周第 i 层土的厚度；

G_{gp}——桩身自重，地下水位以下取浮重度。

表 6-2 抗拔系数 λ

土类	λ 值
砂土	0.5～0.7
黏性土、粉土	0.7～0.8

3. 单桩水平承载力

桩身配筋率<0.65%灌注桩，单桩水平承载力特征值估算公式见式(6-11)

$$R_{ha}=\frac{0.75\alpha\gamma_m f_t W_0}{\nu_M\cdot(1.25+22\rho_g)\cdot(1\pm\xi_N N_k/\gamma_m f_t A_n)} \tag{6-11}$$

式中 R_{ha}——单桩水平承载力特征值；

α——桩的水平变形系数；

γ_m——桩截面模量系数，圆形截面 $\gamma_m=2$；矩形截面 $\gamma_m=1.75$；

f_t——桩身混凝土抗拉强度设计值；

W_0——桩身换算截面受拉边缘的截面模量；

ν_M——桩身最大弯矩系数；

ρ_g——桩身配筋率；

ξ_N——桩顶竖向力影响系数，压力取 0.5；拉力取 1.0；

N_k——在荷载效应标准组合下桩顶的竖向力；

A_n——桩身换算截面积。

桩身配筋率<0.65%灌注桩、预制桩、钢桩，单桩水平承载力特征值估算公式见式(6-12)

$$R_{ha}=\frac{0.75\alpha^{3}EI}{\gamma_{x}\cdot\chi_{0a}} \tag{6-12}$$

式中　EI——桩身抗弯刚度；

γ_{x}——桩顶水平位移系数；

χ_{0a}——桩顶允许水平位移。

第七章 基础施工与验收

第一节 施工前准备

一、施工设计

1. 施工设计依据

(1) 现场岩土工程勘察反映的地质情况;
(2) 周围邻近区域的地下管线和地下构筑物;
(3) 周边已有建筑物情况;
(4) 场地周边环境、道路进出情况及环保要求;
(5) 设计施工图要求;
(6) 施工工艺及进度要求;
(7) 施工期间气候因素。

2. 施工设计内容

(1) 施工平面图;
(2) 选取的施工工艺;
(3) 确定的施工机械;
(4) 施工场地的划分;
(5) 投入劳动力的组成;
(6) 施工作业进度计划;
(7) 施工所需材料供应;
(8) 施工质量保证措施;
(9) 安全生产的技术措施
(10) 避免环境污染措施。

二、不同桩基类型的适用条件

(1) 泥浆护壁钻孔灌注桩宜用于地下水位以下的黏性土、粉土、砂土、填土、碎石土及风化岩层。

(2) 旋挖成孔灌注桩宜用于黏性土、粉土、砂土、填土、碎石土及风化岩层。

(3) 冲孔灌注桩除了宜用于黏性土、粉土、砂土、填土、碎石土及风化岩层以外,还能穿透旧基础、建筑垃圾填垫土层或大孤石等障碍物。

（4）长螺旋钻孔灌注桩宜用于黏性土、粉土、砂土、填土、非密实的碎石土及强风化岩土。

（5）干作业、人工挖孔灌注桩宜用于地下水位以上的黏性土、粉土、砂土、填土、中密以上的砂土及风化岩层。但不适用于地下水位较高、具有承压水的砂土层、滞水层、厚度较大的流塑状淤泥、淤泥质土层。

（6）沉管灌注桩宜用于黏性土、粉土和砂土；夯扩桩宜用于桩端持力层小于 20m 的中、低压缩性黏性土，粉土，砂土和碎石类土。

第二节　基础施工质量检验

一、无筋扩展基础

无筋扩展基础施工验收标准见表 7-1。

表 7-1　无筋扩展基础质量检验标准

项目	序号	检查项目		允许偏差				检查方法
				单位	数量			
主控项目	1	轴线位置	砖基础	mm	≤10			经纬仪或用钢尺量
			毛石基础	mm	毛石砌体	料石砌体		
						毛料石	粗料石	
					≤20	≤20	≤15	
			混凝土基础	mm	≤15			
	2	混凝土强度		不小于设计值				28d 试块强度
	3	砂浆强度		不小于设计值				28d 试块强度
一般项目	1	L(或 B)≤30		mm	±5			用钢尺量
		30<L(或 B)≤60		mm	±10			
		60<L(或 B)≤90		mm	±15			
		L(或 B)>90		mm	±20			
	2	基础顶面标高	砖基础	mm	±15			水准测量
			毛石基础	mm	毛石砌体	料石砌体		
						毛料石	粗料石	
					±25	±25	±15	
			混凝土基础	mm	±15			
	3	毛石砌体厚度		mm	+300	+300	+150	用钢尺量

注：L 为长度，m；B 为宽度，m。

二、钢筋混凝土扩展基础

钢筋混凝土扩展基础施工验收标准见表 7-2。

表 7-2　钢筋混凝土扩展基础质量检验标准

项目	序号	检查项目	允许偏差		检查方法
			单位	数量	
主控项目	1	混凝土强度	不小于设计值		28d 试块强度
	2	轴线位置	mm	≤15	经纬仪或用钢尺量
一般项目	1	L(或 B)≤30	mm	±5	用钢尺量
		30<L(或 B)≤60	mm	±10	
	2	60<L(或 B)≤90	mm	±15	
		L(或 B)>90	mm	±20	
		基础顶面标高	mm	±15	水准测量

注：L 为长度，m；B 为宽度，m。

三、筏形与箱形基础

筏形与箱形基础施工验收标准见表 7-3。

表 7-3　筏形与箱形基础质量检验标准

项目	序号	检查项目	允许偏差		检查方法
			单位	数量	
主控项目	1	混凝土强度	不小于设计值		28d 试块强度
	2	轴线位置	mm	≤15	经纬仪或用钢尺量
一般项目	1	基础顶面标高	mm	±15	水准测量
	2	平整度	mm	±10	用 2m 靠尺
	3	尺寸	mm	+15 −10	用钢尺量
	4	预埋件中心位置	mm	≤10	用钢尺量
	5	预留洞中心线位置	mm	≤15	用钢尺量

四、桩基础桩位控制

桩基础桩位、桩径和垂直度控制见表 7-4、表 7-5。

表 7-4　预制桩（钢桩）的桩位允许偏差

序号	检查项目		允许偏差/mm
1	带有基础梁的桩	垂直基础梁的中心线	$\leq 100+0.01H$
		沿基础梁的中心线	$\leq 150+0.01H$
2	承台桩	桩数为 1～3 根的桩基	$\leq 100+0.01H$
		桩数≥4 根的桩基	≤1/2 桩径$+0.01H$ 或 1/2 边长$+0.01H$

注：H 为桩基施工面至设计桩顶的距离（mm）。

表 7-5　灌注桩桩位和桩径、垂直度的允许偏差表

序号	成孔方法		桩径允许偏差/mm	垂直度允许偏差	桩位允许偏差/mm
1	泥浆护壁灌注桩	$D<1000$mm	≥0	≤1/100	$\leq 70+0.01H$
		$D\geq 1000$mm			$\leq 100+0.01H$
2	套管成孔灌注桩	$D\leq 500$mm	≥0	≤1/100	$\leq 70+0.01H$
		$D>500$mm			$\leq 100+0.01H$
3	干成孔灌注桩		≥0	≤1/100	$\leq 70+0.01H$
4	人工挖孔桩		≥0	≤1/200	$\leq 50+0.005H$

注：1. H 为桩基施工面至设计桩顶的距离（mm）。
2. D 为设计桩径（mm）。

五、沉井与沉箱质量控制

沉井与沉箱质量控制见表 7-6。

表 7-6 沉井与沉箱质量检验标准

项目	序号	检查项目				允许值		检查方法
						单位	数值	
主控项目	1	混凝土强度				不小于设计值		28d 试块强度或钻芯法
	2	井(箱)壁厚度				mm	±15	用钢尺量
	3	封底前下沉速度				mm/8h	≤10	水准测量
	4	终沉后	刃脚平均标高	沉井		mm	±100	量测计算
				沉箱		mm	±50	
	5		刃脚中心线位移	沉井	H_3≥10m	mm	≤1%H_3	量测计算
					H_3<10m	mm	≤100	
				沉箱	H_3≥10m	mm	≤0.5%H_3	
					H_3<10m	mm	≤50	
	6		四角中任何两角高差	沉井	L_2≥10m	mm	≤1%L_2 且≤300	量测计算
					L_2<10m	mm	≤100	
				沉箱	L_2≥10m	mm	≤0.5%L_2 且≤150	
					L_2<10m	mm	≤50	
一般项目	1	平面尺寸	长度			mm	≤0.5%L_1 且≤50	用钢尺量
			宽度			mm	≤0.5%B 且≤50	用钢尺量
			高度			mm	±30	用钢尺量
			直径(圆形沉箱)			mm	≤0.5%D_1 且≤100	用钢尺量(相互垂直)
			对角线			mm	≤0.5%线长且≤100	用钢尺量(两端中间各取一点)
	2	垂直度				≤1/100		经纬仪测量
	3	预埋件中心位置				mm	≤20	用钢尺量
	4	预留孔(洞)位置				mm	≤20	用钢尺量
	5	下沉过程中	四角高差		沉井	≤1.5%～2.0% L_1 且≤500mm		水准测量
					沉箱	≤1.0%～1.5%L_1 且≤450mm		水准测量
	6		中心位移		沉井	≤1.5%H_2 且≤300mm		经纬仪测量
					沉箱	≤1%H_2 且≤150mm		经纬仪测量

注：L_1 为设计沉井与沉箱长度，mm；L_2 为矩形沉井两角的距离，圆形沉井为相互垂直的两条直径，mm；B 为设计沉井（箱）宽度，mm；H_2 为下沉深度，mm；H_3 为下沉总深度，系指下沉前后刃脚之高差，mm；D_1 为设计沉井与沉箱直径，mm。

六、桩基础质量控制

各种桩基础质量控制见表 7-7～表 7-13。

表 7-7 锤击预制桩质量检验标准

项目	序号	检查项目	允许值或允许偏差		检查方法
			单位	数值	
主控项目	1	承载力	不小于设计值		静载试验、高应变法等
	2	桩身完整性			低应变法

续表

项目	序号	检查项目	允许值或允许偏差		检查方法
			单位	数值	
一般项目	1	成品桩质量	表面平整,颜色均匀,掉角深度小于10mm,蜂窝面积小于总面积的0.5%		查产品合格证
	2	桩位	见相关规定		全站仪或用钢尺量
	3	电焊条质量	设计要求		查产品合格证
	4	接桩:焊缝质量	见相关规定		焊缝检查仪
		电焊结束后停歇时间	mm	≥8(3)	用表计时
		上下节平面偏差	mm	≤10	用钢尺量
		节点弯曲矢高	同桩体弯曲要求		用钢尺量
	5	收锤标准	设计要求		用钢尺量或查沉桩记录
	6	桩顶标高	mm	±50	水准测量
	7	垂直度	≤1/100		经纬仪测量

注：括号中为采用二氧化碳气体保护焊时的数值。

表 7-8　静压预制桩质量检验标准

项目	序号	检查项目	允许值或允许偏差		检查方法
			单位	数值	
主控项目	1	承载力	不小于设计值		静载试验、高应变法等
	2	桩身完整性			低应变法
一般项目	1	成品桩质量	表面平整,颜色均匀,掉角深度小于10mm,蜂窝面积小于总面积的0.5%		查产品合格证
	2	桩位	见相关规定		全站仪或用钢尺量
	3	电焊条质量	设计要求		查产品合格证
	4	接桩:焊缝质量	见相关规定		焊缝检查仪
		电焊结束后停歇时间	min	≥6(3)	用表计时
		上下节平面偏差	mm	≤10	用钢尺量
		节点弯曲矢高	同桩体弯曲要求		用钢尺量
	5	终压标准	设计要求		用钢尺量或查沉桩记录
	6	桩顶标高	mm	±50	水准测量
	7	垂直度	≤1/100		经纬仪测量
	8	混凝土灌芯	设计要求		查灌注量

注：电焊结束后停歇时间项括号中为采用二氧化碳气体保护焊时的数值。

表 7-9　泥浆护壁成孔灌注桩质量检验标准

项目	序号	检查项目	允许值或允许偏差		检查方法
			单位	数值	
主控项目	1	承载力	不小于设计值		静载试验
	2	孔深	不小于设计值		用测绳或井径仪测量
	3	桩身完整性			钻芯法、低应变法、声波透射法
	4	混凝土强度	不小于设计值		28d 试块强度或钻芯
	5	嵌岩深度	不小于设计值		取岩样或超前钻孔取样

续表

项目	序号	检查项目		允许值或允许偏差		检查方法
				单位	数值	
一般项目	1	垂直度		见相关规定		用超声波或井径仪测量
	2	孔径		见相关规定		用超声波或井径仪测量
	3	桩位		见相关规定		全站仪或用钢尺量
	4	泥浆指标	比重(黏土或砂性土中)	1.10～1.25		比重计测量，清孔后在距孔底500mm处取样
			含砂率	%	≤8	洗砂瓶
			黏度	s	18～28	黏度计
	5	泥浆面标高(高于地下水位)		m	0.5～1.0	目测法
	6	钢筋笼质量	主筋间距	mm	±10	用钢尺量
			长度	mm	±100	用钢尺量
			钢筋材料检验	设计要求		抽样送检
			箍筋间距	mm	±20	用钢尺量
			笼直径	mm	±10	用钢尺量
	7	沉渣厚度	端承桩	mm	≤50	用沉渣仪或重锤测
			摩擦桩	mm	≤150	
	8	混凝土坍落度		mm	180～220	坍落度仪
	9	钢筋笼安装深度		mm	$^{+100}_{0}$	用钢尺量
	10	混凝土充盈系数		≥1.0		实测量与计算量的比
	11	桩顶标高		mm	$^{+30}_{-50}$	水准测量，扣除浮浆
	12	后注浆	注浆终止条件	注浆量不小于设计要求		查看流量表
				注浆量不小于设计要求80%，且压力达到设计值		查看流量和压力表
			水胶比	设计值		实际用水量与水泥的重量比
	13	扩底桩	扩底直径	不小于设计值		井径仪测量
			扩底高度	不小于设计值		

表 7-10　干成孔灌注桩质量检验标准

项目	序号	检查项目	允许值或允许偏差		检查方法
			单位	数值	
主控项目	1	承载力	不小于设计值		静载试验
	2	孔深及孔底土岩性	不小于设计值		测钻杆长度或用测绳，检查孔底土岩性报告
	3	桩身完整性			钻芯法(大直径嵌岩桩应钻至桩尖下500mm)，低应变或声波透射法
	4	混凝土强度	不小于设计值		28d试块强度或钻芯法
	5	桩径	见相关规定		用钢尺量，井径仪或超声波检测

续表

项目	序号	检查项目		允许值或允许偏差		检查方法
				单位	数值	
一般项目	1	桩位		见相关规定		全站仪或用钢尺量
	2	垂直度		见相关规定		经纬仪测量或线锤测量
	3	桩顶标高		mm	$^{+30}_{-50}$	水准测量
	4	混凝土坍落度		mm	90～150	坍落度仪
	5	钢筋笼质量	主筋间距	mm	±10	用钢尺量
			长度	mm	±100	用钢尺量
			钢筋材质质量	设计要求		抽样送检
			钢筋间距	mm	±20	用钢尺量
			笼直径	mm	±10	用钢尺量

表 7-11　长螺旋灌注桩质量检验标准

项目	序号	检查项目	允许值或允许偏差		检查方法
			单位	数值	
主控项目	1	承载力	不小于设计值		静载试验
	2	混凝土强度	不小于设计值		28d 试块强度
	3	桩长	不小于设计值		量钻杆，钻芯或低应变法
	4	桩径	不小于设计值		用钢尺量
	5	桩身完整性			低应变法
一般项目	1	混凝土坍落度	mm	160～220	坍落度仪
	2	混凝土充盈系数	≥1.0		实际灌注量与理论量比
	3	垂直度	≤1/100		经纬仪测量或线锤测量
	4	桩位	见相关规定		全站仪或用钢尺量
	5	桩顶标高	mm	$^{+30}_{-50}$	水准测量
	6	钢筋笼顶标高	mm	±100	水准测量

表 7-12　沉管灌注桩质量检验标准

项目	序号	检查项目	允许值或允许偏差		检查方法
			单位	数值	
主控项目	1	承载力	不小于设计值		静载试验
	2	混凝土强度	不小于设计值		28d 试块强度
	3	桩身完整性			低应变法
	4	桩长	不小于设计值		量钻杆，钻芯或低应变法
一般项目	1	桩径	见相关规定		用钢尺量
	2	混凝土坍落度	mm	80～100	坍落度仪
	3	垂直度	≤1/100		经纬仪测量
	4	桩位	见相关规定		全站仪或用钢尺量
	5	拔管速度	m/min	1.2～1.5	用钢尺量及秒表
	6	桩顶标高	mm	$^{+30}_{-50}$	水准测量
	7	钢筋笼顶标高	mm	±100	水准测量

表 7-13　钢桩施工质量检验标准

项目	序号	检查项目		允许值或允许偏差		检查方法
				单位	数值	
主控项目	1	承载力		不小于设计值		静载试验、高应变法等
	2	钢桩外径或断面尺寸	桩端	mm	≤0.5%D	用钢尺量
			桩身	mm	≤0.1%D	
	3	桩长		不小于设计值		用钢尺量
	4	矢高		mm	≤1‰l	用钢尺量
一般项目	1	桩位		见相关规定		全站仪或用钢尺量
	2	垂直度		≤1/100		经纬仪测量
	3	端部平整度		mm	≤2（"H"形桩≤1）	用水平尺量
	4	H 钢桩的方正度		mm	$h\geq300$：$T+T'\leq8$	用钢尺量
					$h<300$：$T+T'\leq6$	
	5	端部平面与桩轴线倾斜值		mm	≤2	用水平尺量
	6	上下节桩错口		mm	≤3	用钢尺量
				mm	≤2	
				mm	≤1	
	7	焊缝		mm	≤0.5	焊缝检查仪
				mm	≤2	
				mm	≤3	
	8	焊缝焊条外观质量		无气泡，无焊瘤，无裂缝		目测法
	9	焊缝探伤检测		设计要求		超声波或射线探伤
	10	焊接后停歇时间		mm	≥1	用表计时
	11	节点弯曲矢高		mm	<1‰l	用钢尺量
	12	桩顶标高		mm	±50	水准测量
	13	收锤标准		设计要求		用钢尺量或查沉桩记录

注：l 为两节桩长；D 为外径或边长，mm；T 为"H"形钢桩上翼板高差；T'为"H"形钢桩下翼板高差；h 为翼板间距。

第三节　桩基施工规定

一、泥浆护壁成孔灌注桩

（1）施工期间护筒内的泥浆面应高出地下水位 1.0m 以上，在受水位涨落影响时，泥浆面应高出最高水位 1.5m 以上。

（2）在清孔过程中，应不断置换泥浆，直至灌注水下混凝土。

（3）灌注混凝土前，孔底 500mm 以内的泥浆相对密度应小于 1.25；含砂率不得大于 8%；黏度不得大于 28s。

（4）在容易产生泥浆渗漏的土层中应采取维持孔壁稳定的措施。

二、正、反循环钻孔灌注桩

对孔深较大的端承型桩和粗粒土层中的摩擦型桩，宜采用反循环工艺成孔或清孔，也可根据土层情况采用正循环钻进，反循环清孔。

三、冲击成孔灌注桩

(1) 开孔时，应低锤密击，当表土为淤泥、细砂等软弱土层时，可加黏土块夹小片石反复冲击造壁，孔内泥浆面应保持稳定。

(2) 进入基岩后，应采用大冲击程、低频率冲击，当发生成孔偏移时，应回填片石至偏孔上方300～500mm处，然后重新冲击。

(3) 当遇到孤石时，可预爆或采用高低冲程交错冲击，将大孤石击碎或挤入孔壁。

(4) 应采取有效的技术措施防止扰动孔壁、塌孔、扩孔、卡钻和掉钻及泥浆流失等事故。

(5) 每钻进4～5m应验孔一次，在更换钻头前或容易缩孔处，均应验孔。

(6) 进入基岩后，非桩端持力层每钻进300～500mm和桩端持力层每钻进100～300mm时，应清孔取样一次，并应做记录。

四、旋挖成孔灌注桩

旋挖钻孔灌注桩应根据不同的地层情况及地下水位埋深，采用干作业成孔和泥浆护壁成孔工艺。旋挖钻机成孔应采用跳挖方式，钻斗倒出的土距桩孔口的最小间距应大于6m，并应及时清除。

五、水下混凝土的灌注

水下灌注混凝土必须具备良好的和易性，配合比应通过试验确定；坍落度宜为180～220mm；水泥用量不应少于360kg/m^3（当掺入粉煤灰时可不受限制）。水下灌注混凝土的含砂率宜为40%～50%，并宜选用中粗砂；粗骨料的最大粒径应小于40mm。

六、长螺旋钻孔压灌桩

长螺旋钻孔压灌桩坍落度宜为180～220mm；粗骨料可采用卵石或碎石，粗骨料的最大粒径应小于30mm，可掺入粉煤灰或外加剂。充盈系数宜为1.0～1.2。桩顶混凝土超灌高度不宜小于0.3～0.5m。灌注结束后，应立即将钢筋笼插入设计标高深度。

七、锤击沉管灌注桩

锤击沉管灌注桩应根据土质情况和荷载要求，分别选用单击法、复打法或反插法。为避免桩身发生断桩和缩径，拔管速度应保持均匀，对一般土层拔管速度宜为1m/min，在软弱土层和软硬土层交界处拔管速度宜控制在0.3～0.8m/min。混凝土坍落度宜为80～100mm，充盈系数宜为1.0，桩顶混凝土超灌高度宜为0.5m以内。

八、振动冲击沉管灌注桩

振动冲击沉管灌注桩应根据土质情况和荷载要求，分别选用单击法、复打法或反插法。单打法自管内灌满混凝土后，先振动5～10s，再开始边振边拔至0.5～1.0m，停拔振动5～10s，如此反复至全部拔出。一般土层拔管速度为1.2～1.5m，软弱土层控制在0.6～0.8m/min。反插法则每次拔管0.5～1.0m后再反插0.3～0.5m，拔管速度0.5m/min。

九、内夯沉管灌注桩

内夯沉管灌注桩采用外管与内夯管结合锤击沉管进行夯压、扩底、扩径施工，内夯管应比外管短 100mm。

十、人工挖孔灌注桩

人工挖孔的孔径（不含护壁）不得小于 0.8m，且不宜大于 2.5m；深度不宜大于 30m。人工挖孔灌注桩的护壁厚度不应小于 100mm（并配置不小于 8mm 的构造筋）。人工挖孔灌注桩不适用于有承压水的地质条件。

十一、压入或打入的预制桩

预制混凝土桩主筋要求为：

(1) 对焊或电弧焊时，对于受力钢筋不得超过 50%；

(2) 相邻两根主筋接头截面的距离应大于 35*dg*（*dg* 为主筋直径）并不应小于 500mm。

思考题

1. 挤土方式的桩基施工，易对桩身产生何种桩身缺陷？对桩基承载力有何影响？
2. 饱和含水率的淤泥质夹层地基，钻孔灌注桩施工，桩身易产生何种缺陷？
3. 泥浆护壁钻孔灌注桩施工，泥皮过厚对桩基承载力产生何种影响？
4. 地表下有松散砂层的夹层，钻孔灌注桩施工，易对桩身产生何种影响？
5. 桩基不同的施工工艺，可能产生何种桩身缺陷？

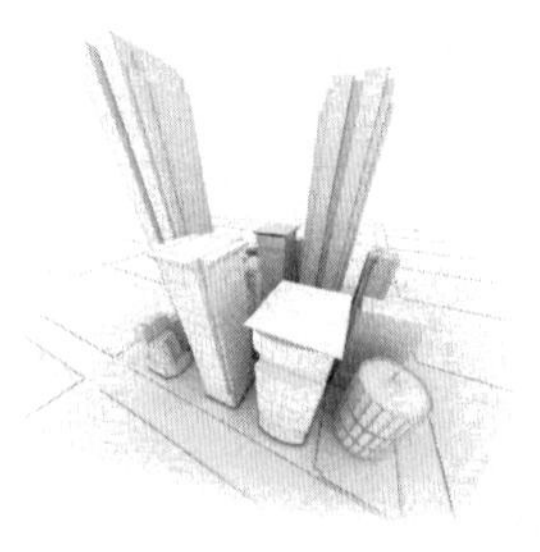

第四篇

桩基础检测

第八章 桩基础

桩基础的作用是承担上部结构传递的荷载。这些荷载主要包括建筑物自重荷载，人和建筑物内的物体等活荷载，自然界产生的荷载如风荷载、雪荷载、地震荷载等。这些荷载以不同形式和作用方向施加于桩基础，如垂直向下的荷载、垂直向上的荷载、水平方向的荷载、有一定倾角的荷载等。

由于桩基础是以人工方法施工于天然岩土中，故所有荷载均由桩基础与桩间土共同承担。通过以往桩基检测试验结果表明：在不同地质条件下，桩基础可承担85%～95%的荷载；而桩间土可承担5%～15%的荷载。为了更好地发挥天然地基各层岩土的承载能力，在桩基础设计计算时，根据不同的地质条件，考虑选用一定的桩和桩型尺寸以及不同的桩基施工工艺，来承担上部荷载。

一、基桩

基桩：桩基础中的单桩。

为了了解桩基础在荷载作用下应力传递的过程和机理。首先以基桩受力为单元进行分析。分析内容包括：了解荷载在桩身中的应力传递过程、桩侧与桩端的岩土如何提供反力，反力发挥作用的过程机理；认知基桩的承载力特征值、承载力极限值产生的过程及其含义。

二、静荷载作用方式

传递到基桩上的静荷载分为同方向连续逐渐施加、往复循环加卸施加和复合式施加荷载法。

所谓同方向连续逐渐施加法是指荷载沿竖向（或水平）方向施加的垂直荷载（包括抗压和抗拔）、水平荷载。这种荷载是连续地逐渐施加的，且保持一个方向。

往复循环加卸施加法是指施加的荷载沿某一方向往复变化，模拟自然环境中作用于桩基础的荷载作用形式，如模拟风载、地震荷载的作用形式。

复合式施加荷载法是指受力方向多变，且荷载大小也多变。

三、动荷载作用方式

基桩所承受的荷载为瞬间或持续的动荷载。在动荷载作用下，基桩承受瞬间冲击荷载，基桩的桩周土和桩端岩土的阻力瞬间发挥；基桩承受持续荷载，基桩的桩周土和桩端岩土的阻抗持续发挥。研究方向包括：在动荷载作用下，桩身内应力传递形式和过程；分析桩周和桩端岩土阻抗的发挥过程，并且通过静、动比对关系，导出静荷载作用下荷载与变形的关系。

四、静荷载传递过程

以连续逐渐加载为例。已知桩周土为弹塑性体。在荷载由小到大逐渐施加的过程中，当荷载较小时，桩顶浅部的桩周土摩阻力开始发挥作用——即弹性静止摩擦，此时桩深部无轴向力变化。随着荷载增大，桩顶浅部的桩与桩周土开始出现剪切变形，由弹性静止摩擦转向桩土剪切破坏的滑动摩擦——塑性滑动摩擦。此时基桩身以下部分出现轴力变化，此段岩土的弹性静止摩擦阻力发挥作用，桩端还未有轴力变化。荷载进一步加大到接近桩的极限值时，基桩顶部、中部均由静止摩擦转为滑动摩擦，荷载由桩顶逐渐传递到基桩底部，基桩端部阻抗开始发挥作用。当荷载超过极限值时，基桩端部阻抗也超过极限。此时不仅基桩周围土体与基桩达到滑动摩擦（即桩与岩土的剪切破坏），且桩端也出现刺入变形，荷载达到破坏值。

五、基桩的极限侧摩阻力

基桩的极限侧摩阻力为基桩所处周围土体的各层土的极限摩阻力值。以某一深度某一层土为例：在基桩承受荷载逐渐施加的过程中，该层土由未提供摩阻力到开始提供摩阻抗。随着荷载逐渐增大，阻抗也逐渐增大，直至摩阻力由静止摩擦转换到滑动摩擦，土阻抗减小到一个常数值，而这个过程中的摩擦阻抗峰值，即为这层土的极限摩阻力值。获得此值也是基桩内力试验的目的。

六、极限荷载值与摩阻力系数

桩基设计计算时，地表以下岩土层的侧摩阻力系数一般选用岩土勘察报告所提供的数值。

在基桩内力试验检测中，可测量出地表下各岩土层的极限侧摩阻力系数值（极限静止摩阻力系数峰值）和桩身与桩侧岩土产生滑动的摩阻力系数稳定值。而极限荷载作用下的最大摩阻力值，则应包含桩侧滑动摩阻力稳定值和桩端静止摩阻力极限值两部分。所以，基桩内力检测试验结果中，为设计提供设计依据的摩阻力系数，应是在极限荷载作用下导出的各层岩土的摩阻力值。

第九章 基桩检测基本要求

第一节 检测内容

基桩检测主要包含两部分内容：单桩承载力、桩身完整性。

单桩承载力检测是确定桩基承担荷载的能力。检测试验内容可分为两种：为设计提供依据，确定单桩极限承载力值；检验工程桩承载力是否满足设计使用要求。

桩身完整性检测的目的是：检验桩基础施工质量，发现由于特殊地质条件或施工造成的桩身质量是否存在缺陷；评价基桩桩身质量，并借助其他检测等手段验证和判断存在缺陷的性质、位置以及对桩基础承载力是否造成影响。

第二节 基桩检测流程

基桩检测工作流程如下。

(1) 首先接受建设方委托。

(2) 了解检测场地环境情况以及地质条件情况。

(3) 根据委托方的检测内容和要求制定检测方案。

(4) 选择适用于检测要求的检测仪器设备，组织检测人员小组。

(5) 进行现场测试，完成现场检测数据采集。

(6) 对检测数据进行分析处理，判定检测结果。

(7) 出具检测报告。

第三节 检测方案

检测方案内容如下。

1. 工程概况

(1) 工程名称；

(2) 工程地点；

(3) 委托单位；

(4) 桩型尺寸数量；

(5) 检测内容和数量。

2. 检测要求

（1）桩基设计的检测要求；

（2）检测方法确定；

（3）检测周期要求。

3. 检测准备与完成

（1）选用所需设备和仪器；

（2）搜集检测所需资料，提出检测配合工作内容；

（3）预计进出场地时间；

（4）提交检测报告时间。

第四节　基桩检测方法

基桩检测方法较多，应合理选择适用、便捷、经济的检测方法。但每种检测方法均存在其测试特点和盲区。因此，对于重要工程、重要部位，应尽量选择两种或两种以上检测方法相互补充、相互验证，充分发现桩基的缺陷隐患。各种检测方法及检测目的见表 9-1。

表 9-1　检测方法及检测目的

检测方法	检测目的
单桩竖向抗压静载检测	确定单桩竖向抗压极限承载力； 判定竖向抗压承载力是否满足设计要求； 通过桩身应变、位移测试，测定桩侧、桩端阻力； 验证高应变法的单桩竖向抗压承载力检测结果
单桩竖向抗拔静载检测	确定单桩竖向抗拔极限承载力； 判定竖向抗拔承载力是否满足设计要求； 通过桩身应变、位移测试，测定桩的抗拔摩阻力
单桩水平静载检测	确定单桩水平临界荷载和极限承载力，推定土抗力参数； 判定水平承载力或水平位移是否满足设计要求； 通过桩身应变、位移测试，测定桩身弯矩
钻芯法检测	检测灌注桩桩长、桩身混凝土强度、桩底沉渣厚度，判定或鉴别桩端持力层岩土性状，判定桩身完整性类别
低应变法检测	检测桩身缺陷及其位置，判定桩身完整性类别
高应变法检测	判定单桩竖向抗压承载力是否满足设计要求； 检测桩身缺陷及其位置，判定桩身完整性类别； 分析桩侧和桩端土阻力； 进行打桩过程监控
声波透射法检测	检测灌注桩桩身缺陷及其位置，判定桩身完整性类别
桩成孔检测	在桩基施工过程，判定桩基成孔质量；预测桩基施工质量

第五节　基桩检测抽样

一、检测抽样原则

为了给设计提供依据，需在工程桩选择确定前，进行施工前的试验桩检测。而工程桩施工后，应对工程桩进行验收。

1. 施工前检测

符合下列情况之一时，应进行施工前试验桩检测。

(1) 设计等级为甲级的桩基；

(2) 无相关试桩资料可参考的设计等级为乙级的桩基；

(3) 地基条件复杂、基桩施工质量可靠性低的桩基；

(4) 本地区采用的新桩型或采用新工艺成桩的桩基。

试验桩在进行静载荷承载力检测的前后，对试验桩进行完整性检测，确定试验桩身的完整性，判断其对其承载力的影响；检验缺陷在静荷载试验过程中的变化发展。试验桩的试验荷载应加至能确定极限承载力值的情况。

2. 施工过程检测

工程桩施工过程中，对于预制桩应对桩身连接处的连接质量进行检测；对于灌注桩应对成孔质量进行检测。抽样原则如下。

(1) 一般按比例随机抽样；

(2) 局部地质条件出现变化的区域；

(3) 不同施工工艺；

(4) 施工队伍变更；

(5) 建筑物结构的重要部位。

3. 验收抽样检测

施工完成后的工程桩应进行单桩承载力和桩身完整性检测。静载荷验收检测的受检桩选择宜符合下列规定。

(1) 施工质量有疑问的桩；

(2) 局部地基条件出现异常的桩；

(3) 承载力验收检测时部分完整性检测中判定的Ⅲ类桩；

(4) 设计方认为重要的桩；

(5) 施工工艺不同的桩；

(6) 除以上受检桩抽样外，其余受检桩的检测且宜均匀或随机选择。

验收检测时，宜先进行桩身完整性检测，后进行承载力检测。桩身完整性检测应在桩基施工至设计标高后进行。检测荷载应加至设计单桩承载力极限值。

4. 基桩检测开始时间

(1) 低应变法或声波透射法检测时，被检桩混凝土强度应达到设计强度的70%，且不低于15MPa。

(2) 钻芯法检测，被检桩混凝土强度达到设计强度或28d。

(3) 承载力检测，预制桩：砂土需7d：粉土需10d：黏性土非饱和需15d，饱和需25d。现浇筑桩，强度需达到设计强度。此外，还必须结合当地综合地质情况考虑。

二、检测抽样比例

1. 桩成孔检测

(1) 试成孔检测：同种桩型、同种地质条件、同种施工工艺等条件下，检测数量不少于3根。

(2) 等直径工程桩检测数量应不少于总桩数的20%，且不少于10个桩孔，柱下三桩以下的应不少于1个桩孔。

(3) 挤扩工程桩检测数量应不少于总桩数的30%，且不少于20个桩孔，柱下三桩以下的应不少于1个桩孔。

(4) 交通部门的桥梁桩应100%检测。

2. 承载力检测

（1）采用静载试验方法确定单桩极限承载力，试验桩检测数量应满足设计要求，且在同一条件下不应少于 3 根，当预计工程桩总数小于 50 根时，检测数量不应少于 2 根。

（2）工程桩验收，采用单桩静载抗压、抗拔、水平试验检测，检测数量不应少于同一条件下桩基分项工程总桩数的 1%，且不应少于 3 根；当总桩数小于 50 根时，检测数量不应小于 2 根。

（3）采用高应变法进行试打桩的打桩过程监测。在相同施工工艺和相近地基条件下，试打桩数量不应少于 3 根。

（4）预制桩和满足高应变法适用范围的灌注桩，可采用高应变法检测单桩竖向抗压承载力，检测数量不宜少于总桩数的 5%，且不得少于 5 根。高应变法可作为单桩竖向抗压承载力验收检测的补充。

3. 完整性检测

完整性检测适用于基桩设计等级为甲级，或地基条件复杂，成桩质量可靠性较低的灌注桩工程，应尽量采用两种或两种以上的检测方法。

（1）采用低应变法检测，检测数量不应少于总桩数的 30%，且不应少于 20 根；其他桩基工程，检测数量不应少于总桩数的 20%，且不应少于 10 根。承台桩每个柱下检测桩数不应少于 1 根。

（2）采用声波透射法、钻芯法进行桩身完整性检测，检测数量不应少于总桩数的 10%。

（3）采用钻芯法测定桩底沉渣厚度，并钻取桩端持力层岩土芯样检验桩端持力层，检测数量不应少于总桩数的 10%，且不应少于 10 根。

三、验证与扩大检测

（1）对低应变法检测中不能明确完整性类别的桩或Ⅲ类桩，可根据实际情况采用静载法、钻芯法、高应变法、开挖等方法进行验证检测。

（2）当采用低应变法、高应变法和声波透射法检测桩身完整性发现有Ⅲ、Ⅳ类桩存在，且检测数量覆盖的范围不能为补强或设计变更方案提供可靠依据时，宜采用原检测方法，在未检桩中继续扩大抽检。当原检测方法为声波透射法时，可改用钻芯法。扩大检测时应得到工程建设有关方的确认。

第六节　检测报告

检测报告所含内容如下。

一、工程信息

（1）工程名称与地点；
（2）建设、勘察、设计、监理、施工单位；
（3）建筑物概况与基础形式；
（4）检测要求和检测数量比例；
（5）地质条件。

二、检测

（1）检测日期时间；
（2）检测使用设备、仪器型号和编号；

（3）选择的检测方法，依据的规范、规程；
（4）检测结果表；
（5）检测结果分析、判定以及扩大检测依据。

三、检测结论

（1）检测评价结论；
（2）建议。

四、附件

带有检测桩位、桩号、检测要求的桩位平面图，所检测桩的检测结果曲线、汇总表、检测工作照片。

第十章 基桩成孔检测

第一节 基本要求

目前，国际上各个国家对基桩检测的侧重方向有所不同，一些国家重视基桩施工过程检测，如：基桩成孔检测、混凝土浆体检测、钢筋笼质量检测等。而一般减少成桩后的承载力检测——静载荷检测，仅进行成桩后的桩身完整性检测。而我国一直延续过去的传统检测理念，注重施工成桩后的工程桩验收检测。近年来我国也正在从重视桩基施工后检测，逐渐增加施工过程检测，如一些地方已出台有关基桩的成孔质量检测规程。

通过使用仪器实际测量钻孔灌注桩施工过程中桩孔的成孔质量。检测结果可直观描述沿深度方向的孔径变化、孔壁垂直度、孔底沉渣厚度等情况，判定桩的成孔施工质量。

一、基本规定

检测单位需具备相关检测资质。检测人员必须经过专项培训，并通过考试获得专项检测培训证书。

除应在工程桩基施工过程中进行桩孔成孔质量进行检测外，还应在工程桩施工前还进行试成孔检测。

二、试成孔检测

（1）等直径桩试成孔检测宜在成孔后 24h 内完成，检测次数采用等间隔且不少于 4 次，每次检测定向完成。

（2）非等直径桩试成孔检测应在成孔后 1h 内等间隔检测不少于 3 次，每次检测应定向完成。

三、检测仪器

检测单位应通过专项计量认证。检测仪器通过计量检定或校准。检测仪器分为超声波检测仪和井径仪检测两种。

四、检测抽样

成孔检测抽样方法如下。

（1）施工质量有疑问的孔。

(2) 不同编号设备或采用不同施工工艺的孔。
(3) 地质条件复杂，易发生倾斜、塌孔、缩径的孔。
(4) 设计结构部位重要的孔。
(5) 其他随机抽样，均匀分布。

五、检测比例

成孔检测分为试成孔检测和工程桩按比例抽检两种。

(1) 试成孔检测：同种桩型、同种地质条件、同种施工工艺等条件下，检测数量不少于3根。

(2) 等直径工程桩检测数量应不少于总桩数的20%，且不少于10个桩孔。柱下三桩以下的应不少于1个桩孔。

(3) 挤扩工程桩检测数量应不少于总桩数的30%，且不少于20个桩孔。柱下三桩以下的应不少于1个桩孔。

(4) 交通部门的桥梁桩应100%检测。

六、检测数据

通过检测应提供以下数据。
(1) 实测孔深。
(2) 最大孔径。
(3) 最小孔径。
(4) 平均孔径。
(5) 桩孔垂直度。
(6) 孔底沉渣厚度。
(7) 成孔质量评判。

七、检测报告

检测报告所含内容如下。

(一) 工程信息

(1) 工程名称与地点。
(2) 建设、勘察、设计、监理、施工单位。
(3) 建筑物概况与基础形式。
(4) 检测要求和检测数量。
(5) 地质条件。

(二) 检测

(1) 检测日期时间。
(2) 检测使用设备、仪器型号和编号。
(3) 选择的检测方法，依据的规范、规程。
(4) 检测结果表。
(5) 检测结果判定以及扩大检测依据。

(三) 检测结论

(1) 检测评价结论。

（2）建议。

（四）附件

带有检测桩位、桩号、检测要求的桩位平面图，所检测桩的检测结果曲线、汇总表、检测工作照片。

第二节　超声波成孔检测

一、一般规定

（1）超声波成孔检测适用于检测孔径不小于0.6m、不大于5.0m桩孔的孔壁变化情况、孔径垂直度、实测孔深。

（2）当检测泥浆护壁的桩孔时，泥浆相对密度应小于1.2，泥浆性能指标见表10-1。

表10-1　泥浆性能指标

项目	性能指标
重度	$<12.0kN/m^3$
黏度	18～25s
含砂量	<4%

（3）检测中应采取有效手段，保证检测信号清晰有效。

二、检测仪器

超声波法检测仪器设备应符合下列规定。

（1）孔径检测精度不低于±0.2%F·S。

（2）孔深度检测精度不低于±0.3%F·S。

（3）测量系统为超声波脉冲系统。

（4）超声波工作频率应满足检测精度要求。

（5）脉冲重复频率应满足检测精度要求。

（6）检测通道应至少为二通道。

（7）记录方式为模拟式或数字式。

（8）具有自校功能。

三、仪器标定

（1）超声波法检测仪器进入现场前应利用自校程序进行标定，每孔测试前应利用护筒直径或导墙的宽度作为标准距离标定仪器系统。标定应至少进行2次。

（2）标定完成后应及时锁定标定旋钮，在该孔的检测过程中不得变动。

四、钻孔灌注桩成孔检测

（1）超声波法成孔检测，应在钻孔清孔完毕，孔中泥浆内气泡基本消散后进行。

（2）仪器探头宜对准桩孔中心。

（3）检测宜自孔口至孔底或孔底至孔口连续进行。

（4）检测中探头升降速度不应大于10m/min。

（5）应正交$x-x'$、$y-y'$两方向检测，直径大于4m的桩孔、试成孔及静载荷试桩孔

应增加检测方位。应标明检测剖面 $x-x'$、$y-y'$ 等走向与实际方位的关系。

五、检测数据的处理

（1）超声波在泥浆介质中的传播速度可按式(10-1）计算

$$c=\frac{2(d_0-d')}{t_1+t_2} \tag{10-1}$$

式中　c——超声波在泥浆介质中传播的速度，m/s；

d_0——护筒直径，m；

d'——两方向相反换能器的发射（接收）面之间的距离，m；

t_1，t_2——对称探头的实测声时，s。

（2）孔径可按式(10-2）计算

$$d=d'+\frac{c(t_1+t_2)}{2} \tag{10-2}$$

式中　d——实测孔径，m；

c——超声波在泥浆介质中传播的速度，m/s；

d'——两方向相反换能器的发射（接收）面之间的距离，m；

t_1，t_2——对称探头的实测声时，s。

（3）孔垂直度可按式(10-3）计算

$$K=\frac{E}{L}\times100\% \tag{10-3}$$

式中　E——孔的偏心距，m；

L——实测孔深度，m。

（4）现场检测记录图应满足下列要求。

① 有明显的刻度标记，能准确显示任何深度截面的孔径及孔壁的形状。

② 标记检测时间、设计孔径、检测方向及孔底深度。

（5）记录图纵横比例尺，应根据设计孔径及孔深合理设定，并应满足分析精度需要。

检测仪器与监测曲线图如图 10-1～图 10-4 所示。

图 10-1　采集仪照片

图 10-2　带探头的卷扬机照片

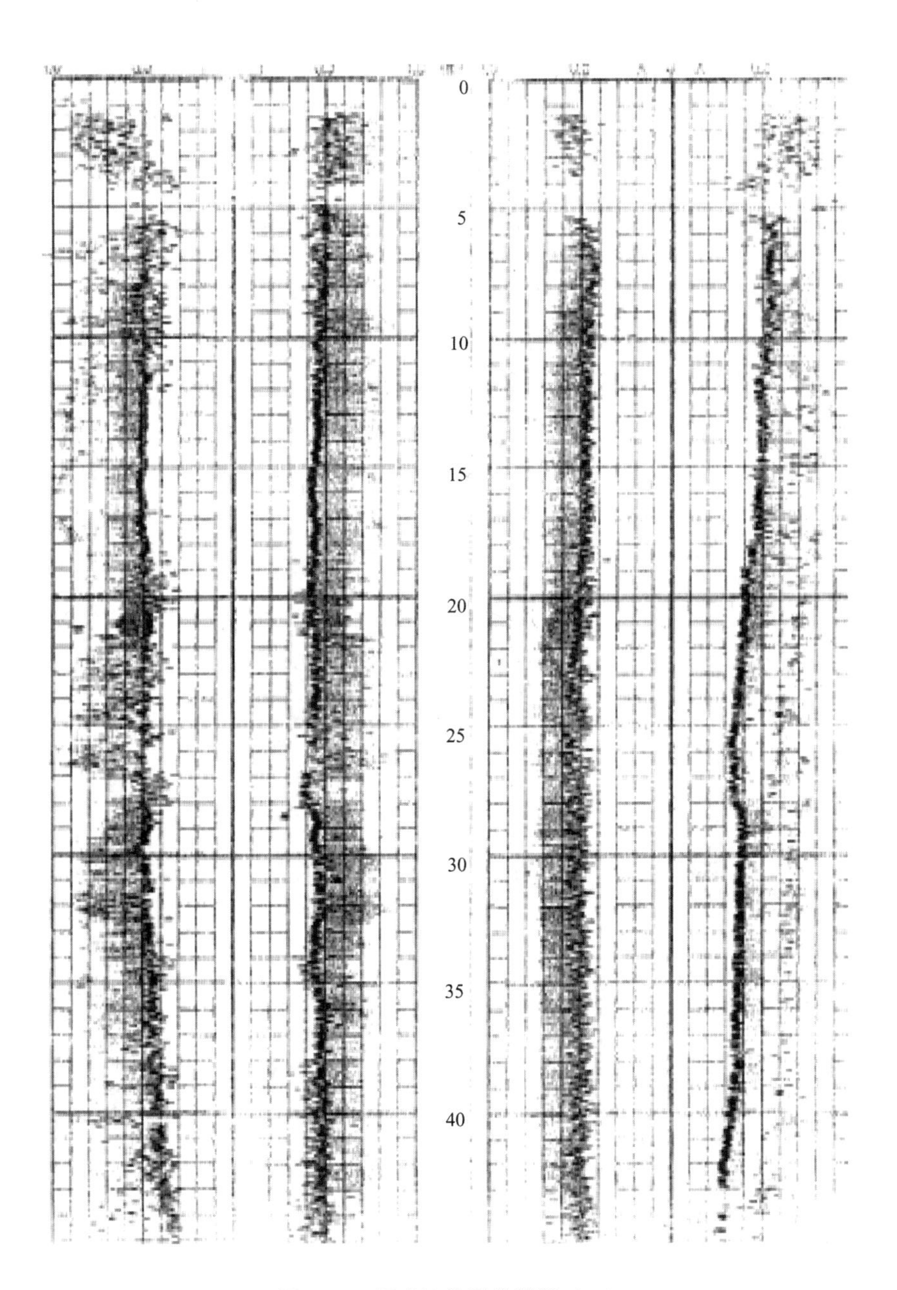

图 10-3　超声波检测曲线图（一）

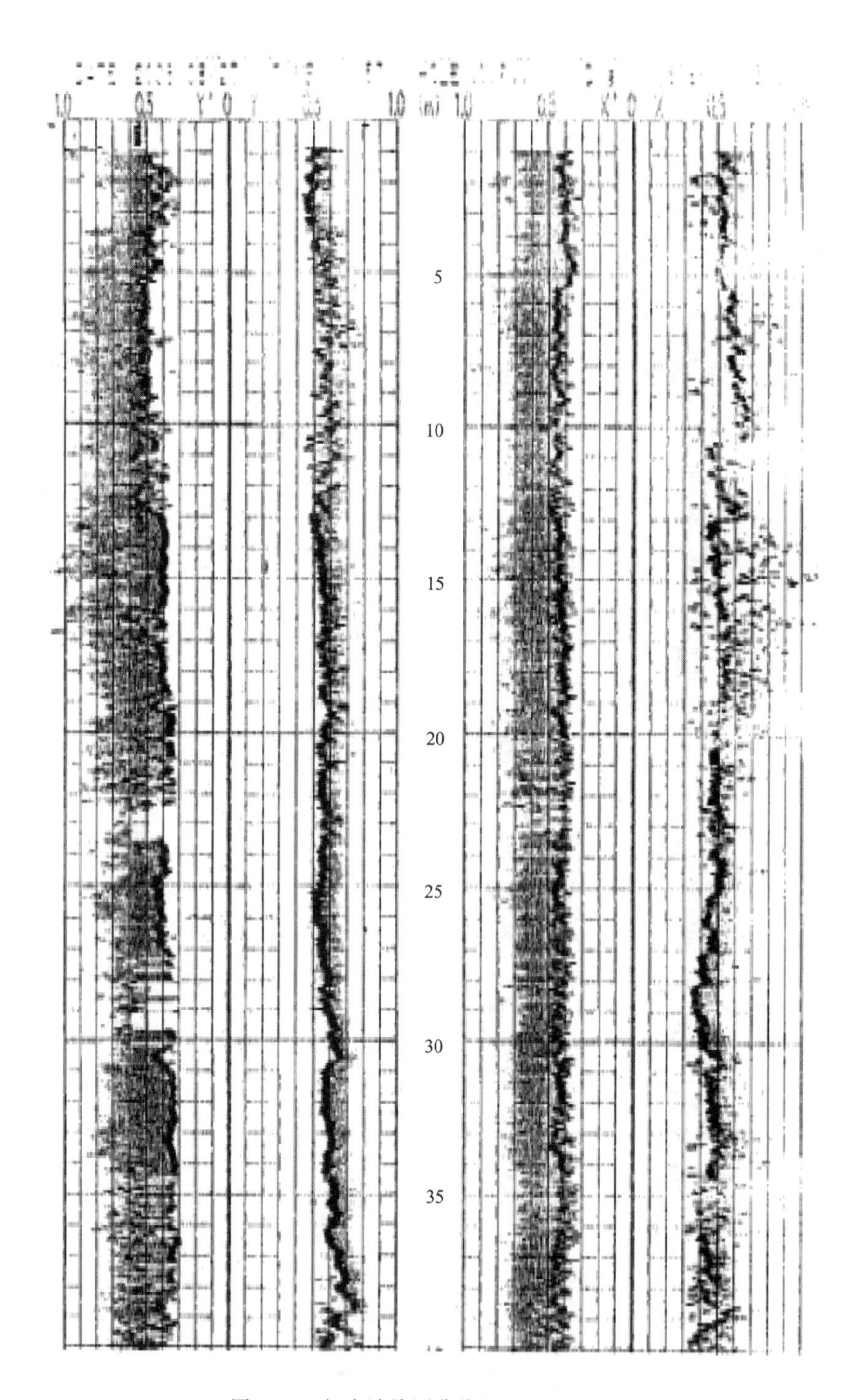

图 10-4　超声波检测曲线图（二）

第三节 井径仪成孔检测

一、一般规定

（1）井径仪成孔检测法适用于检测钻孔灌注桩成孔的孔径、孔深、垂直度及钻孔灌注桩成孔的沉渣厚度。

（2）检测设备应由伞形孔径仪、专用测斜仪及沉渣测定仪组成。

二、检测仪器设备

（1）接触式仪器组合法采用的各种仪器设备，应具备标定装置。标定装置应经国家法定计量检测机构检定合格。

（2）伞形孔径仪应符合下列规定。

① 被测孔径<1.2m时，孔径检测误差≤±15mm，被测孔径≥1.2m时，孔径检测误差≤±25mm。

② 孔深检测精度不低于0.3%。

③ 探头绝缘性能不小于100MΩ/500V，在潮湿情况下不小于2MΩ/500V。

（3）专用测斜仪应符合下列规定。

① 顶角测量范围：0°～10°。

② 顶角测量误差：≤±10′。

③ 分辨率不低于36″。

④ 孔深检测精度：不大于0.3%。

（4）沉渣测定仪应符合下列规定。

① 可以是根据不同方法原理检测沉渣厚度的相关仪器或检测工具。

② 检测精度满足评价要求。

三、仪器标定

（1）接触式仪器组合法检测仪器进入现场前应利用自校程序进行标定，每孔测试后应利用护筒直径作为标准距离检查仪器系统。

（2）标定完成后应及时输入标定参数，在成孔的检测过程中不得变动。

四、钻孔灌注桩成孔孔径检测

（1）接触式仪器组合法钻孔灌注桩成孔孔径检测，应在钻孔清孔完毕后进行。

（2）伞形孔径仪进入现场检测前应进行标定，标定应按有关的要求进行。标定完毕后保持电流源电流和量程恒定，仪器常数及起始孔径在检测过程中不得变动。

（3）检测前应校正好自动记录仪的走纸与孔口滑轮的同步关系。

（4）检测前应将深度起算面与钻孔钻进深度起算面对齐，以此计算孔深。

（5）孔径检测应自孔底向孔口连续进行。

（6）检测中探头应匀速上提，提升速度应不大于10m/min。孔径变化较大处，应降低探头提升速度。

（7）检测结束时，应根据孔口护筒直径的检测结果，再次标定仪器的测量误差，必要时应重新标定后再次检测。

（8）孔径记录图应满足下列要求。

① 有明显孔径及深度的刻度标记，能准确显示任何深度截面的孔径。

② 有设计孔径基准线、基准零线及同步记录深度标记。

③ 记录图纵横比例尺，应根据设计孔径及孔深合理设定，并应满足分析精度需要。

(9) 孔径 D 可按式(10-4) 计算

$$D = D_0 + k\frac{\Delta U}{I} \tag{10-4}$$

式中 D_0——起始孔径，m；

k——仪器常数，m/Ω；

ΔU——信号电位差，V；

I——恒定电流源电流，A。

五、钻孔灌注桩成孔垂直度检测

(1) 接触式仪器组合法钻孔灌注桩成孔垂直度检测应采用顶角测量方法。

(2) 专用测斜仪进入现场检测前应进行标定，标定应按照有关的要求进行。

(3) 桩孔垂直度检测通常可在钻孔内直接进行，大直径桩孔的垂直度检测宜在一次清孔完毕后，在未提钻的钻具内进行。

(4) 钻孔内直接测斜应外加扶正器，宜在孔径检测完成后进行。

(5) 应根据孔径检测结果合理选择不同直径的扶正器。

(6) 桩孔垂直度检测应避开明显扩径段。

(7) 检测前应进行孔口校零。

(8) 应自孔口向下分段检测，测点距不宜大于 5m，在顶角变化较大处加密检测点数。必要时应重复检测。

(9) 桩孔垂直度 K 可按式(10-5)、式(10-6) 计算

$$K = \frac{E}{L} \times 100\% \tag{10-5}$$

$$E = \frac{D}{2} - \frac{\Phi}{2} + \Sigma h_i \times \sin\frac{\theta_i + \theta_{i-1}}{2} \tag{10-6}$$

式中 E——桩孔偏心距，m；

L——实测桩孔深度，m；

D——孔径或钻具内径，m；

Φ——斜侧探头或扶正器外径，m；

h_i——第 i 段测点距，m；

θ_i——第 i 测点实测顶角，(°)；

θ_{i-1}——第 $i-1$ 测点实测顶角，(°)。

六、沉渣厚度检测

(1) 接触式仪器组合法钻孔灌注桩成孔的沉渣厚度检测，宜在清槽完毕后、灌注混凝土前进行。

(2) 沉渣厚度检测应至少进行 3 次，取 3 次检测数据的平均值为最终检测结果。

七、监测结果

井径仪监测结果曲线如图 10-5、图 10-6 所示。

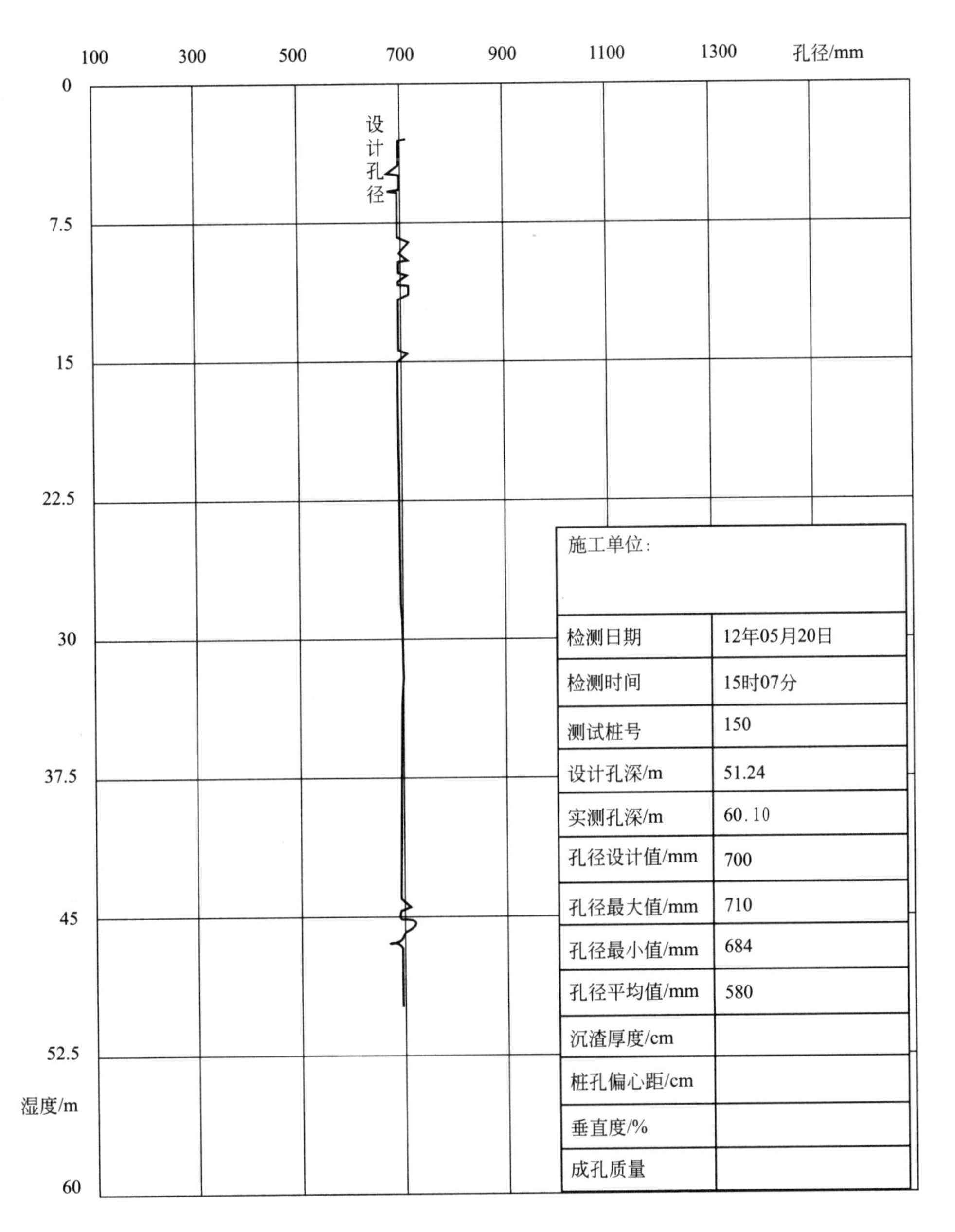

图 10-5　井径仪监测曲线图（一）

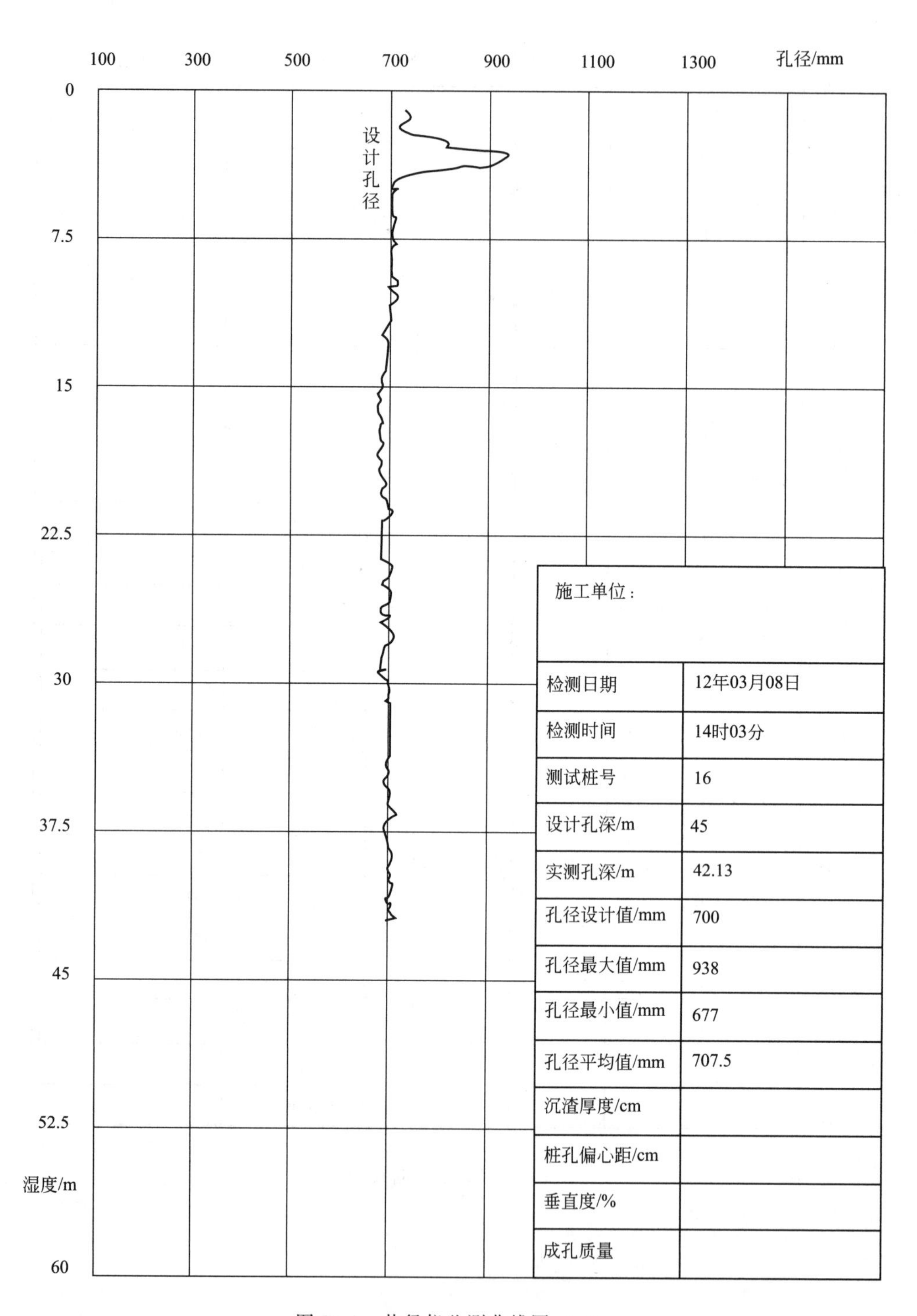

图 10-6　井径仪监测曲线图（二）

第四节　检测结果评价标准

依据国标《建筑地基基础工程质量验收规范》(GB 50202）有关条款，混凝土灌注桩孔径与垂直度、孔深与沉渣厚度要求应遵循表 10-2、表 10-3 的规定。

表 10-2　混凝土灌注桩孔径与垂直度的允许偏差

成孔方法		桩径允许偏差/mm	垂直度允许偏差
泥浆护壁钻孔桩	$D<1000$mm	≥0	≤1/100
	$D\geq1000$mm		
套管成孔灌注桩	$D<500$mm	≥0	≤1/100
	$D\geq500$mm		
干成孔灌注桩		≥0	≤1/100
人工挖孔桩		≥0	≤1/200

表 10-3　混凝土灌注桩孔深与沉渣厚度的允许偏差

检测项目	桩型	允许偏差或允许值	
		单位	数量
桩孔深		不小于设计值	
沉渣厚度	端承桩	mm	≤50
	摩擦桩	mm	≤150

第十一章　基桩静载荷检测

第一节　基桩竖向抗压静载荷检测

基桩静载竖向抗压检测是桩基承载力的主要检测方法。我国早在20世纪60～70年代，就以开始采用基桩静载竖向抗压检测确定单桩极限承载力值。基桩静载竖向抗压检测方法是一种比较直接、真实的方法，它是在反映现场地质条件下确定单桩承载力能力的检测方法。检测方法根据反力提供方式不同，又分为锚桩法、堆载法、锚桩加配重法。检测结果可确定单桩所受荷载与沉降变形的关系。通过此关系可推导建筑物的沉降量。通过检测桩内力，可验证勘察报告提供的地质条件下各层岩土的摩阻力系数值。但是，此检测方法存在检测周期长、检测费用高的缺点。

单桩竖向静载试验装置见图11-1、图11-2。

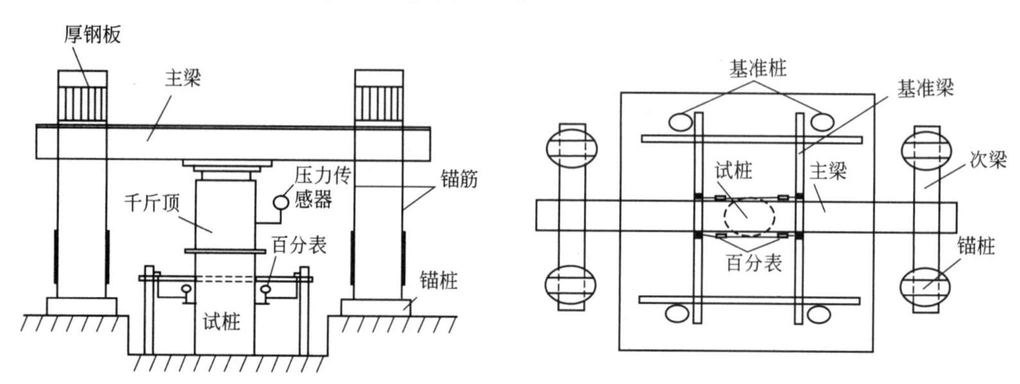

图11-1　单桩竖向静载试验装置（锚桩法）

一、一般规定

（1）本方法适用于检测基桩竖向抗压承载能力。

（2）当需检测或验证该桩所地质条件下，各岩土层摩阻力特性时，应在桩身内安装应力检测传感器，测得桩身不同深度轴力情况，导出各层岩土的摩阻力。

（3）为设计提供依据的试验桩，荷载应加至能确定极限值的破坏荷载；工程桩验收，荷载应加至设计极限值。

（4）为设计提供依据的试验桩检测，应选用慢速维持荷载法。当具有地区成熟经验条件下，工程桩验收可采用快速维持荷载法检测。

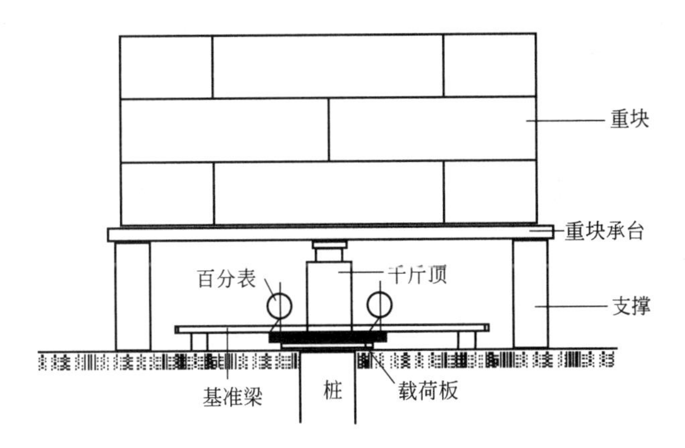

图 11-2　单桩竖向静载试验装置（堆载法）

（5）抗拔拉筋、锚拉筋验算方法如下。

① 抗拔检测的拉筋

$$P=nA\delta_g+W \tag{11-1}$$

式中　P——总抗拔力；

n——拉筋数量；

A——每根拉筋横截面积；

δ_g——钢筋抗拉应力；

W——抗拔桩的自重。

② 锚桩法锚拉钢筋验算

$$F=3/4\sum nA\delta_g \tag{11-2}$$

式中　F——总锚拉力；

n——每根锚桩的拉筋数量；

A——每根拉筋横截面积；

δ_g——钢筋抗拉应力。

注：锚桩法一般用 4 根锚桩，由于每根钢筋焊接后的拉力不同，计算总锚拉力时，按 3 根计算，避免拉断锚桩钢筋。

二、检测仪器、设备

（1）检测使用的仪器、传感器必须经过计量认证和检定校准。

（2）荷重传感器、压力传感器或压力表的准确度应优于或等于 0.5 级。试验用压力表、油泵、油管在最大加载时的压力不应超过规定工作压力的 80%。沉降测量宜采用大量程的位移传感器或百分表，测量误差不得大于 0.1%F·S，分度值/分辨力应优于或等于 0.01mm。

（3）检测设备能力要求如下。

① 反力荷载（如锚桩数量、配重荷载）必须满足检测要求的能力。锚桩数量不宜少于 4 根，工程桩作锚桩时应对锚桩上拔量进行监测；配重反力不得小于最大加载值的 1.2 倍。

② 反力装置（如反力梁、荷载承台）必须达到检测要求的能力。反力梁、荷载承台构件的刚度和变形应满足承载力和变形的要求。

③ 基准梁长度和刚度必须达到检测要求，试桩、锚桩（或压重平台支墩边）和基准桩之间的中心距离见表 11-1。

表 11-1 试桩、锚桩（或压重平台支墩边）和基准桩之间的中心距离

反力装置	距离		
	试桩中心与锚桩中心（或压重平台支墩边）	试桩中心与基准桩中心	基准桩中心与锚桩中心（或压重平台支墩边）
锚桩横梁	≥4(3)D 且>2.0m	≥4(3)D 且>2.0m	≥4(3)D 且>2.0m
压重平台	≥4(3)D 且>2.0m	≥4(3)D 且>2.0m	≥4(3)D 且>2.0m
地锚装置	≥4D 且>2.0m	≥4(3)D 且>2.0m	≥4D 且>2.0m

注：1. D 为试桩、锚桩或地锚的设计直径或边宽，取其较大者。
2. 括号内数值可用于工程桩验收检测时多排桩设计桩中心距离小于 4D 或压重平台支墩下 2～3 倍宽影响范围内的地基土已进行加固处理的情况。

④ 压重宜在检测前一次加足，并均匀稳固地放置于平台上，且压重施加于地基的压应力不宜大于地基承载力特征值的 1.5 倍；有条件时，宜利用工程桩作为堆载支点。

三、现场检测

检测准备工作如下。

（1）检测之前、后应对被检测桩进行低应变检测桩身完整性。

（2）验算检测设备是否满足检测要求。

（3）按照要求安装检测仪器、设备。

（4）被检桩的尺寸、施工工艺及质量控制标准，应与设计要求一致。

（5）被检测桩头已剔除浮浆至密实的混凝土面，且达到设计桩顶标高。

（6）验证被检测桩应达到设计强度。

（7）选择合理的检测方式：慢速维持荷载法、快速维持荷载法。

（8）千斤顶的合力中心应与受检桩的横截面形心重合。

（9）直径或边宽大于 500mm 的桩，应在其两个方向对称安置 4 个位移测试仪表，直径或边宽小于等于 500mm 的桩可对称安置 2 个位移测试仪表。沉降测定平面宜设置在桩顶以下 200mm 的位置，测点应固定在桩身上。

（10）基准梁应具有足够的刚度，梁的一端应固定在基准桩上，另一端应简支于基准桩上。固定和支撑位移计（百分表）的夹具及基准梁不得受气温、震动及其他外界因素的影响；当基准梁暴露在阳光下时，应采取遮挡措施。

四、检测过程

（1）检测荷载分级：每级为预估最大荷载的 1/10，第一级加载量可取分级荷载的 2 倍。

（2）卸载等级为加载分级的 2 倍。

（3）加、卸载时，应使荷载传递均匀、连续、无冲击，且每级荷载在维持过程中的变化幅度不得超过分级荷载的±10%。

（4）慢速维持荷载法检测，待每级荷载下沉降值达到稳定后施加下一级。快速维持荷载法的每级荷载维持时间不应少于 1h，且当本级荷载作用下的桩顶沉降速率收敛时，可施加下一级荷载。

（5）加载时沉降量观测时间间隔：5min、15min、30min、45min、60min 读取，以后每隔 30min 测读一次桩顶沉降量。

（6）沉降量稳定标准：每 1h 内的桩顶沉降量不得超过 0.1mm，并连续出现两次（从分级荷载施加后第 30min 开始，按 1.5h 连续三次每 30min 的沉降观测值计算）。

（7）卸载时，每级荷载应维持 1h，分别按第 15min、30min、60min 测读桩顶沉降量后，即可卸下一级荷载；卸载至零后，应测读桩顶残余沉降量，维持时间不得少于 3h，测读时

间分别为第 15min、30min，以后每隔 30min 测读一次桩顶残余沉降量。

（8）检测试验破坏标准，当出现下列情况之一时，可终止加载。

① 某级荷载作用下，桩顶沉降量大于前一级荷载作用下的沉降量的 5 倍，且桩顶总沉降量超过 40mm。

② 某级荷载作用下，桩顶沉降量大于前一级荷载作用下沉降量的 2 倍，且经 24h 尚未达到相对稳定标准。

③ 已达到设计要求的最大加载值，且桩顶沉降达到相对稳定标准。

④ 工程桩作锚桩时，锚桩上拔量已达到允许值。

⑤ 荷载-沉降曲线呈缓变型时，可加载至桩顶总沉降量 60～80mm；当桩端阻力尚未充分发挥时，可加载至桩顶累计沉降量超过 80mm。

五、检测结果与判定

应绘制竖向荷载-沉降（Q-S）、沉降-时间对数（S-lg$t$）曲线和数据汇总表；也可绘制其他辅助分析曲线。

1. 单桩竖向抗压极限承载力

单桩竖向抗压极限承载力应按下列方法分析确定。

（1）根据沉降随荷载变化的特征确定：对于陡降型 Q-S 曲线，应取其发生明显陡降的起始点对应的荷载值。

（2）根据沉降随时间变化的特征确定：取 S-lg$t$ 曲线尾部出现明显向下弯曲的前一级荷载值。

（3）达到检测终止荷载时，宜取破坏荷载的前一级荷载值。

（4）对于缓变型 Q-S 曲线，宜根据桩顶总沉降量，取 S 等于 40mm 对应的荷载值；对 D（D 为桩端直径）大于等于 800mm 的桩，可取 S 等于 $0.05D$ 对应的荷载值；当桩长大于 40m 时，宜考虑桩身弹性压缩。

（5）不满足以上款情况时，桩的竖向抗压极限承载力宜取最大加载值。

（6）为设计提供依据的试桩竖向抗压极限承载力的统计取值：对参加计算平均的试验桩检测结果，当极差不超过平均值的 30%时，可取其计算平均值为单桩竖向抗压极限承载力；当极差超过平均值的 30%时，应分析原因，结合桩型、施工工艺、地基条件、基础形式等工程具体情况综合确定极限承载力；不能明确极差过大的原因时，宜增加试桩数量。试验桩数量小于 3 根或桩基承台下的桩数不大于 3 根时，应取低值。

2. 基桩竖向承载力特征值确定

按单桩竖向抗压极限承载力的 1/2 取值。

3. 基桩竖向抗压检测曲线

基桩竖向抗压检测曲线见图 11-3。

六、检测报告

检测报告所含内容如下。

1. 工程信息

工程名称与地点；建设、勘察、设计、监理、施工单位；建筑物概况与基础形式；检测要求和检测数量；受检桩型尺寸；地质条件。

2. 检测

检测日期时间；检测使用设备、仪器型号和编号；选择的检测方法，依据的规范、规程；检测结果表；检测结果判定以及扩大检测依据。

工程名称：						试验桩号：				
测试日期：				桩长： 23.0m				桩径： 400mm		
荷载/kN	0	300	450	600	750	900	1050	1200	1350	1500
沉降/mm	0.00	0.28	0.59	1.09	1.93	3.11	4.60	6.69	9.36	12.63

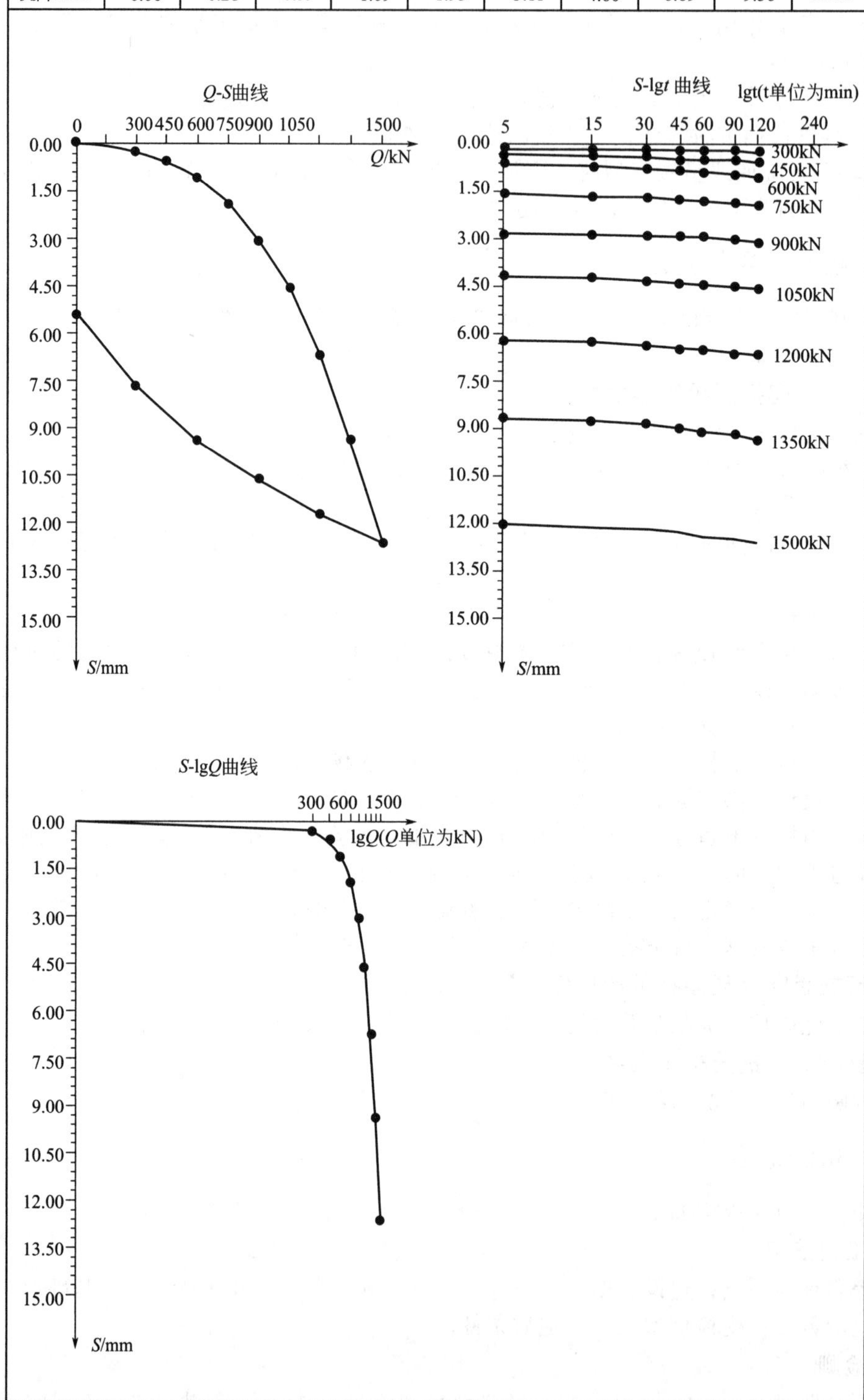

图 11-3 基桩竖向抗压检测曲线

3. 检测结论

检测评价结论；建议。

4. 附件

包括检测设备安装示意图；带有检测桩位、桩号、检测要求的桩位平面图；所检测桩的检测结果曲线、汇总表、检测工作照片。

基桩竖向抗压现场检测照片见图 11-4。

图 11-4　基桩竖向抗压检测照片

第二节　基桩竖向抗拔静载荷检测

基桩竖向静载荷抗拔检测的目的是确定单桩竖向抗拔承载能力。其检测操作类似基桩竖向抗压静载荷检测，只是基桩荷载施加方向相反。在实际情况下，纯抗拔桩多用于地下建筑物的抗浮，如加油站的地下油罐抗浮、地下室抗浮、树根桩抗拔等。当建筑物受水平荷载作用时，水平荷载作用方向一侧的桩在受水平荷载的同时，桩还承受上拔荷载。基桩竖向静载荷抗拔检测示意图见图 11-5。

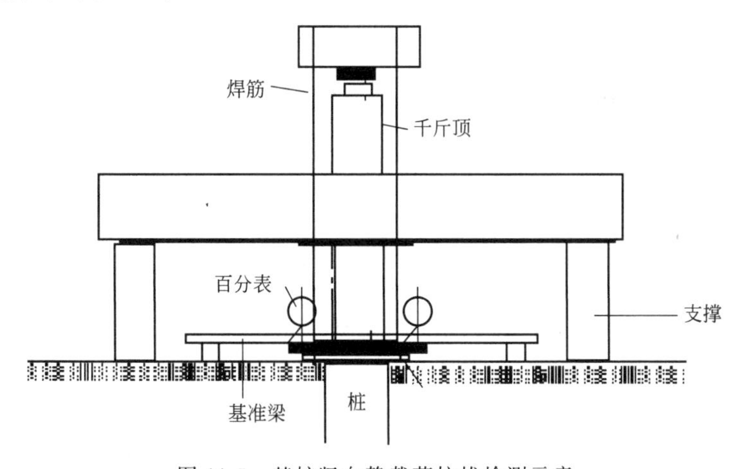

图 11-5　基桩竖向静载荷抗拔检测示意

一、一般规定

(1) 基桩竖向抗拔静载荷检测适用于检测基桩竖向抗拔承载能力。

(2) 当需检测或验证该桩所地质条件下，各岩土层摩阻力特性时，应在桩身内安装应力检测传感器，测得桩身不同深度轴力情况，导出各层岩土的摩阻力。

(3) 为设计提供依据的试验桩，荷载应加至能确定极限值的破坏荷载；工程桩验收，荷载应加至设计极限值。

(4) 基桩竖向抗拔静载荷检测应选用慢速维持荷载法。设计有要求时，可采用多循环加、卸载方法或恒载法。

二、检测仪器、设备

(1) 检测使用的仪器、传感器必须经过计量认证和检定效准。

(2) 荷重传感器、压力传感器或压力表的准确度应优于或等于 0.5 级。试验用压力表、油泵、油管在最大加载时的压力不应超过规定工作压力的 80%。沉降测量宜采用大量程的位移传感器或百分表，测量误差不得大于 0.1%F·S，分度值/分辨力应优于或等于 0.01mm。

(3) 检测设备能力要求如下。

① 锚拉钢筋抗拉强度必须满足检测要求的能力。锚拉钢筋焊接焊缝强度应满足金属焊接拉应力要求。

② 反力装置（如反力梁）必须达到检测要求的能力。反力梁构件的刚度和变形应满足承载力和变形的要求。

③ 基准梁长度和刚度必须达到检测要求的能力，试桩、锚桩（或压重平台支墩边）和基准桩之间的中心距离见表 11-1。

④ 压重施加于地基的压应力不宜大于地基承载力特征值的 1.5 倍；有条件时，宜利用工程桩作为堆载支点。

三、现场检测

检测准备工作如下。

(1) 在抗拔检测前、后应采用低应变法检测受检桩的桩身完整性。为设计提供依据的抗拔灌注桩，施工时应进行成孔质量检测，桩身中、下部位出现明显扩径的桩，不宜作为抗拔试验桩；对有接头的预制桩，应复核接头强度。

(2) 验算检测设备是否满足检测要求。

(3) 按照要求安装检测仪器、设备。

(4) 被检桩的尺寸、施工工艺及质量控制标准应与设计要求一致。

(5) 被检测桩顶应达到设计桩顶标高。

(6) 验证被检测桩应达到设计强度。

(7) 选择合理的检测方式：慢速维持荷载法，多循环加、卸荷载法或恒载法。

(8) 千斤顶的合力中心应与受检桩的横截面形心重合。

(9) 直径或边宽大于 500mm 的桩，应在其两个方向对称安置 4 个位移测试仪表，直径或边宽小于等于 500mm 的桩可对称安置 2 个位移测试仪表。沉降测定平面宜设置在桩顶以下 1 倍的位置，测点应固定在桩身上，不得设置在受拉钢筋上；对于大直径灌注桩，可设置在钢筋笼内侧的桩顶面混凝土上。

(10) 基准梁应具有足够的刚度，梁的一端应固定在基准桩上，另一端应简支于基准桩上。固定和支撑位移计（百分表）的夹具及基准梁不得受气温、震动及其他外界因素的影响；当基准梁暴露在阳光下时，应采取遮挡措施。

四、检测过程

慢速维持荷载法检测过程如下。

（1）检测荷载分级：每级为预估最大荷载的 1/10，第一级加载量可取分级荷载的 2 倍。

（2）卸载等级为加载分级的 2 倍。

（3）加、卸载时，应使荷载传递均匀、连续、无冲击，且每级荷载在维持过程中的变化幅度不得超过分级荷载的±10%。

（4）慢速维持荷载法检测，待每级荷载下沉降值达到稳定后施加下一级。

（5）加载时沉降量观测时间间隔：5min、15min、30min、45min、60min 读取，以后每隔 30min 测读一次桩顶沉降量。

（6）沉降量稳定标准：每 1h 内的桩顶沉降量不得超过 0.1mm，并连续出现两次（从分级荷载施加后第 30min 开始，按 1.5h 连续三次每 30min 的沉降观测值计算）。

（7）卸载时，每级荷载应维持 1h，分别按第 15min、30min、60min 测读桩顶沉降量后，即可卸下一级荷载；卸载至零后，应测读桩顶残余沉降量，维持时间不得少于 3h，测读时间分别为第 15min、30min，以后每隔 30min 测读一次桩顶残余沉降量。

（8）检测试验破坏标准，当出现下列情况之一时，可终止加载。

① 在某级荷载作用下，桩顶上拔量大于前一级上拔荷载作用下上拔量的 5 倍。

② 按桩顶上拔量控制，累计桩顶上拔量超过 100mm。

③ 按钢筋抗拉强度控制，钢筋应力达到钢筋强度设计值，或某根钢筋拉断。

④ 对于工程桩验收检测，达到设计或抗裂要求的最大上拔量或上拔荷载值。

五、检测结果与判定

检测结果如下。

应绘制上拔荷载-桩顶上拔量（U-δ）关系曲线和桩顶上拔量-时间对数（δ-lg$t$）关系曲线和数据汇总表；也可绘制其他辅助分析曲线。

单桩竖向抗拔极限承载力应按下列方法分析确定。

（1）根据上拔量随荷载变化的特征确定：对陡变型 U-δ 曲线，应取陡升起始点对应的荷载值。

（2）根据上拔量随时间变化的特征确定：应取 δ-lg$t$ 曲线斜率明显变陡或曲线尾部明显弯曲的前一级荷载值。

（3）当在某级荷载下抗拔钢筋断裂时，应取前一级荷载值。

（4）当验收检测的受检桩在最大上拔荷载作用下，不满足以上款情况时，单桩竖向抗拔极限承载力应按下列情况对应的荷载值取值。

① 设计要求最大上拔量控制值对应的荷载。

② 施加的最大荷载。

③ 钢筋应力达到设计强度值时对应的荷载。

基桩竖向承载力特征值确定：取单桩竖向抗压极限承载力的 1/2 取值。当工程桩不允许带裂缝工作时，应取桩身开裂的前一级荷载作为单桩竖向抗拔承载力特征值，并与按极限荷载 1/2 取值确定的承载力特征值相比，取低值。

六、检测报告

检测报告所含内容如下。

1. 工程信息

（1）工程名称与地点；

（2）建设、勘察、设计、监理、施工单位；

（3）建筑物概况与基础形式；

（4）检测要求和检测数量；

（5）受检桩型尺寸；

（6）地质条件。

2. 检测内容

（1）检测日期时间；

（2）检测使用设备、仪器型号和编号；

（3）选择的检测方法，依据的规范、规程；

（4）检测结果表；

（5）检测结果判定以及扩大检测依据。

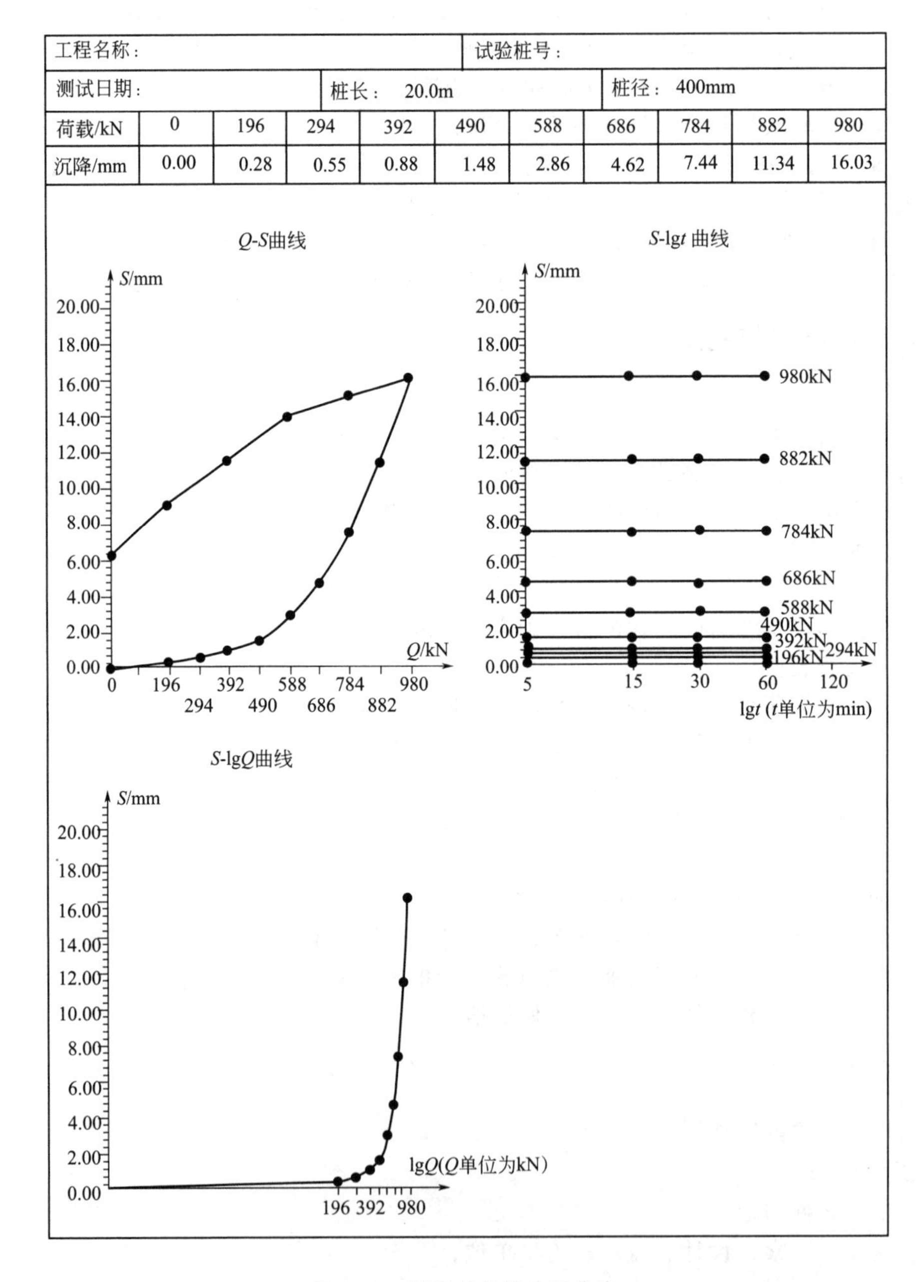

工程名称：					试验桩号：				
测试日期：			桩长： 20.0m				桩径： 400mm		
荷载/kN	0	196	294	392	490	588	686	784	882	980
沉降/mm	0.00	0.28	0.55	0.88	1.48	2.86	4.62	7.44	11.34	16.03

图 11-6 静载荷抗拔检测曲线

3. 检测结论

（1）检测评价结论；

（2）建议。

4. 附件

包括检测设备安装示意图；带有检测桩位、桩号、检测要求的桩位平面图；所检测桩的检测结果曲线、汇总表、检测工作照片。

5. 检测结果曲线

检测结果曲线见图 11-6。

第三节　基桩水平静载荷检测

基桩水平静载检测用于检验基桩在长期水平荷载或受循环加、卸荷载作用下，桩身与桩后岩土的抵抗承载能力。

长期水平荷载一般指用于抵抗水平作用的荷载，如：起支挡维护作用的桩基础。循环加、卸荷载一般模拟在自然界条件下的风载、地震横波荷载等作用。水平静载荷试验装置见图 11-7。

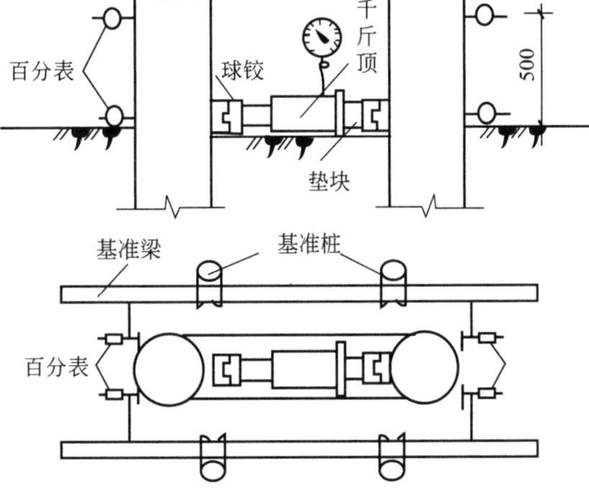

图 11-7　水平静载荷试验装置

一、一般规定

（1）基桩水平静载荷检验适用于检测基桩水平承载能力。

（2）当需检测或验证该桩所地质条件下，各岩土层摩阻力特性时，应在桩身内安装应力检测传感器，测得桩身不同深度的轴力情况，导出桩身弯矩以及确定钢筋混凝土桩受拉区混凝土开裂时对应的水平荷载。

（3）为设计提供依据的试验桩，荷载应加至桩顶出现较大水平变形或桩身结构破坏；工程桩验收可加至设计要求的水平位移允许值所对应的荷载。

（4）基桩水平静载荷检测应根据使用要求，选用慢速维持荷载法（长期受水平荷载）或循环加、卸荷载法。

二、检测仪器、设备

（1）检测使用的仪器、传感器必须经过计量认证和检定效准。

（2）荷重传感器、压力传感器或压力表的准确度应优于或等于 0.5 级。试验用压力表、油泵、油管在最大加载时的压力不应超过规定工作压力的 80%。沉降测量宜采用大量程的位移传感器或百分表，测量误差不得大于 0.1%F·S，分度值应优于或等于 0.01mm。

（3）检测设备能力要求如下。

① 水平推力加载设备宜采用卧式千斤顶，其加载能力不得小于最大试验荷载量的 1.2 倍。水平推力的反力可由相邻桩提供；当专门设置反力结构时，其承载能力和刚度应大于试验桩的 1.2 倍。

② 水平千斤顶和试验桩接触处应安置球形铰支座，当千斤顶与试桩接触面的混凝土不密实或不平整时，应对其进行补强或补平处理。

③ 基准梁长度和刚度必须达到检测要求的能力，试桩、锚桩（或压重平台支墩边）和基准桩之间的中心距离见表 11-1。

三、现场检测

检测准备内容如下。

（1）在水平检测前、后应采用低应变法检测受检桩的桩身完整性。

（2）验算检测设备是否满足检测要求。

（3）按照要求安装检测仪器、设备。

（4）被检桩的尺寸、施工工艺及质量控制标准，应与设计要求一致。

（5）被检测桩顶应达到设计桩顶标高。

（6）验证被检测桩应达到设计强度。

（7）水平荷载作用点应通过被检测桩轴线。

（8）在水平力作用平面的受检桩两侧应对称安装两个位移计；当测量桩顶转角时，尚应在水平力作用平面以上 50cm 的受检桩两侧对称安装两个位移计。

四、检测过程

1. 慢速维持荷载法

（1）检测荷载分级：每级为预估最大荷载的 1/10，第一级加载量可取分级荷载的 2 倍。

（2）卸载等级为加载分级的 2 倍。

（3）加、卸载时，应使荷载传递均匀、连续、无冲击，且每级荷载在维持过程中的变化幅度不得超过分级荷载的±10%。

（4）慢速维持荷载法检测，待每级荷载下沉降值达到稳定后施加下一级。

（5）加载时沉降量观测时间间隔：5min、15min、30min、45min、60min 读取，以后每隔 30min 测读一次桩顶沉降量。

（6）沉降量稳定标准：每 1h 内的桩顶沉降量不得超过 0.1mm，并连续出现两次（从分级荷载施加后第 30min 开始，按 1.5h 连续三次每 30min 的沉降观测值计算）。

（7）卸载时，每级荷载应维持 lh，分别按第 15min、30min、60min 测读桩顶沉降量后，即可卸下一级荷载；卸载至零后，应测读桩顶残余沉降量，维持时间不得少于 3h，测读时间分别为第 15min、30min，以后每隔 30min 测读一次桩顶残余沉降量。

（8）检测试验破坏标准，当出现下列情况之一时，可终止加载：

① 桩身折断；

② 水平位移超过 20～40mm，软土中的桩或大直径的桩可取高值；

③ 水平位移达到设计要求的水平位移允许值。

2. 循环加、卸荷载法

（1）检测荷载分级：每级为预估最大荷载的 1/10。

（2）每级荷载施加后，恒载 4min 后，可测读水平位移，然后卸载至零，停 2min 测读残余水平位移，至此完成一个加卸载循环；如此循环 5 次，完成一级荷载的位移观测；试验不得中间停顿。

（3）检测试验破坏标准，当出现下列情况之一时，可终止加载：

① 桩身折断；

② 水平位移超过 30～40mm，软土中的桩或大直径的桩可取高值；

③ 水平位移达到设计要求的水平位移允许值。

五、检测结果与判定

1. 检测结果

(1) 采用单向多循环加载法时，应分别绘制水平力-时间-作用点位移（H-t-Y_0）关系曲线和水平力-位移梯度（H-$\Delta Y_0/\Delta H$）关系曲线。

(2) 采用慢速维持荷载法时，应分别绘制水平力-力作用点位移（H-Y_0）关系曲线、水平力-位移梯度（H-$\Delta Y_0/\Delta H$）关系曲线、力作用点位移-时间对数（Y_0-lg$t$）关系曲线和水平力-力作用点位移双对数（lg$H$-lgY_0）关系曲线。

(3) 绘制水平力、水平力作用点水平位移-地基土水平抗力系数的比例系数的关系曲线（H-m 和 Y_0-m）。

2. 基桩水平临界荷载确定

基桩水平临界荷载应按下列方法分析确定。

(1) 取单向多循环加载法时的 H-t-Y_0 曲线或慢速维持荷载法时的 H-Y_0 曲线出现拐点的前一级水平荷载值；

(2) 取 H-$\Delta Y_0/\Delta H$ 曲线或 lg$H$-lgY_0 曲线上第一拐点对应的水平荷载值；

(3) 取 H-σ_s 曲线第一拐点对应的水平荷载值。

3. 基桩水平极限承载力确定

基桩水平极限承载力应按下列方法分析确定。

(1) 取单向多循环加载法时的 H-t-Y_0 曲线产生明显陡降的前一级，或慢速维持荷载法时的 H-Y_0 曲线发生明显陡降的起始点对应的水平荷载值；

(2) 取慢速维持荷载法时的 Y_0-lg$t$ 曲线尾部出现明显弯曲的前一级水平荷载值；

(3) 取 H-$\Delta Y_0/\Delta H$ 曲线或 lg$H$-lgY_0 曲线上第二拐点对应的水平荷载值；

(4) 取桩身折断或受拉钢筋屈服时的前一级水平荷载值。

4. 基桩水平承载力特征值确定

基桩水平承载力特征值应按下列方法分析确定。

(1) 当桩身不允许开裂或灌注桩的桩身配筋率小于 0.65％时，可取水平临界荷载的 75％作为单桩水承载力特征值。

(2) 对钢筋混凝土预制桩、钢桩和桩身配筋率不小于 0.65％的灌注桩，可取设计桩顶标高处水平位移所对应荷载的 75％作为单桩水平承载力特征值；水平位移可按下列规定取值：

① 对水平位移敏感的建筑物取 6mm；

② 对水平位移不敏感的建筑物取 10mm。

(3) 取设计要求的水平允许位移对应的荷载作为单桩水平承载力特征值，且应满足桩身抗裂要求。

六、检测报告

检测报告所含内容如下。

1. 工程信息

(1) 工程名称与地点；

(2) 建设、勘察、设计、监理、施工单位；

(3) 建筑物概况与基础形式；

(4) 检测要求和检测数量；

（5）受检桩型尺寸；

（6）地质条件。

2. 检测

（1）检测日期时间；

（2）检测使用设备、仪器型号和编号；

（3）选择的检测方法，依据的规范、规程；

（4）检测结果表；

（5）检测结果判定以及扩大检测依据。

3. 检测结论

（1）检测评价结论；

（2）建议。

4. 附件

包括检测设备安装示意图；带有检测桩位、桩号、检测要求的桩位平面图；所检测桩的检测结果曲线、汇总表、检测工作照片。

5. 水平静载试验结果

水平静载荷试验（循环加、卸荷载法）结果曲线见图 11-8。

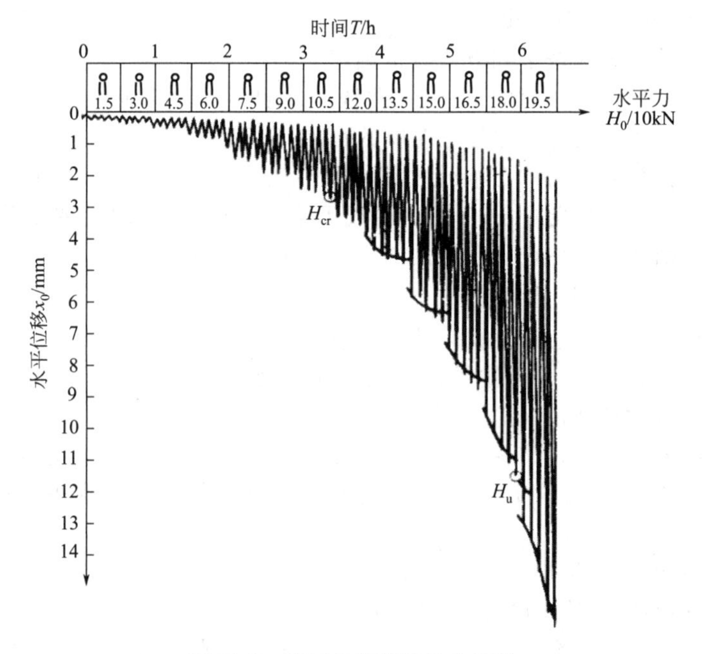

图 11-8　水平静载荷试验曲线图

第十二章　基桩自平衡静载荷检测

自平衡法是基桩静载荷试验的一种竖向抗压或抗拔静载荷试验方法。它尤其适用于现场条件复杂，常用的竖向抗压或抗拔静载荷试验无法实施，或设备条件无法满足的场合。

基桩自平衡法抗压静载荷试验是将基桩桩身以平衡点进行划分，分为上、下两部分桩段。上桩段部分的自重和桩侧摩阻力作为反力，并测量抗拔侧摩阻力与变形之间的关系；下桩段部分测量桩的抗压侧摩阻力和端阻力与变形之间的关系。因此，首先需确定基桩桩身的上、下两部分的平衡点位，在平衡点设置荷载加压设备——荷载箱和上、下段变形观测点设备。利用千斤顶作用力与反作用力相等的原理，达到上、下两段受力相同的自我平衡状态——故称为自平衡法。经上下两段荷载与变形的关系结果合并，得到完整基桩在静荷载作用下的载荷与变形的关系。

第一节　基本规定

一、检测数量与加载值

(1) 为设计提供依据的试验桩，检测数量应满足设计要求，且在同一条件下不应少于3根；当预计工程桩总数小于50根时，检测数量不应少于2根。

(2) 承载力验收检测时，检测数量不应少于同一条件下桩基分项工程总桩数的1%，且不应少于3根；当总桩数小于50根时，检测数量不应少于2根。

(3) 最大加载值的选定应按下列规定取值：

① 为设计提供依据的试验桩，应加载至桩侧与桩端的岩土阻力达到极限状态；

② 工程桩验收检测时，最大加载值不应小于设计要求的单桩承载力特征值的2.0倍。

(4) 大直径灌注桩在承载力检测之前，应先用声波透射法进行桩身完整性检测。

(5) 工程桩验收检测结果若不满足设计要求时，应分析原因，经建设单位确认后扩大检测。

二、检测工作程序

检测机构应根据收集的资料制定检测实施方案。检测方案宜包含以下内容：

(1) 工程概况、地基条件（各岩土层与桩基有关的参数、各检测桩位置的地质剖面图或柱状图)、桩基设计要求、施工工艺、检测目的、检测要求及进度；

(2) 根据设计要求确定荷载箱的个数、位置和最大加载值；

(3) 检测桩的施工要求和所需的机械或人工配合等；

(4) 购置适用的荷载箱，并完成荷载箱与变形观测装置的安置。

三、检测开始龄期

检测开始龄期应同时符合下列规定：

(1) 混凝土强度应不低于设计强度的80%，或按该强度计算的桩身承载力大于荷载箱单向最大加载值的1.5倍；

(2) 当采用后注浆施工工艺时，注浆后休止时间不宜少于20d，当浆液中掺入早强剂时可于注浆完成后15d进行。

(3) 现场检测期间，除应执行本规程的有关规定外，还应遵守国家有关安全生产的规定。当现场操作环境不符合仪器设备使用要求时，应采取有效的防护措施。

四、仪器设备

基桩自平衡法静载试验系统包括加载系统、位移量测系统和数据处理系统，如图12-1所示。

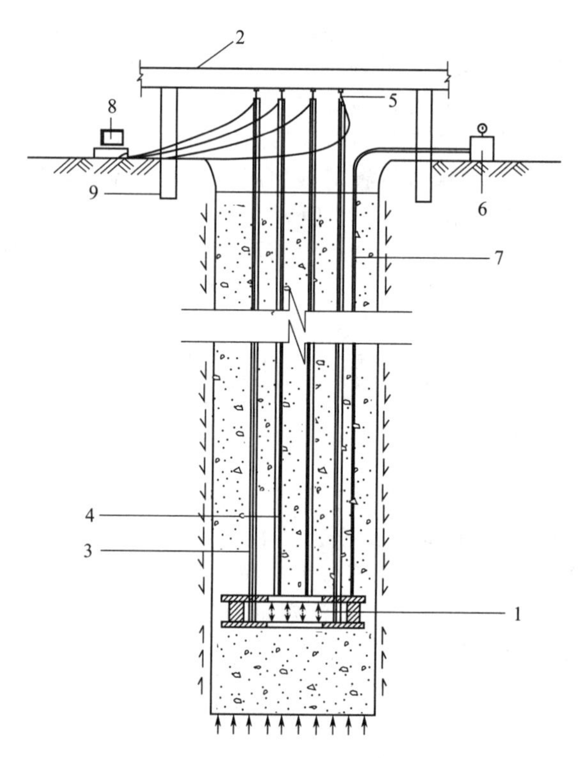

图12-1　基桩自平衡法静载试验系统

1—荷载箱；2—基准梁；3—护套管；4—位移杆（丝）；5—位移传感器；6—油泵；7—高压油管；8—数据采集仪；9—基准桩

检测用仪器设备应在检定或校准周期的有效期内，检测前应对仪器设备检查调试。

检测所使用的仪器仪表及设备应具备检测工作所必需的防尘、防潮、防震等功能，并能在－10～40℃温度范围内正常工作。

(1) 荷载箱的技术要求应满足如下基本规定。

① 荷载箱液压缸必须经有资质的法定计量单位检定，并取得检定合格证书。

② 荷载箱应经耐压检验合格后方可出厂，现场不得拆卸或重新组装。

③ 荷载箱应有铭牌，注明规格、额定压力、额定输出推力、质量、出厂编号、制造日

期等。

④ 应按基桩类型、使用要求及基桩施工工艺选用相应规格的荷载箱。

（2）荷载箱检定要求如下。

① 荷载箱检定率为100%，加载分级数不少于五级。

② 荷载箱宜整体检定。

③ 当整体检定受限制时，组成荷载箱的液压缸应为同型号，相同油压时的液压缸出力相对误差小于3%。

④ 荷载性能：荷载箱的极限输出推力不应小于额定输出推力的1.2倍。

⑤ 示值重复性：荷载箱检定示值重复性不应大于3%。

⑥ 荷载箱启动压力：荷载箱空载启动压力应小于额定压力的4%。

⑦ 耐压检验：荷载箱在1.2倍额定压力下持荷30min、在额定压力下持荷2h以上，均不应出现泄漏、压力减小值大于5%等异常现象。

⑧ 采用并联于荷载箱油路的测压传感器或压力表测定油压，测压传感器或压力表精度均应优于或等于0.5级，量程不应小于60MPa，压力表、油泵、油管在最大加载时的压力不应超过规定工作压力的80%。

（3）位移传感器宜采用电子百分表或电子千分表，测量误差不得大于0.1%FS，分辨力优于或等于0.01mm。每根检测桩布置不少于2组（每组不宜少于2个，对称布置），分别用于测定荷载箱处的向上、向下位移。

（4）对工程桩承载力验收检测，试验完后必须在荷载箱处进行高压注浆。

五、荷载箱安装

1. 荷载箱的埋设位置要求

（1）当极限端阻力小于极限侧摩阻力时，将荷载箱置于平衡点处。

（2）当极限端阻力大于极限侧摩阻力时，将荷载箱置于桩端，根据桩长径比、地质情况采取在桩顶提供一定量的配重等措施。

（3）检测桩为抗拔桩时，荷载箱可置于桩端；向下反力不够维持加载时，可采取加深桩长等措施。

（4）当需要测试桩的分段承载力时，可采用双荷载箱或多荷载箱。

2. 荷载箱的连接要求

（1）荷载箱应平放于钢筋笼的中心，荷载箱位移方向与桩身轴线夹角不应大于1°。

（2）对于灌注桩，试验荷载箱安装可参考图12-2。荷载箱上下应分别设置喇叭状的导向钢筋，以便于导管通过。导向钢筋应符合以下规定：

① 导向钢筋一端与环形荷载箱内圆边缘处焊接，另一端与钢筋笼主筋焊接，焊接质量等级应满足荷载箱的安装强度要求；

② 导向钢筋的数量与直径同钢筋笼主筋相同；

③ 导向钢筋与荷载箱平面的夹角应大于60°。

自平衡检测系统的安装与连接见图12-2。

3. 预制管桩连接要求

对于预制管桩，荷载箱与上、下段桩应采取可靠的连接方式。

六、位移杆（丝）与护套管的要求

（1）位移杆将荷载箱处的位移传递到地面，应具有一定的刚度。

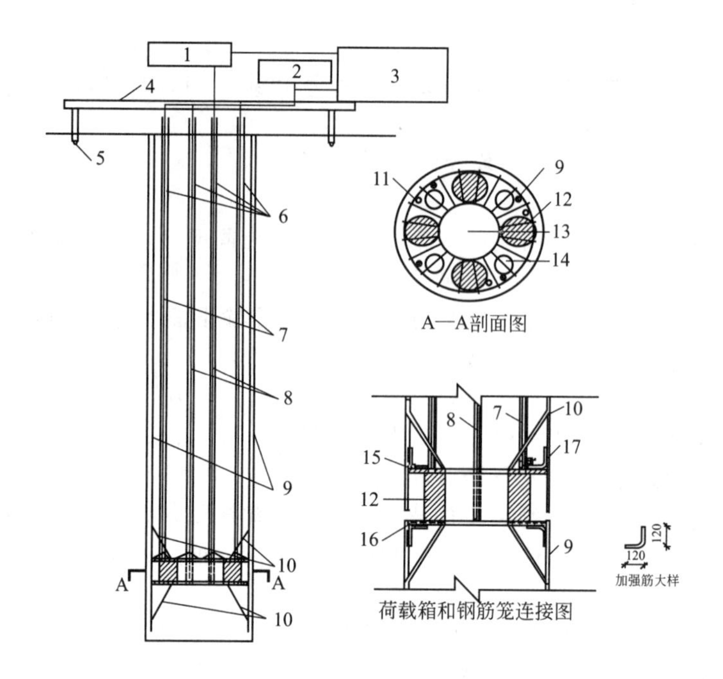

图 12-2　自平衡检测系统的安装与连接

1—加压系统；2—位移系统；3—静载试验仪（压力控制和数据采集）；4—基准梁；5—基准桩；6—位移杆（丝）护筒；7—上位移杆（丝）；8—下位移杆（丝）；9—主筋；10—导向筋（喇叭筋）；11—声测管；12—千斤顶；13—导管孔；14—翻浆孔；15—荷载箱上钢板；16—荷载箱下钢板；17—加强筋（数量直径同主筋）

(2) 保护位移杆（丝）的护套管与荷载箱焊接，多节护套管连接时可采用机械连接或焊接方式，焊缝应满足强度要求，并确保不渗漏水泥浆。

(3) 在保证位移传递达到足够精度的前提下，也可采用其他形式的位移传递系统。

(4) 位移杆（丝）应具有一定的刚度，宜采用内外管形式：外管固定在桩身，内管下端固定在需测试断面，顶端高出外管 100～200mm，并能与测试断面同步位移。

(5) 采用位移杆（丝）测量位移时，测量位移杆（丝）位移的检测仪器应符合有关的技术要求，位移测试和桩身内力测试应同步。

七、基准桩和基准梁的要求

(1) 基准桩与检测桩之间的中心距离应大于等于 3 倍的检测桩直径，且不小于 2.0m；基准桩应打入地面以下足够的深度，一般不小于 1m。

(2) 基准梁应具有一定的刚度，梁的一端应固定在基准桩上，另一端应简支于基准桩上。

(3) 固定和支撑位移传感器的夹具及基准梁不得受气温、震动及其他外界因素的影响，当基准梁暴露在阳光下时，应进行有效的遮挡。

第二节　现场检测

一、基本原则

(1) 自平衡检测时，宜先进行桩身完整性检测，后进行承载力检测。

（2）加载系统由荷载箱、高压油管和加载油泵等组成。

（3）位移量测系统由位移传递装置、位移传感器、数据采集仪和电脑控制系统等组成。

（4）自平衡法静载试验应采用慢速维持荷载法。

二、试验加载、卸载要求

（1）加载应分级进行，采用逐级等量加载，每级荷载宜为最大加载值或单桩预估极限承载力的 1/10，其中，第一级加载量可取分级荷载的 2 倍。

（2）卸载应分级进行，每级卸载量宜取加载时分级荷载的 2 倍，且应逐级等量卸载。

（3）加、卸载时，应使荷载传递均匀、连续、无冲击，且每级荷载在维持过程中的变化幅度不得超过分级荷载的±10%。

三、慢速维持荷载法试验要求

（1）每级荷载施加后，应分别按第 5min、15min、30min、45min、60min 测读位移，以后每隔 30min 测读一次位移；

（2）位移相对稳定标准：每 1h 内的位移增量不超过 0.1mm，并连续出现两次（从分级荷载施加后的第 30min 开始，按 1.5h 连续三次、每 30min 的位移观测值计算）。

（3）当位移变化速率达到相对稳定标准时，再施加下一级荷载。

（4）卸载时，每级荷载维持 1h，分别按第 15min、30min、60min 测读位移量后，即可卸下一级荷载；卸载至零后，应测读残余位移，维持时间不得小于 3h，测读时间分别为第 15min、30min，以后每隔 30min 测读一次残余位移量。

四、终止加载条件

荷载箱上段或下段位移出现下列情况之一时，即可终止加载：

（1）某级荷载作用下，荷载箱上段或下段位移增量大于前一级荷载作用下位移增量的 5 倍，且位移总量超过 40mm；

（2）某级荷载作用下，荷载箱上段或下段位移增量大于前一级荷载作用下位移增量的 2 倍，且经 24h 尚未达到相对稳定标准；

（3）已达到设计要求的最大加载量且荷载箱上段位移达到相对稳定标准；

（4）当荷载-位移曲线呈缓变型时，可加载至荷载箱向上位移总量 40～60mm（大直径桩或桩身弹性压缩较大时取高值），当桩端阻力尚未充分发挥时，可加载至总位移量超过 80mm；

（5）荷载已达荷载箱加载极限，或荷载箱两段桩位移已超过荷载箱行程。

第三节　检测结果

一、检测数据与记录

（1）工程桩承载力验收检测应给出受检桩的承载力检测值，并评价单桩承载力是否满足设计要求。

（2）当单桩承载力不满足设计要求时，应分析原因，并经工程建设有关方确认后扩大检测。

（3）检测数据与图表

应提供单桩竖向静载试验记录表和结果汇总表，格式应符合表 12-1～表 12-3 的要求。

表 12-1 自平衡法静载试验数据记录表

检测桩编号		检测桩类型		桩径/mm		桩长/m	
桩端持力层		成桩日期		测试日期		加载方法	

荷载编号	荷载值/kN	记录时间	间隔/min	各表读数/mm						位移/mm			温度/℃
		(d,h:min)		1	2	3	4	5	6	向上	向下	桩顶	

记录人： 校核人：

表 12-2 自平衡法静载试验结果汇总表

检测桩名称				工程地点					
建设单位				施工单位					
桩型			桩径/mm		桩长/m			桩顶标高/m	—
成桩日期			测试日期		加载方法				
荷载编号	加载值/kN	加载历时/min		向上位移/mm		向下位移/mm		桩顶位移/mm	
		本级	累计	本级	累计	本级	累计	本级	累计

记录人： 校核人：

表 12-3 自平衡法静载试验荷载箱参数表

序号	桩号	桩径/mm	荷载箱型号	荷载箱参数				
				外径/mm	内径/mm	高度/mm	额定加载能力/kN	荷载箱位置

记录人： 校核人：

二、检测数据的处理

(1) 检测数据处理应符合下列规定：

① 应绘制荷载与位移量的关系曲线 Q-S 和位移量与加荷时间的单对数曲线 S-lg$t$，也可绘制其他辅助分析曲线；

② 当进行桩身应变和桩身截面位移测定时，应符合 JGJ106 的规定，整理测试数据，绘制桩身轴力分布图，计算不同土层的桩侧阻力和桩端阻力。

(2) 上段桩极限加载值 Q_{uu} 和下段桩极限加载值 Q_{ud} 应按下列方法综合确定。

① 根据位移随荷载的变化特征确定：对于陡变型曲线，应取曲线发生明显陡变的起始点对应的荷载值。

② 根据位移随时间的变化特征确定极限承载力，应取 S-lg$t$ 曲线尾部出现明显弯曲的前一级荷载值。

③ 当出现终止加载条件时，宜取前一级荷载值。

（3）对缓变型 Q-S 曲线可根据位移量确定，上段桩极限加载值取对应位移为 40mm 时的荷载，当桩长大于 40m 时，宜考虑桩身的弹性压缩量；下段桩极限加载值取位移为 40mm 对应的荷载值，对直径大于或等于 800mm 的桩，可取荷载箱向下位移量为 $0.05D$（D 为桩端直径）对应的荷载值。

（4）当按以上条款不能确定时，宜分别取向上、向下两个方向的最大试验荷载作为上段桩极限加载值和下段桩极限加载值。

三、等效转换

将基桩自平衡法法测得的荷载箱上、下两段 Q-S 曲线，等效转换为传统方法桩顶加载的一条 Q-S 曲线。

1. 等效转换方法

将基桩自平衡法获得的荷载箱向上、向下两条 Q-S 曲线等效转换为相应传统静载试验的一条 Q-S 曲线，以确定桩顶沉降，如图 12-3 所示。

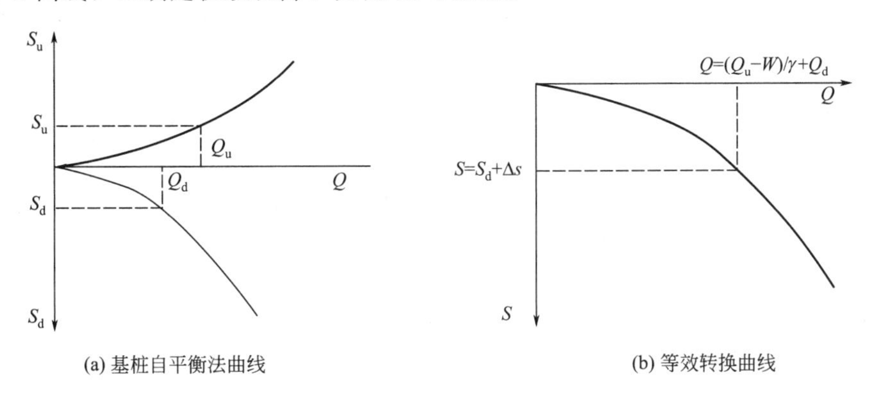

(a) 基桩自平衡法曲线　　(b) 等效转换曲线

图 12-3　基桩自平衡法结果转换示意图

2. 转换假定

转换假定应符合下列要求：

（1）桩为弹性体；

（2）等效的试验桩分为上、下段桩，分界截面即为自平衡桩的平衡点 a 截面；

（3）基桩自平衡法试验中的下段桩与等效受压桩下段的位移相等；

（4）基桩自平衡法试验中，桩端的承载力-沉降量关系及不同深度的桩侧摩阻力-变位量关系与传统试验法是相同的；

（5）桩上段的桩身压缩量 Δs 为上段桩桩端及桩侧荷载两部分引起的弹性压缩变形之和，见式(12-1)

$$\Delta s=\Delta s_1+\Delta s_2 \tag{12-1}$$

式中　Δs_1——受压桩上段在荷载箱下段力作用下产生的弹性压缩变形量；

　　　Δs_2——受压桩上段在荷载箱上段力作用下产生的弹性压缩变形量。

（6）计算上段桩弹性压缩变形量 Δs_2 时，侧摩阻力使用平均值；

（7）可由单元上、下两面的轴向力和平均断面刚度来求各单元应变。

3. 承载力确定

根据检测桩的最终加载值，可按式(12-2) 和式(12-3) 计算其极限承载力。

（1）抗压，见式(12-2)

$$Q_u=\frac{Q_{uu}-W}{\gamma_1}+Q_{ud} \tag{12-2}$$

（2）抗拔，见式(12-3)

$$Q_u=\frac{Q_{uu}}{\gamma_2} \tag{12-3}$$

式中　Q_u——检测桩的单桩承载力极限值，kN；

Q_{uu}——检测桩上段桩的极限加载值，kN；

Q_{ud}——检测桩下段桩的极限加载值，kN；

W——荷载箱上部桩的自重，如桩顶以上有回填，应包括桩顶以上空桩段泥浆或回填砂、土自重；

γ_1——检测桩的转换系数；

γ_2——检测桩的抗拔转换系数。

γ_1 的取值根据荷载箱上部土的类型确定：黏性土、粉土 γ_1 取 0.8；砂土 γ_1 取 0.7，岩石 γ_1 取 1；若荷载箱上部有不同类型的土层，则 γ_1 取加权平均值。

γ_2 的取值根据抗拔桩的类型确定：对于承压型抗拔桩，γ_2 取 1.0；对于承拉型抗拔桩，γ_2 应根据实际情况相近条件的比对试验和地区经验确定，但不得小于 1.1。

4. 统计取值

为设计提供依据的单桩竖向抗压（拔）承载力的统计取值，应符合下列规定。

（1）对参加算数平均的试验桩检测结果，当极差不超过平均值的 30%时，可取其算数平均值为单桩竖向抗压（拔）极限承载力；当极差超过平均值的 30%时，应分析原因，结合桩型、施工工艺、地基条件、基础型式等工程具体情况综合确定极限承载力；不能明确极差过大的原因时，宜增加试验桩数量。

（2）试验桩数量小于 3 根或桩基承台下的桩数不大于 3 根时，应取低值。

5. 承载力特征值选取

单桩竖向抗压（抗拔）承载力特征值应按单桩竖向抗压（抗拔）极限承载力的 50%取值。

第四节　试验后的注浆要求

一、注浆适用对象

采用工程桩作为自平衡法静载荷试验进行单桩竖向抗压承载力检测的桩时，试验后必须对桩进行注浆。

二、注浆管的要求

（1）注浆管应采用钢管。

（2）注浆管连接宜采用螺纹连接或套焊，确保不漏浆，上端加盖、管内无异物。

（3）注浆管应与钢筋笼主筋绑扎固定。

（4）注浆管数量宜根据桩径大小设置，对直径不大于 800mm 的桩，宜对称布置 2 根注浆管，对直径大于 800mm 而不大于 1200mm 的桩，宜对称布置 3 根注浆管，对直径大于 1200mm 而不大于 2500mm 的桩，宜对称布置 4 根注浆管。

（5）当桩埋设有声测管或位移护管，且为钢管时，也可用作注浆管。

三、注浆材料要求

注浆材料宜用强度等级为 42.5 以上的水泥浆，浆液的水灰比宜为 0.5～0.65，并掺入一定量微膨胀剂，确保浆体强度达到桩身强度要求，无收缩。

四、注浆过程要求

（1）注浆前应对荷载箱缝隙进行压水清洗，向一管中压入清水，待另一管中流出的污水变成清水时，开始对荷载箱内的缝隙进行注浆；

（2）注浆量以从一根注浆管压入，相邻注浆管冒出新鲜水泥浆为准。

第五节　平衡点位计算（参考）

一、基桩上节部分

反力计算公式见式(12-4)

$$T_{uk}=\sum\lambda_i q_{sik} u_i l_i+W \tag{12-4}$$

式中　T_{uk}——基桩抗拔极限承载力标准值；

λ_i——基桩抗拔系数，可按抗拔系数表取值，见表 12-4；

q_{sik}——桩身表面第 i 段土的抗压极限侧阻力标准值，参见《建筑桩基技术规范》(JGJ 94) 取值；

u_i——桩身周长；

l_i——桩周第 i 层的土厚度；

W——基桩上部分自重。

表 12-4　抗拔系数 λ

土类	λ 值
砂土	0.50～0.70
黏性土、粉土	0.70～0.80

二、基桩下部分

摩阻力计算公式见式(12-5)

$$Q_{uk}=\sum q_{sik} u_i l_i+a p_{sk} A_p \tag{12-5}$$

式中　Q_{uk}——基桩抗压极限承载力标准值；

q_{sik}——桩身表面第 i 段土的抗压极限侧阻力标准值，参见《建筑桩基技术规范》(JGJ 94) 取值；

u_i——桩身周长；

l_i——桩周第 i 层的土厚度；

a——桩端阻力系数，参见《建筑桩基技术规范》(JGJ 94) 取值；

p_{sk}——桩端附近的静力触探比贯入阻力标准值（平均值），参见《建筑桩基技术规范》(JGJ 94) 取值；

A_p——桩端面积。

三、平衡点确定

当 T_{uk} 与 Q_{uk} 相等时，计算基桩上、下两部分长度可确定平衡点位置。

第十三章 基桩内力检测

为探明某场地的地质条件下，桩在荷载作用下，桩基所处地面以下各岩土层的实际摩阻力情况。依据建设单位和设计单位要求，需检测在施加荷载作用下桩身的内力变化情况。通过桩身内力可导出各岩土层的极限摩阻力值，绘出桩身内部弯矩分布图。从而验证勘察报告所提供的桩侧、桩端摩擦阻抗力系数，得到桩在水平荷载作用下的反弯点。

第一节　检测的一般规定

一、一般规定

(1) 基桩内力检测适用于检测基桩桩身内力，导出桩侧、桩端摩阻力。

(2) 基桩内力检测需在桩身内部安装应变传感器。

(3) 基桩内力检测随着桩的静载荷试验同步进行。

二、应变传感器

一般应变传感器按其测试原理可分为钢弦式、电阻应变式、电感式、滑动测微计、光纤式应变传感器。此类传感器一般用于测量桩身不同深度截面的应变值，导出不同深度的桩身轴力。桩端应力宜采用压力盒测量。

第二节　传感器的选择与布置安装

一、传感器的选择

首先根据测试要求和各种传感器的特性，合理选择适用的传感器型号。选择依据为：

(1) 传感器测量范围和传感器特性；

(2) 检测测量使用周期长短；

(3) 安装难易程度；

(4) 经济成本。

在传感器购置后，应对每个传感器的编号和标定表一一记录。有条件下对传感器标定系数再进行一次抽检滤定。

二、传感器布置安装

(1) 传感器布置：依据勘察提供的场地地质岩土分层和走向，在每个岩土分层界面位置的桩身横截面布置 3～4 个传感器。当该层岩土层厚超过 5m，应在层中再布置 1～2 层传感器。

（2）传感器的安装：采用应变片式检测的应变片安装应符合有关贴片和保护要求。一体式传感器，传感器两端应与桩的主筋焊接。注意在焊接时，必须对传感器进行降温处理，防止焊接高温对传感器造成损坏。

（3）传感器的保护：对传感器测试线的出口处、桩内测试线均必须进行保护处理，防止桩在钢筋笼安装和混凝土浇灌时，对传感器和测试线造成损坏。

（4）压力盒安装：应使压力盒测试面垂直于测试方向且固定牢固。

（5）对所有传感器的埋深位置、方向应做好记录，以便数据处理时查找。

（6）在桩基施工完毕且达到混凝土强度后，应对所有传感器进行一遍测量（传感器初始值）。记录传感器出厂时的零值与测量初始值的变化情况。

第三节　基桩内力检测的要求

基桩内力检测一般与试验桩静载荷试验同步进行，测量静载荷试验分级荷载下的基桩轴力、端压力的变化情况和变化规律。

一、内力测量

（1）测量时间：在每级荷载施加完成后、本级荷载下桩的变形达到稳定、施加下一级荷载前，必须对所有传感器测量一遍。在每级荷载施加过程中也可对所有传感器测量一遍。

（2）在试验荷载接近设计基桩极限荷载时，应加密对传感器的测量频率。

二、测量记录

（1）每一遍测量数据必须认真记录。

（2）在测量与记录中，如发现个别传感器数据异常，仍需继续记录。当该传感器测量数据连续 3 次以上出现异常，则视为该传感器已损坏，停止测量记录该传感器，并记录说明情况。

第四节　测量数据处理分析

一、测量数据处理步骤

（1）将每个传感器的记录数据与传感器标定表对照，得到传感器测量应变值。

（2）根据钢筋和混凝土的弹性模量计算桩身在该横截面的应力值，并进行平均得到平均值。

（3）依据该横截面钢筋混凝土的含筋率，由应力值导出桩身在此横截面的轴力。

（4）由岩土分层面的轴力差，得到该层桩身段侧摩阻力值。

（5）依据桩身侧摩阻力值变化规律，导出该层岩土的极限摩阻力系数值。

（6）桩端极限阻力依据以上步骤处理。

二、绘制曲线与检测结果

（1）绘制每级荷载下的桩身轴力变化曲线。

（2）绘制不同深度岩土土层摩阻力变化曲线。

（3）编制沿深度方向各岩土层的极限摩阻力系数表。

第五节　检测报告

检测报告所含内容如下。

一、工程信息

(1) 工程名称与地点；
(2) 建设、勘察、设计、监理、施工单位；
(3) 建筑物概况与基础形式；
(4) 检测要求和检测数量；
(5) 受检桩型尺寸；
(6) 地质条件。

二、检测

(1) 检测日期时间；
(2) 检测使用的仪器型号和编号，传感器型号；
(3) 选择的检测方法，依据的规范、规程；
(4) 检测结果表。

三、检测结论

(1) 检测评价结论；
(2) 建议。

四、附件

所检测的桩轴力变化曲线和摩阻力变化曲线，传感器安装和检测工作照片。传感器的安装见图 13-1。

图 13-1　传感器的安装

第十四章　基桩钻芯法检测

钻芯法检测是检测桩身完整性和基桩承载力的一种方法。检测基桩承载力尤其对于端承的嵌岩桩，可鉴别判断桩端的岩土性状和强度，探明溶洞，并且，它还是检测其他桩身完整性的常用验证手段，利用钻机钻取混凝土芯样可直接鉴别基桩桩身的混凝土连续性、密实度、沉渣厚度和混凝土强度。

第一节　检测的一般规定

一、一般规定

(1) 本方法适用于检测基桩完整性和基桩承载能力。

(2) 检测内容包括混凝土灌注桩的桩长、桩身混凝土强度、桩底沉渣厚度和桩身完整性。当采用本方法判定或鉴别桩端持力层岩土性状时，钻探深度应满足设计要求。

(3) 每根受检桩的钻芯孔数和钻孔位置，应符合下列规定。

① 桩径小于 1.2m 的桩的钻孔数量可为 1～2 个，桩径为 1.2～1.6m 的桩的钻孔数量宜为 2 个，桩径大于 1.6m 的桩的钻孔数量为 3 个。

② 当钻芯孔为 1 个时，宜在距桩中心 10～15cm 的位置开孔；当钻芯孔为 2 个或 2 个以上时，开孔位置宜在距桩中心 (0.15～0.25)D 范围内均匀对称布置。

③ 对桩端持力层的钻探，每根受检桩不应少于 1 个孔。

④ 当选择钻芯法对桩身质量、桩底沉渣、桩端持力层进行验证检测时，受检桩的钻芯孔数可为 1 个。

二、检测设备

(1) 钻取芯样宜采用液压操纵的高速钻机，并配置适宜的水泵、孔口管、扩孔器、卡簧、扶正稳定器和可捞取松软渣样的钻具。

(2) 基桩桩身混凝土钻芯检测，应采用单动双管钻具钻取芯样，严禁使用单动单管钻具。

(3) 钻头应根据混凝土设计强度等级选用合适粒度、浓度、胎体硬度的金刚石钻头，且外径不宜小于 100mm。

(4) 锯切芯样的锯切机应具有冷却系统和夹紧固定装置。芯样试件端面的补平器和磨平机应满足芯样制作的要求。

第二节　现场检测

一、检测准备

（1）钻机设备安装必须周正、稳固、底座水平。钻机在钻芯过程中不得发生倾斜、移位，钻芯孔垂直度偏差不得大于 0.5%。

（2）每回次进尺宜控制在 1.5m 内；钻至桩底时，宜采取减压、慢速钻进、干钻等适宜的方法和工艺，钻取沉渣并测定沉渣厚度；对桩底强风化岩层或土层，可采用标准贯入试验、动力触探等方法对桩端持力层岩土性状进行鉴别。

二、检测过程

（1）钻取的芯样应按回次顺序放进芯样箱中；钻机操作人员应填写钻孔检测现场操作记录表，记录钻进情况和钻进异常情况，对芯样质量进行初步描述，填写钻孔芯样编录表，对芯样混凝土，桩底沉渣以及桩端持力层详细编录。

（2）钻芯结束后，应对芯样和钻探标示牌的全貌进行拍照。

（3）当单桩质量评价满足设计要求时，应从钻芯孔孔底往上用水泥浆回灌封闭；当单桩质量评价不满足设计要求时，应封存钻芯孔，留待处理。检测结果见表 14-1、表 14-2。

表 14-1　钻孔检测现场操作记录表

<table>
<tr><td colspan="2">桩号</td><td colspan="2"></td><td>孔号</td><td></td><td>工程名称</td><td colspan="2"></td></tr>
<tr><td colspan="2">时间</td><td colspan="3">钻进/m</td><td rowspan="2">芯样编号</td><td rowspan="2">芯样长度/m</td><td rowspan="2">残留芯样</td><td rowspan="2">芯样初步描述及异常情况记录</td></tr>
<tr><td>自</td><td>至</td><td>自</td><td>至</td><td>计</td></tr>
<tr><td></td><td></td><td></td><td></td><td></td><td></td><td></td><td></td><td></td></tr>
<tr><td></td><td></td><td></td><td></td><td></td><td></td><td></td><td></td><td></td></tr>
<tr><td colspan="3">检测日期</td><td colspan="2"></td><td colspan="4">机长：　　　记录：　　　页数：</td></tr>
</table>

表 14-2　钻孔芯样编录表

<table>
<tr><td>工程名称</td><td colspan="2"></td><td>日期</td><td colspan="2"></td></tr>
<tr><td colspan="2">桩号/钻芯孔号</td><td></td><td>桩径</td><td>混凝土设计强度等级</td><td></td></tr>
<tr><td>项目</td><td>分段(层)深度/m</td><td colspan="2">芯样描述</td><td>取样编号/取样深度</td><td>备注</td></tr>
<tr><td>桩身
混凝土</td><td></td><td colspan="2">混凝土钻进深度，芯样连续性、完整性、胶结情况、表面光滑情况、断口吻合程度、混凝土芯是否为柱状、骨料大小分布情况以及气孔、空洞、蜂窝麻面、沟槽、破碎、夹泥、松散的情况</td><td></td><td></td></tr>
<tr><td>桩底
沉渣</td><td></td><td colspan="2">桩端混凝土与持力层接触情况、沉渣厚度</td><td></td><td></td></tr>
<tr><td>持力层</td><td></td><td colspan="2">持力层钻进深度、岩土名称、芯样颜色、结构构造、裂缝发育程度、坚硬及风化程度；分层岩层应分层描述</td><td>（强风化或土层时的动力触探或标贯结果）</td><td></td></tr>
</table>

检测单位：　　　　　　　　　　记录员：　　　检测人员：

第三节　芯样加工与抗压强度试验

一、芯样加工

（1）截取混凝土抗压芯样试件应符合下列规定。

① 当桩长小于 10m 时，每孔应截取 2 组芯样；当桩长为 10～30m 时，每孔应截取 3 组芯样；当桩长大于 30m 时，每孔应截取芯样不少于 4 组。

② 上部芯样位置距桩顶设计标高不宜大于 1 倍桩径或超过 2m，下部芯样位置距桩底不宜大于 1 倍桩径或超过 2m，中间芯样宜等间距截取。

③ 缺陷位置能取样时，应截取 1 组芯样进行混凝土抗压试验。

④ 同一基桩的钻芯孔数大于 1 个，且某一孔在某深度存在缺陷时，应在其他孔的该深度处，截取 1 组芯样进行混凝土抗压强度试验。

(2) 当桩端持力层为中、微风化岩层且岩芯可制作成试件时，应在接近桩底部位 1m 内截取岩石芯样；遇分层岩性时，宜在各分层岩面取样。岩石芯样的加工和测量应符合相关的规定。

(3) 每组混凝土芯样应制作 3 个抗压试件。混凝土芯样试件的加工和测量应符合相关的规定。

二、抗压强度试验

(1) 混凝土芯样试件的抗压强度试验应按现行国家标准《普通混凝土力学性能试验方法标准》(GB/T 50081) 执行。

(2) 在混凝土芯样试件抗压强度试验中，当发现试件内混凝土粗骨料最大粒径大于芯样试件平均直径的 50%，且强度值异常时，该试件的强度值不得参与统计平均。

(3) 混凝土芯样试件抗压强度应按式(14-1) 计算

$$f_{cor}=\frac{4P}{\pi d^2} \tag{14-1}$$

式中　f_{cor}——混凝土芯样试件抗压强度，MPa，精确至 0.1MPa；

P——芯样试件抗压试验测得的破坏荷载，N；

d——芯样试件的平均直径，mm。

① 混凝土芯样试件抗压强度可根据本地区的强度折算系数进行修正。

② 桩底岩芯单轴抗压强度试验以及岩石单轴抗压强度标准值的确定，宜按现行国家标准《建筑地基基础设计规范》(GB 50007) 执行。

第四节　检测数据分析与判断

一、抗压强度

每根受检桩混凝土芯样试件抗压强度的确定应符合下列规定。

(1) 取一组 3 块试件强度值的平均值，作为该组混凝土芯样试件抗压强度检测值。

(2) 同一受检桩同一深度部位有两组或两组以上混凝土芯样试件抗压强度检测值时，取其平均值作为该桩该深度处混凝土芯样试件抗压强度检测值。

(3) 取同一受检桩不同深度位置的混凝土芯样试件抗压强度检测值中的最小值，作为该桩混凝土芯样试件抗压强度检测值。

二、桩端持力层性状

桩端持力层性状应根据持力层芯样特征，并结合岩石芯样单轴抗压强度检测值、动力触探或标准贯入试验结果，进行综合判定或鉴别。

三、桩身完整性

桩身完整性类别应结合钻芯孔数、现场混凝土芯样特征、芯样试件抗压强度试验结果，

按钻芯法桩身完整性判定表所列特征进行综合判定。

当混凝土出现分层现象时，宜截取分层部位的芯样进行抗压强度试验。当混凝土抗压强度满足设计要求时，可判为Ⅱ类；当混凝土抗压强度不满足设计要求或不能制作成芯样试件时，应判为Ⅳ类。钻芯法桩身完整性判定见表14-3。

表14-3 钻芯法桩身完整性判定表

类别	特征		
	单孔	两孔	三孔
Ⅰ	混凝土芯样连续、完整、胶结好、芯样侧面表面光滑、骨料分布均匀、芯样呈长柱状、断口吻合		
Ⅰ	芯样侧表面仅见少量气泡	局部芯样侧表面有少量气孔、蜂窝麻面、沟槽，但在另一孔同一深度部位的芯样中未出现，否则应判为Ⅱ类	局部芯样侧表面有少量气孔、蜂窝麻面、沟槽，但在三孔同一深度部位的芯样中未同时出现，否则应判为Ⅱ类
Ⅱ	混凝土芯样连续、完整、胶结较好、芯样侧表面较光滑、骨料分布基本均匀、芯样呈柱状、断口基本吻合。有下列情况之一		
Ⅱ	1. 局部芯样侧表面有蜂窝麻面、沟槽或较多气孔； 2. 芯样侧表面蜂窝麻面严重、沟槽连续或局部芯样骨料分布不均匀，但对应部位的混凝土芯样试件抗压强度检测值满足设计要求，否则应判为Ⅲ类	1. 芯样侧表面有较多气孔，严重蜂窝麻面、连续沟槽或局部混凝土芯样骨料分布不均匀，但在两孔的同一深度部位的芯样中未同时出现； 2. 芯样侧表面有较多气孔，严重蜂窝麻面、连续沟槽或局部混凝土芯样骨料分布不均匀，且在另一孔同一深度部位的芯样中同时出现，但该深度部位的混凝土芯样试件抗压强度检测值满足设计要求，否则应判为Ⅲ类； 3. 任一孔局部混凝土芯样破碎段长度不大于10cm，且在另一孔的同一深度部位的局部混凝土芯样的外观判定完整性类别为Ⅰ类或Ⅱ类，否则应判为Ⅲ类或Ⅳ类	1. 芯样侧表面有较多气孔，严重蜂窝麻面、连续沟槽或局部混凝土芯样骨料分布不均匀，但在三孔同一深度部位的芯样中未同时出现； 2. 芯样侧表面有较多气孔，严重蜂窝麻面、连续沟槽或局部混凝土芯样骨料分布不均匀，且在任两孔或三孔的同一深度部位的芯样中同时出现，但该深度部位的混凝土芯样试件抗压强度检测值满足设计要求，否则应判为Ⅲ类； 3. 任一孔局部混凝土芯样破碎段长度不大于10cm，且在另两孔的同一深度部位的局部混凝土芯样的外观判定完整性类别为Ⅰ类或Ⅱ类，否则应判为Ⅲ类或Ⅳ类
Ⅲ	大部分混凝土芯样胶结较好，无松散、夹泥现象，但有下列情况之一		大部分混凝土芯样胶结较好，有下列情况之一
Ⅲ	1. 芯样不连续完整，多呈短柱状或块状； 2. 局部混凝土芯样破碎段长度不大于10cm	1. 芯样不连续完整，多呈短柱状或块状； 2. 任一孔局部混凝土芯样破碎段长度大于10cm但不大于20cm，且在另一孔同一深度部位的混凝土芯样的外观判定完整性类别为Ⅰ类或Ⅱ类，否则应判定为Ⅳ类	1. 芯样不连续完整，多呈短柱状或块状； 2. 任一孔局部混凝土芯样破碎段长度大于10cm但不大于30cm，且在另一孔同一深度部位的混凝土芯样的外观判定完整性类别为Ⅰ类或Ⅱ类，否则应判定为Ⅳ类； 3. 任一孔局部混凝土芯样松散段长度不大于10cm且在另两孔的同一深度部位的局部混凝土芯样的外观判定完整性类别为Ⅰ类或Ⅱ类，否则应判定为Ⅳ类
Ⅳ	有下列情况之一		
Ⅳ	1. 因混凝土胶结质量差而难以钻进； 2. 混凝土芯样任一段松散或夹泥； 3. 局部混凝土芯样破碎长度大于10cm	1. 任一孔因混凝土胶结质量差而难以钻进； 2. 混凝土芯样任一段松散或夹泥； 3. 任一孔局部混凝土芯样破碎长度大于20cm； 4. 两孔同一深度部位的混凝土芯样破碎	1. 任一孔因混凝土胶结质量差而难以钻进； 2. 混凝土芯样任一段松散或夹泥段长度大于10cm； 3. 任一孔局部混凝土芯样破碎长度大于30cm； 4. 其中两孔在同一深度部位的混凝土芯样破碎、松散或夹泥

注：当上一缺陷底部位置标高与下一缺陷的顶部位置标高的高差小于30cm时，可认定两缺陷处于同一深度部位。

多于三个钻芯孔的基桩桩身完整性可类比钻芯法桩身完整性判定表的三孔特征进行判定。

四、成桩质量评价

成桩质量评价应按单根受检桩进行。当出现下列情况之一时，应判定该受检桩不满足设计要求：

（1）混凝土芯样试件抗压强度检测值小于混凝土设计强度等级；

（2）桩长、桩底沉渣厚度不满足设计要求；

（3）桩底持力层岩土性状（强度）或厚度不满足设计要求。

当桩基设计资料未做具体规定时，应按国家现行标准判定成桩质量。

第五节　检测报告

检测报告所含内容如下。

一、工程信息

（1）工程名称与地点；

（2）建设、勘察、设计、监理、施工单位；

（3）建筑物概况与基础形式；

（4）检测要求和检测数量；

（5）受检桩型尺寸。

二、检测

（1）检测日期时间；

（2）检测使用设备、仪器型号和编号；

（3）选择的检测方法，依据的规范、规程；

（4）芯样抗压试验结果表；

（5）检测结果判定以及扩大检测依据。

三、检测结论

（1）检测评价结论；

（2）建议。

四、附件

应包含检测芯样综合柱状图；带有检测桩位、桩号、检测要求的桩位平面图；检测芯样照片。

第十五章 基桩动力检测

基桩动力检测是在桩顶施加一个动力荷载，通过桩上安装的传感器，采集基桩在动力荷载下，基桩本身的振动传递信号和力传递信号。经过对信号数据的分析和推导，得到基桩桩身的尺寸、连续性、密实度等质量变化情况，导出基桩极限承载力值。基桩动力检测依据施加的动力荷载大小，可分为低应变检测法和高应变检测法。

第一节 低应变检测

一、检测原理

首先假设桩为均质的一维杆件。在桩顶施加力的激振信号产生一个激振波，沿桩身向桩底传递。遇到桩底介质模量发生明显变化时，激振波发生反射传回至桩顶。安装在桩顶的传感器采集桩顶激振信号（入射波-压缩波）和桩底反射信号（反射波-拉伸波）。

当桩身存有缺陷时，激振波传至缺陷处，产生波的部分折射、部分反射、部分透射。因此，通过采集的激振波传递过程记录曲线，可进行桩身完整性判定。同时根据激振波速和传递时间，可确定桩身缺陷位置。通过比较（未经处理）信号曲线上的缺陷信号的反应强弱，可初步判断缺陷的程度。

由于桩身埋设在土层中，桩周土对桩身激振波的传递产生阻尼振动作用，使激振波信号逐渐衰减。当桩身暴露在空气中，由于空气阻尼效果很低，故桩底反射波信号一般表现强烈。

二、波速、强度和桩长

波速、强度和振动波传递时间的关系见式(15-1)

$$C=\frac{2L}{\Delta T} \tag{15-1}$$

式中 C——波速；

L——桩长；

ΔT——振动波传递时间。

低应变检测的实际测量量为 ΔT。式(15-1) 中仍存在两个变量：C、L。确定这两个变量，一般采用假设法。依据变量与其他参数的相关关系，在一定范围内假设一组变量，对应求得另一组变量。所得的另一组数值中，最接近真值的数值量所对应的假设数值量也最接近真值。假设依据可参考混凝土强度与波速的关系。

1. 波速与混凝土强度的关系

波速与混凝土强度的关系见表 15-1。

表 15-1　混凝土强度与波速关系表

混凝土波速/(m/s)	混凝土强度(等级)	混凝土波速/(m/s)	混凝土强度(等级)
>4100	>C35	2700～3500	C20
3700～4100	C30	<2700	<C20
3500～3700	C25		

通过表 15-1 可以看出，混凝土强度与一定的波速范围存在对应关系，混凝土强度高，则波速高；混凝土强度低，则波速低。实测结果可能与表中有微小差异，但不会出现较大差别。

2. 实测方法

以下介绍两种实际检测中常用的方法。

（1）方法一（确定平均波速）：由现场实测 5 根以上具有明显桩底反射信号的桩的波速值，所得到的平均波速值如符合“强度与波速”表，则确定为该场地该桩型的波速值。由此判断存在缺陷的桩的缺陷位置。

此方法的优点是分析操作简便；缺点是缺陷位置误差较大，尤其是灌注桩。

（2）方法二（确定波速范围）：以设计桩长值为预定桩长，所得到的几根桩波速与“强度与波速”表进行验证，如基本相符，则确定为该场地该桩型的波速范围值。由此判断存在缺陷的桩的缺陷位置。

此方法的优点是缺陷位置误差较小；缺点是分析操作较复杂。

实际检测可根据经验将以上两种方法结合应用。

3. 桩身缺陷类型

首先应了解桩基础中基桩可能出现的缺陷有哪些，缺陷对桩身造成的影响结果是什么。以下对常见的几种桩身缺陷进行描述。

（1）断桩：桩身测试长度未达到设计桩长要求。对桩基承载力能产生影响。

（2）裂缝：桩身设计长度范围内存在缺陷信号，表现为桩身截面尺寸减小。对桩基承载力可能产生影响。

（3）缩径：桩身设计长度范围内存在缺陷信号，表现为桩身某截面范围内尺寸减小。对桩基承载力可能产生影响。

（4）扩径：桩身设计长度范围内存在缺陷信号，表现为桩身某截面范围内尺寸增大，对桩基承载力可能增强。

（5）加泥：桩身设计长度范围内存在缺陷信号，表现为桩身某截面范围内尺寸减小。对桩基承载力可能产生影响。

（6）空洞：桩身设计长度范围内存在缺陷信号，表现为桩身某截面范围内尺寸减小。对桩基承载力可能产生影响。

（7）离析（松散）：桩身设计长度范围内存在缺陷信号，表现为桩身某截面范围内尺寸减小。对桩基承载力可能产生影响。

三、低应变检测的一般规定

（1）低应变检测法适用于检测混凝土桩的桩身完整性，判别桩身缺陷的程度及缺陷位置。

（2）对桩身截面多变且变化幅度较大的灌注桩，应采用其他方法验证或补充低应变法检测的结果。

（3）检测分析手段除具有时域信号分析能力，还应具有频域信号分析能力。为能完成缺陷程度判断，应具有拟合分析手段，即具备能采集力信号的仪器。

四、检测仪器、设备

（1）检测仪器的主要技术性能指标应符合现行行业标准《基桩动测仪》(JG/T 3055）的有关规定。

（2）瞬态激振设备应包括能激发宽脉冲和窄脉冲的力锤和锤垫；力锤可装有力传感器；稳态激振设备应为电磁式稳态激振器，其激振力可调，扫频范围为10～2000Hz。不同激振脉冲信号的曲线图见图15-1。

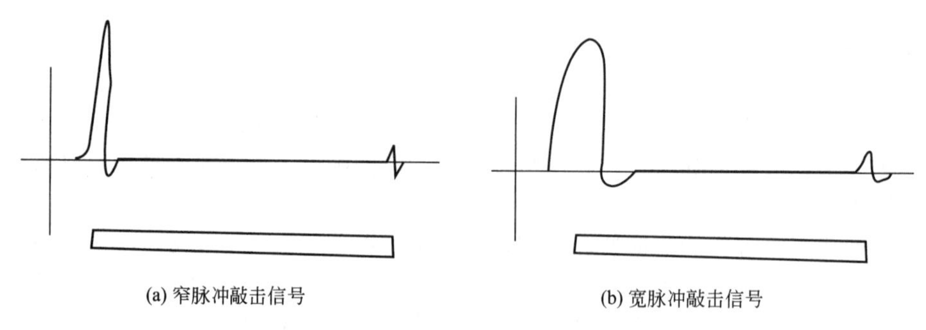

图15-1　不同激振脉冲信号的曲线图

瞬态激振设备中的宽脉冲（主要含低频激振信号成分）和窄脉冲（主要含高频激振信号成分）一般对应的敲击设备为力棒和手锤。其产生的激振信号传递效果不同。发挥激振信号传递效果差异的特性，还可以解决检测中遇到的疑难问题。

宽脉冲击振和窄脉冲击振信号的特性如下。

宽脉冲击振信号：入射波信号幅宽比较宽、比较圆滑。特性：穿透能力强；分辨率弱。

窄脉冲击振信号：入射波信号幅宽比较窄、比较尖锐。特性：穿透能力弱；分辨率强。

（3）为更好地分析桩身缺陷程度，宜采用F-V型检测仪器检测。

五、现场检测

1. 准备工作

（1）被检测桩头已剔除浮浆至密实的混凝土面，桩顶平整、密实，且达到设计桩顶标高。

（2）验证被检测桩应达到设计强度。

（3）被检桩的尺寸、施工工艺及质量控制标准，应与设计要求一致。

（4）量测被检桩头尺寸与设计要求对照，桩头的截面尺寸不宜与桩身有明显差异。

（5）选择合理的检测激振方式，根据检测情况调整激振方式。

（6）测试参数设定，应符合下列规定。

① 时域信号记录的时间段长度应在$2L/c$时刻后延续不少于5ms（L为桩长度，c为波速）；幅频信号分析的频率范围上限不应小于2000Hz。

② 设定桩长应为桩顶测点至桩底的施工桩长，设定桩身截面积应为施工截面积。

③ 桩身波速可根据本地区同类型桩的测试值初步设定。

④ 采样时间间隔或采样频率应根据桩长、桩身波速和频域分辨率合理选择。时域信号

采样点数不宜少于1024点。

⑤ 传感器的设定值应按计量检定或校准结果设定。

2. 检测信号采集

（1）测量传感器的安装和激振操作，应符合下列规定。

① 安装传感器部位的混凝土应平整；传感器安装应与桩顶面垂直；用耦合剂黏结时，应具有足够的黏结强度。

② 激振点与测量传感器安装位置应避开钢筋笼的主筋影响。

③ 激振方向应沿桩轴线方向。

④ 瞬态激振应通过现场敲击试验，选择合适重量的激振力锤和软硬适宜的锤垫；宜用宽脉冲获取桩底或桩身下部的缺陷反射信号，宜用窄脉冲获取桩身上部的缺陷反射信号。

⑤ 稳态激振应在每一个设定频率下获得稳定的响应信号，并应根据桩径、桩长及桩周土约束情况调整激振力的大小。

（2）信号采集和筛选，应符合下列规定。

① 根据桩径大小，桩心对称布置2～4个安装传感器的检测点：实心桩的激振点应选择在桩中心，检测点宜在距桩中心2/3半径处（建议：对于直径大于Φ600的实心桩，传感器安装在桩中心，十字交叉在桩顶边缘采集四个检测点）；空心桩的激振点和检测点宜为桩壁厚的1/2处，激振点和检测点与桩中心连线形成的夹角宜为90°。

② 当桩径较大或桩上部横截面尺寸不规则时，除应按上款在规定的激振点和检测点位置采集信号外，尚应根据实测信号特征，改变激振点和检测点的位置采集信号。

③ 不同检测点及多次实测时域信号一致性较差时，应分析原因，增加检测点数量。

④ 信号不应失真和产生零漂，信号幅值不应大于测量系统的量程。

⑤ 每个检测点记录的有效信号数不宜少于3个。

⑥ 应根据实测信号反映的桩身完整性情况，确定采取变换激振点位置和增加检测点数量的方式再次测试，或结束测试。

六、检测数据分析判定

1. 平均波速

桩身波速平均值的确定，应符合下列规定。

（1）当桩长已知、桩底反射信号明确时，应在地基条件、桩型、成桩工艺相同的基桩中，选取不少于5根Ⅰ类桩的桩身波速值，按式(15-2)～式(15-4)计算平均值

$$c_m=\frac{1}{n}\sum_{i=1}^{n}c_i \tag{15-2}$$

$$c_i=\frac{2000L}{\Delta T} \tag{15-3}$$

$$c_i=2L\cdot\Delta f \tag{15-4}$$

式中　c_m——桩身波速的平均值，m/s；

c_i——第i根受检桩的桩身波速值，m/s，且$|c_i-c_m|/c_m\leqslant 5\%$；

L——测点下桩长，m；

ΔT——速度波第一峰与桩底反射波峰间的时间差，ms；

Δf——幅频曲线上桩底相邻谐振峰间的频差，Hz；

n——参加波速平均值计算的基桩数量，$n\geqslant 5$。

（2）无法满足上一款要求时，波速平均值可根据本地区相同桩型及成桩工艺的其他桩基

工程的实测值，结合桩身混凝土的骨料品种和强度等级综合确定。

2. 缺陷位置

（1）计算公式

桩身缺陷位置应按式(15-5)、式(15-6)计算

$$x=\frac{1}{2000}\cdot \Delta t\cdot c \tag{15-5}$$

$$x=\frac{1}{2}\cdot c/\Delta f' \tag{15-6}$$

式中　x——桩身缺陷至传感器安装点的距离，m；

Δt——速度波第一峰与缺陷反射波峰间的时间差，ms；

c——受检桩的桩身波速，m/s，无法确定时可用桩身波速的平均值替代；

$\Delta f'$——幅频信号曲线上缺陷相邻谐振峰间的频差，Hz。

（2）桩身完整性类别应结合缺陷出现的深度、测试信号衰减特性以及设计桩型、成桩工艺、地基条件、施工情况，按时域信号特征或幅频信号特征进行综合分析判定。

七、检测信号分析、判断

（1）采用时域信号分析判定受检桩的完整性类别时，应结合成桩工艺和地基条件区分下列情况。

① 混凝土灌注桩桩身截面渐变后恢复至原桩径并在该阻抗突变处的反射，或扩径突变处的一次和二次反射。

② 桩侧局部强土阻力引起的混凝土预制桩负向反射及其二次反射。

③ 采用部分挤土方式沉桩的大直径开口预应力管桩，桩孔内土芯闭塞部位的负向反射及其二次反射。

④ 纵向尺寸效应使混凝土桩桩身阻抗突变处的反射波幅值降低。

当信号无畸变且不能根据信号直接分析桩身完整性时，可采用实测曲线拟合法辅助判定桩身完整性或借助实测导纳值、动刚度的相对高低辅助判定桩身完整性。

（2）当按调整击振方式操作不能识别桩身浅部阻抗变化趋势时，应在测量桩顶速度影响的同时测量锤击力，根据实测力和速度信号起始峰的比例差异大小判断桩身浅部阻抗变化程度。

（3）对于嵌岩桩，桩底时域反射信号为单一反射波且与锤击脉冲信号同向时，应采取钻芯法、静载试验或高应变法核验桩端嵌岩情况。

（4）预制桩在 $2L/c$ 前出现异常反射，且不能判断该反射是正常接桩反射时，可采用高应变法验证，管桩可采用孔内摄像方法验证检测。

（5）通过时域信号曲线拟合法可得出桩身阻抗及变化量大小。采用实测曲线拟合法进行辅助分析时，宜符合下列规定。

① 信号不得因尺寸效应、测试系统频响等影响产生畸变。

② 桩顶横截面尺寸应按实际测量结果确定。

③ 通过同条件下，截面基本均匀的相邻桩曲线拟合，确定引起应力波衰减的桩土参数取值。

④ 宜采用实测力波形作为边界输入。

（6）根据速度幅频曲线或导纳曲线中的基频位置（如理论上的刚度支承桩的基频为 $\Delta f/2$），利用实测导纳几何平均值与计算导纳值相对高低、实测动刚度的相对高低进行判断。

理论上，实测导纳值、计算导纳值和动刚度就桩身质量好坏而言存在一定的相对关系：完整桩的实测导纳值约等于计算导纳值，动刚度值正常；缺陷桩的实测导纳值大于计算导纳值，动刚度值低，且随缺陷程度的增加其差值增大；扩底桩的实测导纳值小于计算导纳值，动刚度值高。

实测信号复杂，无规律，且无法对其进行合理解释时，桩身完整性判定宜结合其他检测方法进行。

八、类别判定

检测结果的桩身完整性判定参见表15-2。

表15-2　桩身完整性判定

类型	时域信号特征	幅频信号特征
Ⅰ	$\frac{2L}{c}$时刻前无缺陷反射波，有桩底反射波	桩底谐振峰排列基本等间距，其相邻频差$\Delta f\approx\frac{c}{2L}$
Ⅱ	$\frac{2L}{c}$时刻前出现轻微缺陷反射波，有桩底反射波	桩底谐振峰排列基本等间距，其相邻频差$\Delta f\approx\frac{c}{2L}$，轻微缺陷产生的谐振峰与桩底谐振峰之间的频差$\Delta f>\frac{c}{2L}$
Ⅲ	有明显缺陷反射波，其他特征介于Ⅱ类和Ⅳ类之间	
Ⅳ	$\frac{2L}{c}$时刻前出现严重缺陷反射波或周期性反射波，无桩底反射波； 或因桩身浅部严重缺陷使波形呈现低频大振幅衰减振动，无桩底反射波	缺陷谐振峰排列基本等间距，其相邻频差$\Delta f>\frac{c}{2L}$，无桩底谐振峰； 或因桩身浅部严重缺陷只出现单一谐振峰，无桩底谐振峰

注：对同一场地、地基条件相近、桩型和成桩工艺相同的基桩，因桩端部分桩身阻抗与持力层阻抗相匹配导致实测信号无桩底反射波时，可按本场地同条件下有桩底反射波的其他桩实测信号判定桩身完整性类别。

九、检测报告

1. 检测报告所含内容

（1）工程信息。

（2）工程名称与地点。

（3）建设、勘察、设计、监理、施工单位。

（4）建筑物概况与基础形式。

（5）检测要求和检测数量。

（6）受检桩型尺寸。

（7）地质条件。

2. 检测

（1）检测日期时间。

（2）检测使用设备、仪器型号和编号。

（3）选择的检测方法，依据的规范、规程。

（4）检测结果表。

（5）检测结果判定以及扩大检测依据。

3. 检测结论

（1）检测评价结论。

（2）建议。

4. 附件

包含带有检测桩位、桩号、检测要求的桩位平面图；每根所检测桩的检测曲线；检测工作照片。

十、检测实例

1. 现场信号采集初步判别

桩身完整性检测现场采集信号的初步判别

（1）断桩信号：断桩缺陷处信号比较尖锐，出现等间距二次或多次重复，无桩底反射信号。

（2）裂缝信号：裂缝缺陷处信号比较尖锐，无等间距重复信号，有桩底反射信号。

（3）缩径、加泥、空洞、离析：缺陷处信号比较圆滑，且有一定宽度，与入射波同向。有桩底反射信号。

（4）扩径信号：缺陷处信号比较圆滑，且有一定宽度，与入射波反向。有桩底反射信号。

（5）桩身浅部严重缺陷信号：信号特征属减谐振荡波。采用更窄脉冲击振方式，可反映出缺陷位置。

（6）双峰或多峰信号：桩顶可能存在裂缝或断桩缺陷。解决方法：更换传感器安装位置或更换敲击位置，观察缺陷信号是否消失，消失属信号采集问题；未消失则属桩顶存在缺陷。

（7）桩顶扩径桩信号：入射波信号后段幅值等于或大于入射波信号前段幅值。

（8）桩身自由端（在空气中）：一般桩底反射信号幅值等于或大于入射波敲击信号幅值。主要原因是由于桩在空气环境，没有土的阻尼效应，振动波传递过程中，不存在造成信号明显衰减的因素，且存在信号多次反射叠加效果。

（9）扩底桩：桩底反射信号与入射波信号反向。扩底桩、嵌岩桩的桩底反射信号与入射波敲击信号反向，其原因是扩底或嵌岩部位的横截面尺寸大于桩身截面尺寸，即类似于扩径。

（10）漂移信号：信号尾部不归零。若某场地所有桩均出现此现象，检查传感器是否已损坏。

（11）含有干扰的信号：信号特征属锯齿波信号。解决方法：排除现场干扰信号源，观察信号是否改善。

2. 室内信号分析

现场采集信号传入室内电脑，应用分析软件进行分析处理。信号处理方式如下。

（1）高频滤波（低通滤波）：滤除采集信号中的高频干扰部分。

（2）低频滤波（高通滤波）：滤除采集信号中的低频干扰部分。

（3）指数放大：可使桩身缺陷信号、桩底反射信号更明显。

（4）信号转角归零：可对个别漂移信号旋转调整，再进行分析。

（5）平滑处理：可使部分干扰信号消除（注：此处理可能将缺陷信号减弱或消除，慎用!）。

经过以上信号处理后，信号曲线可观性变好；缺陷变明显；桩底反射信号变明显。

3. 部分缺陷对应曲线

部分缺陷对应曲线见图 15-2。

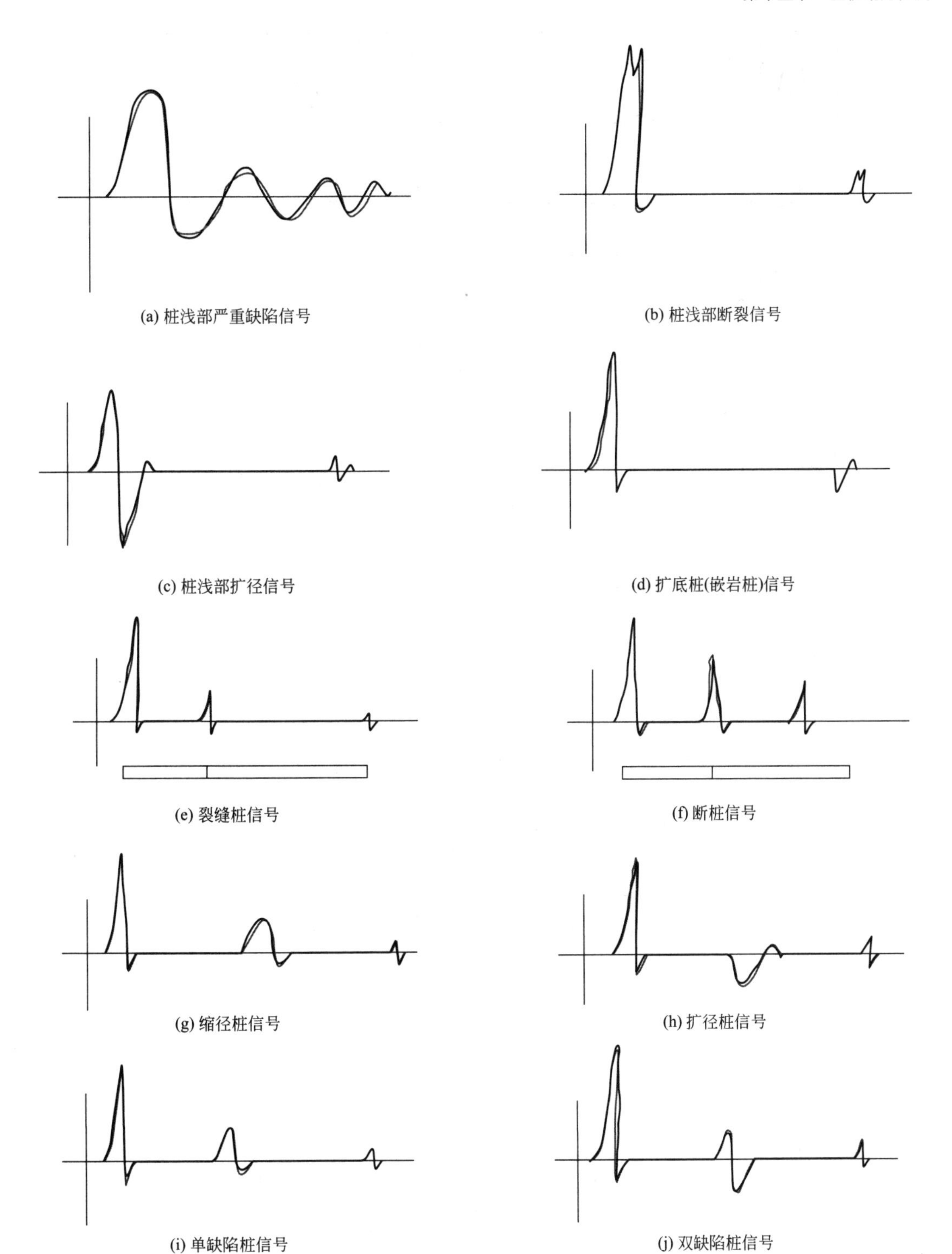

图 15-2　部分桩身缺陷曲线图

4. 低应变曲线实例

某考试用基地有 20 根桩，实测信号曲线可供参考。

图 15-3 列出某考试用基地的完整桩和人工造成的缺陷桩的实测信号曲线与桩模型。实际检测中，可与此曲线参考对照。

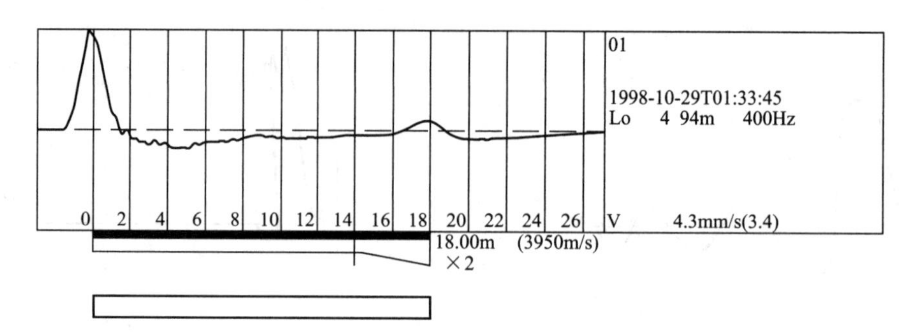

(a) 钻孔灌注桩，完好桩

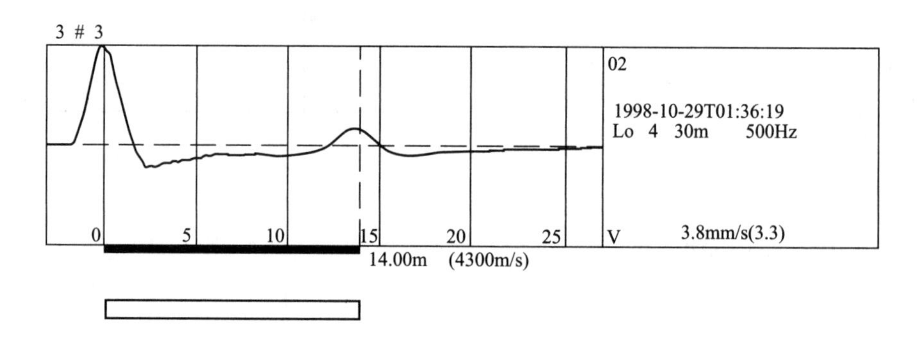

(b) 钻孔灌注桩，完好桩

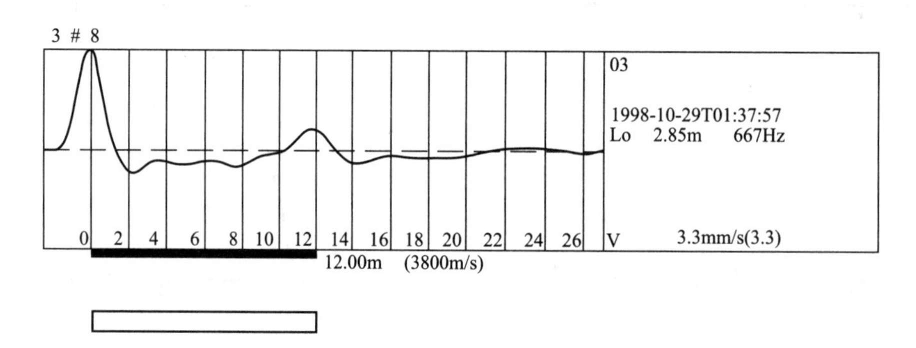

(c) 钻孔灌注桩，完好桩

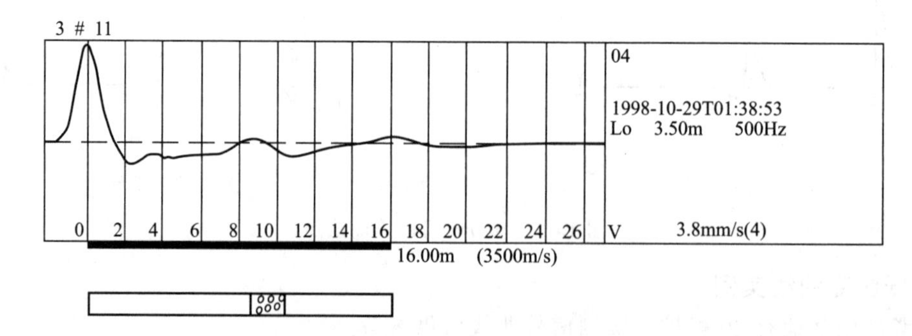

(d) 钻孔灌注桩，9m离析

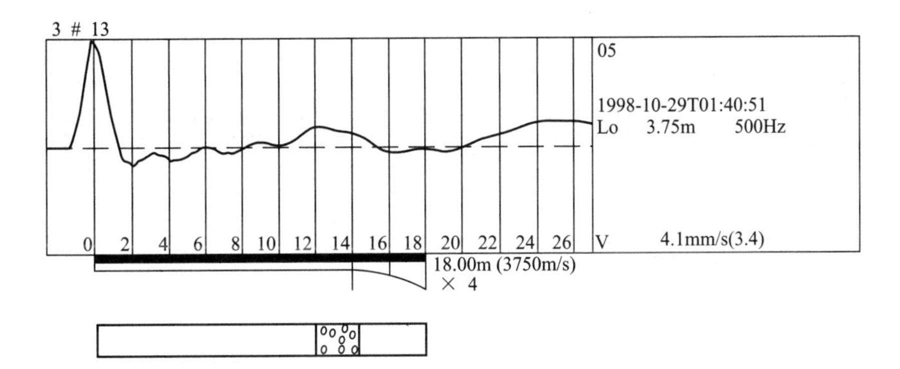

(e) 钻孔灌注桩,12m离析

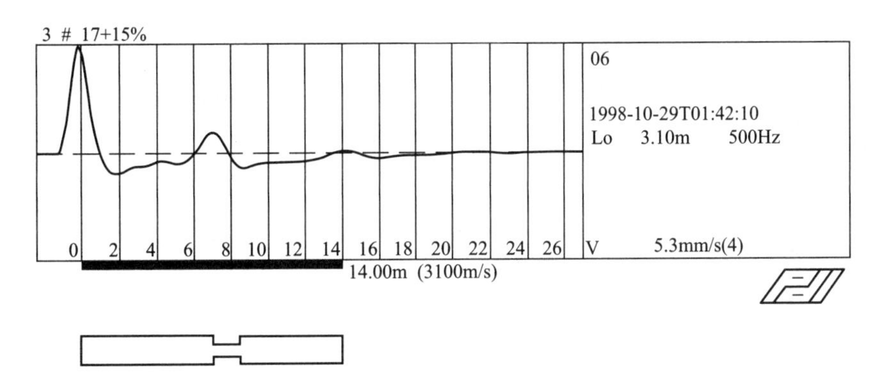

(f) 钻孔灌注桩,7.2m缩径

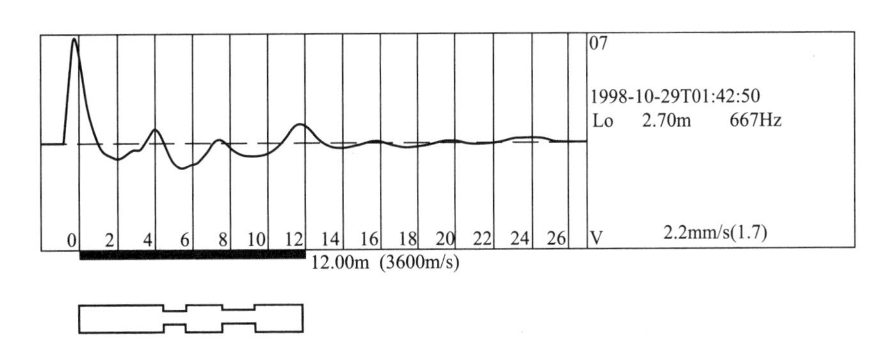

(g) 钻孔灌注桩,4.1m、7.6m缩径

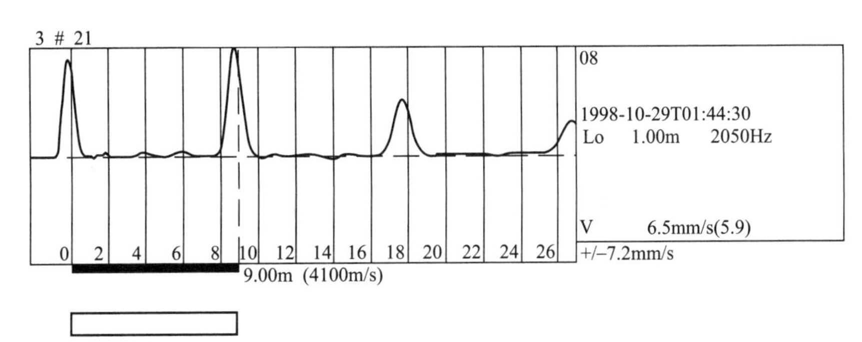

(h) 预制方桩,完好桩

图 15-3

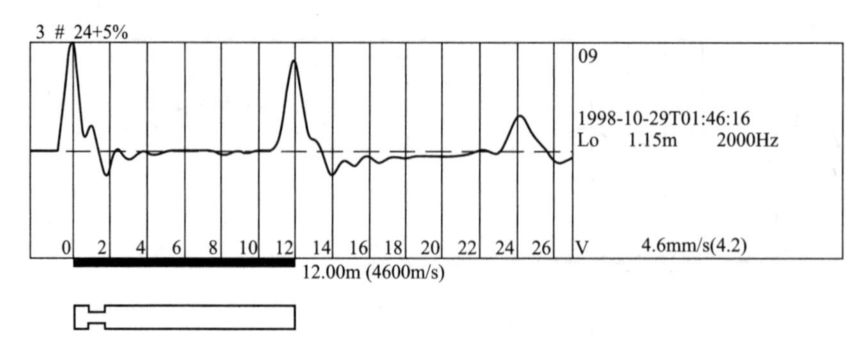

(i) 预制方桩,1.5m缩径

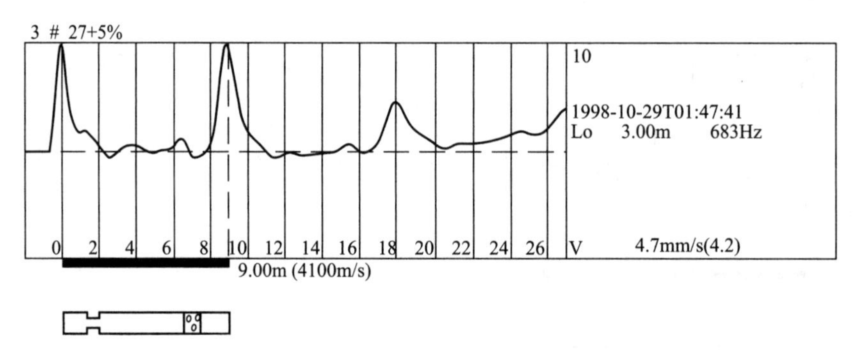

(j) 预制方桩,1.5m缩径、6.6m离析

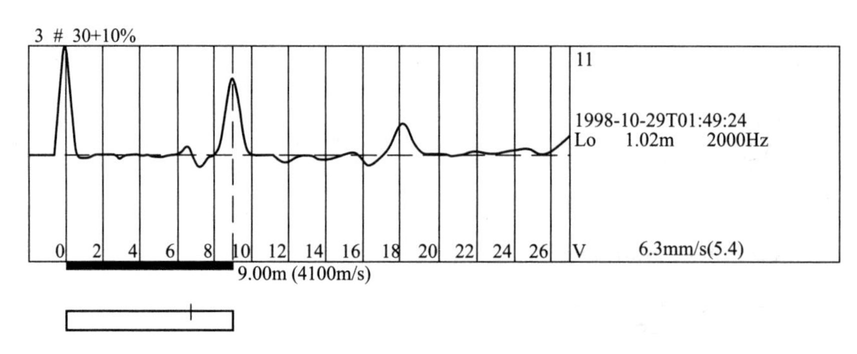

(k) 预制方桩,6.5m裂缝

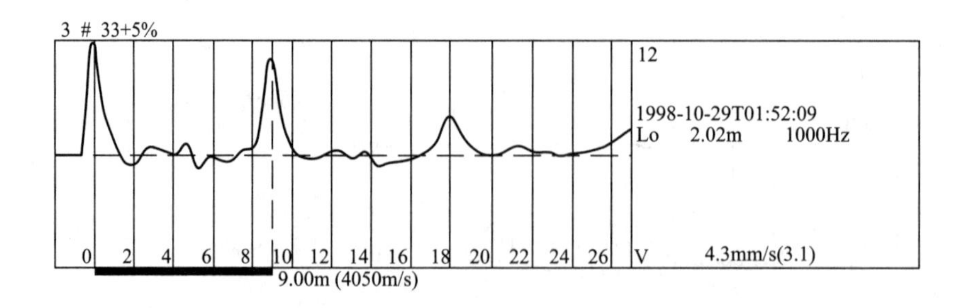

(l) 预制方桩,1.0m离析、4.8m缩径

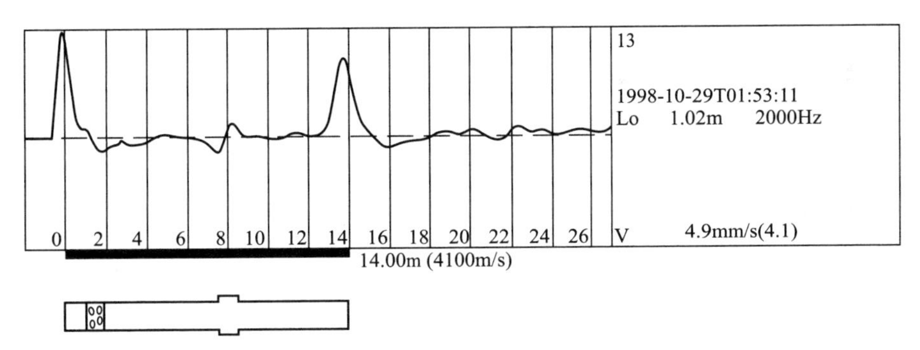

(m) 预制方桩,1.4m离析、7.5m扩径

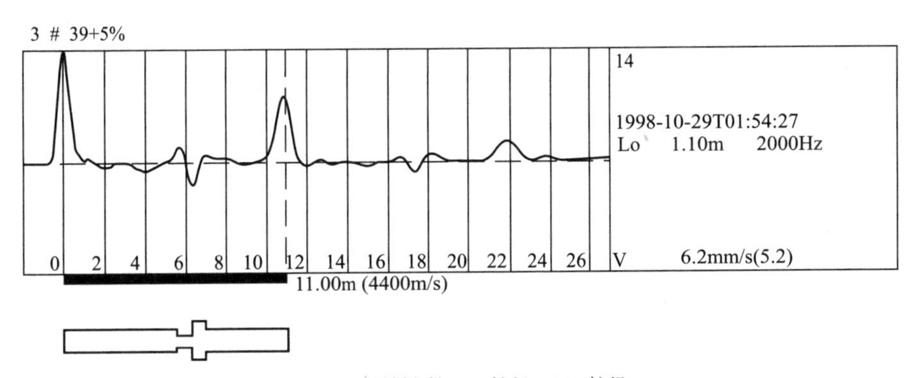

(n) 预制方桩,5.8m缩径、6.3m扩径

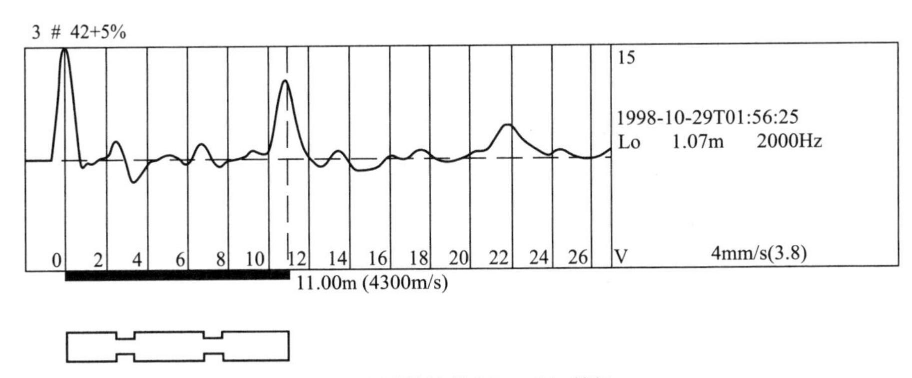

(o) 预制方桩,2.8m、6.9m缩径

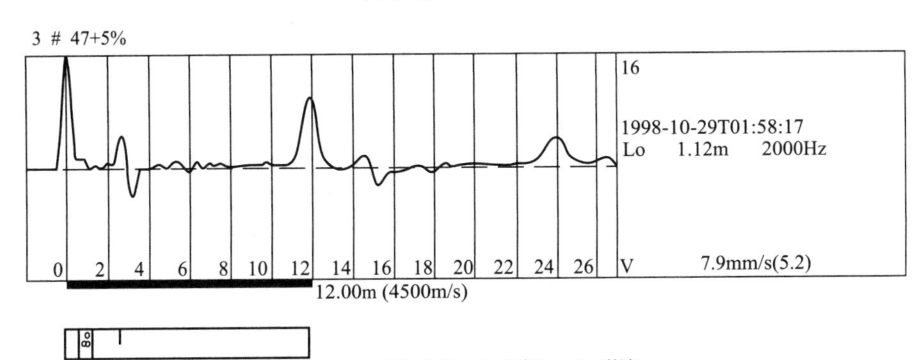

(p) 预制方桩,1.6m离析、2.9m裂缝

图 15-3

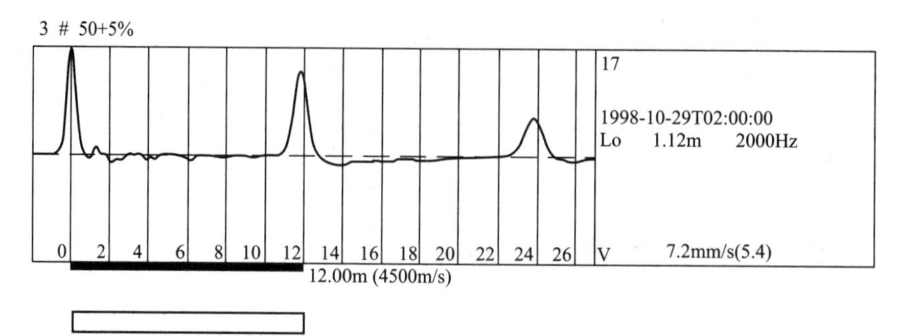

(q) 预制方桩，完好桩

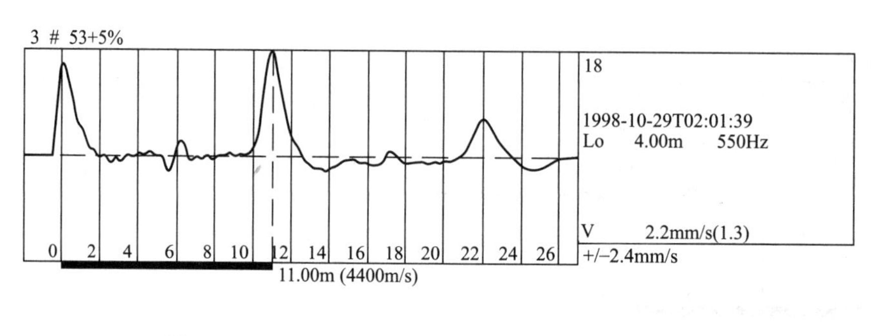

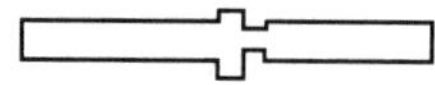

(r) 预制方桩,5.6m扩径、6.3m缩径

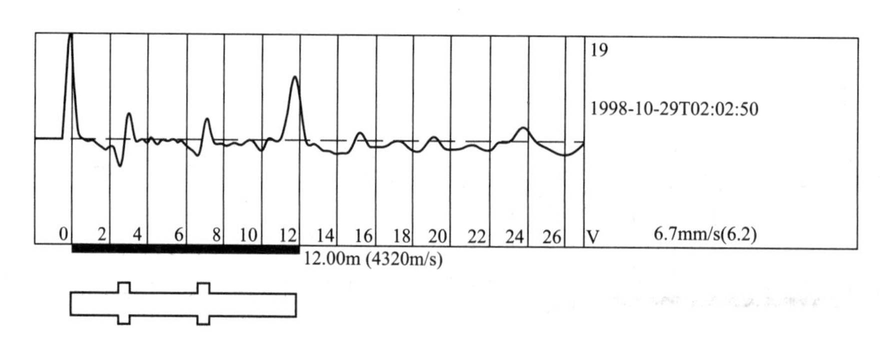

(s) 预制方桩,2.8m、6.8m扩径

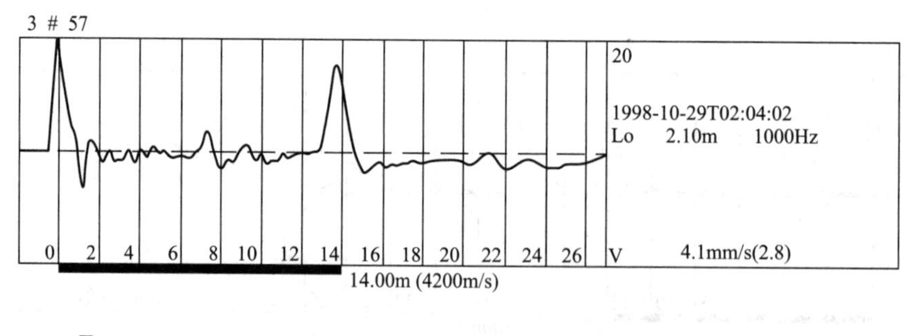

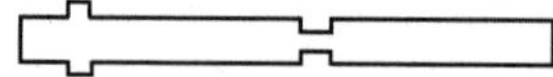

(t) 预制方桩,1.5m扩径、7.2m缩径

图 15-3　某考试基地模型桩与缺陷情况

第二节　高应变检测

一、一般规定

（1）本方法适用于检测基桩的竖向抗压承载力和桩身完整性；监测预制桩打入时的桩身应力和锤击能量传递比，为选择沉桩工艺参数及桩长提供依据。

（2）进行灌注桩的竖向抗压承载力检测时，应具有现场实测经验和本地区相近条件下的可靠对比验证资料。

（3）拟合计算的桩数不应少于检测总桩数的30%，且不应少于3根。

（4）对于大直径扩底桩和预估 *Q-S* 曲线具有缓变型特征的大直径灌注桩，不宜采用本方法进行竖向抗压承载力检测。

二、仪器、设备

（1）检测仪器的主要技术性能指标不应低于现行行业标准《基桩动测仪》（JG/T 3055）规定的2级标准。

（2）高应变检测专用锤击设备应具有稳定的导向装置。重锤应形状对称、高径（宽）比不得小于1。

（3）锤击设备可采用筒式柴油锤、液压锤、蒸汽锤等具有导向装置的打桩机械，但不得采用导杆式柴油锤、振动锤。

（4）当采取落锤上安装加速度传感器的方式实测锤击力时，重锤的高径（宽）比应在1.0～1.5。

（5）采用高应变法进行承载力检测时，锤的重量与单桩竖向抗压承载力特征值的比值不得小于0.02。

（6）当作为承载力检测值的灌注桩桩径大于600mm或混凝土桩桩长大于30m时，尚应对桩径或桩长增加引起的桩-锤匹配能力下降进行补偿，在符合1%极限值的锤重前提下进一步提高检测用锤的重量。

（7）桩的贯入度可采用精密水准仪等仪器测定。

三、现场检测

1. 检测准备

检测前的准备工作应符合下列规定。

（1）对于不满足休止时间的预制桩，应根据本地区经验，合理安排复打时间，确定承载力的时间效应。

（2）桩顶面应平整，桩顶高度应满足锤击装置的要求，桩锤重心应与桩顶对中，锤击装置架立应垂直。

（3）对不能承受锤击的桩头应进行加固处理，混凝土桩的桩头处理应符合有关规定。

（4）传感器的安装应在桩顶以下两倍桩径水平位置安装，且桩两侧传感器应对称固定在桩身上，应变传感器和加速度传感器的水平距离不宜大于80mm。

（5）安装应变传感器时，应对其初始应变值进行监测；安装后的传感器初始应变不应过大，锤击时传感器的可测轴向变形余量的绝对值应符合下列规定。

① 混凝土桩不得小于100$\mu\varepsilon$。

② 钢桩不得小于1500$\mu\varepsilon$。

（6）桩头顶部应设置桩垫，桩垫可采用10～30mm厚的木板或胶合板等材料。

2. 检测参数设定

参数设定和计算，应符合下列规定。

（1）采样时间间隔宜为50～200μs，信号采样点数不宜少于1024点。

（2）传感器的设定值应按计量检定或校准结果设定。

（3）自由落锤安装加速度传感器测力时，力的设定值由加速度传感器设定值与重锤质量的乘积确定。

（4）测点处的桩截面尺寸应按实际测量确定。

（5）测点以下桩长和截面积可采用设计文件或施工记录提供的数据作为设定值。

（6）桩身材料质量密度应按表15-3取值。

表15-3　桩身材料质量密度　　单位：t/m^3

钢桩	混凝土预制桩	离心管桩	混凝土灌注桩
7.85	2.45～2.50	2.55～2.60	2.40

（7）桩身波速可结合本地经验或按同场地同类型已检桩的平均波速初步设定，现场检测完成后应进行调整。

（8）桩身材料弹性模量应按式(15-7)计算

$$E=\rho c^2 \tag{15-7}$$

式中　E——桩身材料弹性模量，kPa；

c——桩身应力波传播速度，m/s；

ρ——桩身材料质量密度，t/m^3。

3. 现场采集

现场检测应符合下列规定。

（1）交流供电的测试系统应良好接地，检测时测试系统应处于正常状态。

（2）采用自由落锤为锤击设备时，应符合重锤低击原则，最大锤击落距不宜大于2.5m。

（3）试验目的为确定预制桩打桩过程中的桩身应力、沉桩设备匹配能力和选择桩长时，应满足以下规定：

① 桩身锤击应力监测时应满足：被监测的桩型和施工设备、工艺，应与工程桩型和施工设备工艺相同；监测内容应包括桩身拉、压应力。

② 最大应力值监测宜满足：最大拉应力宜在预计桩端进入软土层或穿过硬层进入软层时测试；最大压应力宜在桩端进入硬层或桩侧阻力较大时测试。

③ 拉应力计算见式(15-8)

$$\sigma_t=\frac{1}{2}A\left[F\left(t_1+2\frac{L}{c}\right)-ZV\left(t_1+2\frac{L}{c}\right)+F\left(t_1+\frac{2L-2x}{c}\right)+ZV\left(t_1+\frac{2L-2x}{c}\right)\right] \tag{15-8}$$

式中　σ_t——深度x处的桩身锤击拉应力，kPa；

x——传感器安装点至计算点的深度，m；

A——桩身截面面积，m^3。

④ 最大拉应力的深度位置应与式(15-8)的最大拉应力相对应。

⑤ 最大压应力计算见式(15-9)

$$\sigma_p=\frac{F_{max}}{A} \tag{15-9}$$

式中　σ_p——最大压应力，kPa；

F_{max}——实测的最大锤击力，kN。

当打桩过程中突然出现贯入度骤减甚至拒锤时，应考虑与桩端接触的硬层对桩身锤击压应力的放大作用。

⑥ 锤击能量计算见式(15-10)

$$E_n=\int_0^{t_e}FV\mathrm{d}t \tag{15-10}$$

式中　E_n——锤实际传递给桩的能量，kJ；

F——力；

V——速度；

t_e——采样结束的时刻，s。

⑦ 桩锤最大动能宜通过测定锤芯最大运动速度确定。

⑧ 桩锤传递比按锤实际传递给桩的能量与锤额定能量的比值确定。

(4) 现场信号采集时，应检查采集信号的质量，并根据桩顶最大动位移、贯入度、桩身最大拉应力、桩身最大压应力、缺陷程度及其发展情况等，综合确定每根受检桩记录的有效锤击信号数量。

(5) 发现测试波形紊乱，应分析原因；桩身有明显缺陷或缺陷程度加剧，应停止检测。

(6) 承载力检测时应实测桩的贯入度，单击贯入度宜为2～6mm。

四、检测数据分析推断

1. 检测信号选择

(1) 检测承载力时选取锤击信号，宜取锤击能量较大的击次。

(2) 当出现下列情况之一时，高应变锤击信号不得作为承载力分析计算的依据。

① 传感器安装处混凝土开裂或出现严重塑性变形使力曲线最终未归零。

② 严重锤击偏心，两侧力信号幅值相差超过1倍。

③ 四通道测试数据不全。

2. 参数调整

(1) 桩底反射明显时，桩身波速可根据速度波第一峰起升沿的起点到速度反射峰起升或下降沿的起点之间的时差与已知桩长值确定（参见图15-4桩身波速的确定图）；桩底反射信号不明显时，可根据桩长、混凝土波速的合理取值范围以及邻近桩的桩身波速值综合确定。

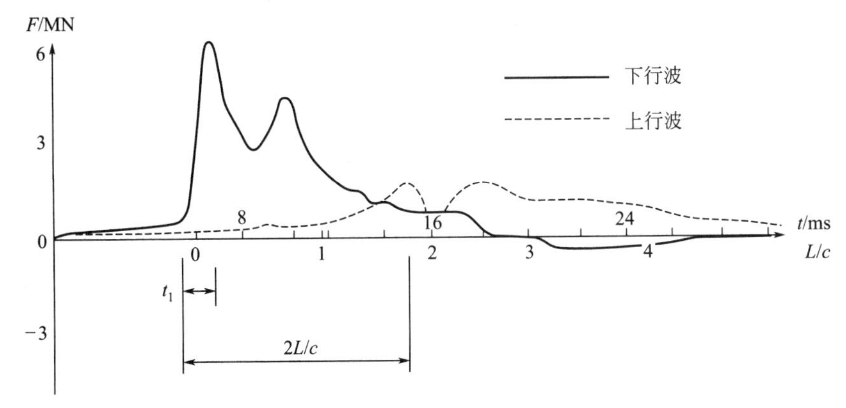

图15-4　桩身波速的确定图

(2) 桩身材料弹性模量和锤击力信号的调整应符合下列规定。

① 当测点处原设定波速随调整后的桩身波速改变时，相应的桩身材料弹性模量应按材

料弹性模量计算公式重新计算。

② 对于采用应变传感器测量应变并由应变换算冲击力的方式，当原始力信号按速度单位存储时，桩身材料弹性模量调整后尚应对原始实测力值校正。

③ 对于采用自由落锤安装加速度传感器实测锤击力的方式，当桩身材料弹性模量或桩身波速改变时，不得对原始实测力值进行调整，但应扣除响应传感器安装点以上的桩头惯性力的影响。

(3) 高应变实测的力和速度信号第一峰起始段不成比例时，不得对实测力或速度信号进行调整。

(4) 承载力分析计算前，应结合地基条件、设计参数，对下列实测波形特征进行定性检查。

① 实测曲线特征反映出的桩承载性状。

② 桩身缺陷程度和位置，连续锤击时缺陷的扩大或逐步闭合情况。

(5) 出现下列情况之一时，应采用静载试验方法进一步验证。

① 桩身存在缺陷，无法判定桩的竖向承载力。

② 桩身缺陷对水平承载力有影响。

③ 触变效应的影响，预制桩在多次锤击下承载力下降。

④ 单击贯入度大，桩底同向反射强烈且反射峰较宽，侧阻力波、端阻力波反射弱，波形表现出的桩竖向承载性状明显与勘察报告中的地基条件不符合。

⑤ 嵌岩桩桩底同向反射强烈，且在时间 $2L/c$ 后无明显端阻力反射；也可采用钻芯法核验。

3. 凯司法

凯司法从行波理论出发，导出了一套以行波简洁的分析计算公式并改善了相应的测量仪器，使之能在打桩现场立即得到桩的承载力、桩身完整性、桩身应力和锤击能量传递等分析结果，其优点是具有很强的实时测量分析功能。凯司法的承载力基本计算公式及其修正方法，在概念上可视为高应变法的理论基础。

采用凯司法判定中、小直径桩的承载力，应符合下列规定。

(1) 桩身材质、截面应基本均匀。

(2) 阻尼系数 J_c 宜根据同条件下静载试验结果校核，或在已取得相近条件下的可靠对比资料后，采用实测曲线拟合法确定 J_c 值。

(3) 在同一场地、地基条件相近和桩型及其截面积相同的情况下，J_c 值的极差不宜大于平均值的 30%。

(4) 单桩承载力应按式(15-11)、式(15-12) 所列的凯司法公式计算

$$R_c=\frac{1}{2}\{(1-J_c)\cdot[F(t_1)+Z\cdot V(t_1)]+(1+J_c)\cdot[F(t_1+2L/c)-Z\cdot V(t_1+2L/c)]\} \tag{15-11}$$

$$Z=\frac{EA}{c} \tag{15-12}$$

式中 R_c——凯司法单桩承载力计算值，kN；

J_c——凯司法阻尼系数；

t_1——速度第一峰对应的时刻；

$F(t_1)$——t_1 时刻的锤击力，kN；

$V(t_1)$——t_1 时刻的质点运动速度，m/s；

Z——桩身截面力学阻抗，kN·s/m；

A——桩身截面面积，m^2；

L——测点下桩长，m。

(5) 对于 t_1+2L/c 时刻桩侧和桩端土阻力均已充分发挥的摩擦型桩，单桩竖向抗压承载力检测值可采用凯司法公式的计算值。

(6) 对于土阻力滞后于 $t_1+2\dfrac{L}{c}$ 时刻明显发挥或先于 $t_1+2\dfrac{L}{c}$ 时刻发挥并产生桩中上部强烈反弹这两种情况，宜分别采用下列方法对凯司法公式的计算值进行提高修正，得到单桩竖向抗压承载力检测值。

① 将 t_1 延时，确定 R_c 的最大值。

② 计入卸载回弹的土阻力，对 R_c 值进行修正。

4. 拟合法

实测曲线拟合法是通过波动问题数值计算，反演确定桩和土的力学模型及其参数值。其过程为：假定各桩单元的桩和土力学模型及模型参数，利用实测的速度（或力、上行波、下行波）曲线作为输入边界条件数值求解波动方程，反算桩顶的力（或速度、下行波、上行波）曲线。若计算的曲线与实测曲线不吻合，说明假设的模型或其参数不合理，应有针对性地调整模型及参数再行计算，直至计算曲线与实测曲线（以及贯入度的计算值与实测值）的吻合程度良好且不易进一步改善为止。

采用实测曲线拟合法判定桩承载力，应符合下列规定。

(1) 所采用的力学模型应明确、合理，桩和土的力学模型应能分别反映桩和土的实际力学性状，模型参数的取值范围应能限定。

(2) 拟合分析选用的参数应在岩土工程的合理范围内。

(3) 曲线拟合时间段长度在 t_1+2L/c 时刻后延续时间不应小于 20ms；对于柴油锤打桩信号，在 t_1+2L/c 时刻后延续时间不应小于 30ms。

(4) 各单元所选用的土的最大弹性位移 s_q 值不应超过相应桩单元的最大计算位移值。

(5) 拟合完成时，土阻力响应区段的计算曲线与实测曲线应吻合，其他区段的曲线应基本吻合。

(6) 贯入度的计算值应与实测值接近。

(7) 单桩竖向抗压承载力特征值 R_a 应按实测曲线拟合法得到的单桩竖向抗压承载力检测值的 50%取值。

5. 完整性判别

高应变检测桩身完整性具有锤击能量大，可对缺陷程度直接定量计算，连续锤击可观察缺陷的扩大和逐步闭合情况等优点。但和低应变法一样，检测的仍是桩身阻抗变化，一般不宜判定缺陷性质。在桩身情况复杂或存在多处阻抗变化时，可优先考虑实测曲线拟合法判定桩身完整性。

(1) 桩身完整性可采用下列方法进行判定。

① 采用实测曲线拟合法判定时，拟合所选用的桩、土参数应按承载力拟合时的有关规定选取；根据桩的成桩工艺，拟合时可采用桩身阻抗拟合或桩身裂隙以及混凝土预制桩的接桩缝隙拟合。

② 等截面桩且缺陷深度 x 以上部位的土阻力 R_x 未出现卸载回弹时，桩身完整性系数 β 和桩身缺陷位置 x 应分别按式(15-13)、式(15-14) 列式计算，桩身完整性可按 β 值判定桩身完整性表，并结合经验进行判定。

$$\beta=\frac{F(t_1)+F(t_x)+Z\cdot[V(t_1)-V(t_x)]-2R_x}{F(t_1)-F(t_x)+Z\cdot[V(t_1)+V(t_x)]} \qquad (15\text{-}13)$$

$$X = c \cdot \frac{t_x - t_1}{2000} \tag{15-14}$$

式中　t_x——缺陷反射峰对应的时刻，ms；

x——桩身缺陷至传感器安装点的距离，m；

R_x——缺陷以上部位土阻力的估计值，等于缺陷反射波起始点的力与速度乘以桩身截面力学阻抗之差值；

β——桩身完整性系数，其值等于缺陷 x 处桩身截面阻抗与 x 以上桩身截面阻抗的比值。β 值判定桩身完整性表见表 15-4。

表 15-4　β 值判定桩身完整性表

类别	β 值	类别	β 值
Ⅰ	$\beta=1.0$	Ⅲ	$0.6\leqslant\beta<0.8$
Ⅱ	$0.8\leqslant\beta<1.0$	Ⅳ	$\beta<0.6$

(2) 出现下列情况之一时，桩身完整性宜按地基条件和施工工艺，结合实测曲线拟合法或其他检测方法综合判定。桩身完整性系数计算见图 15-5。

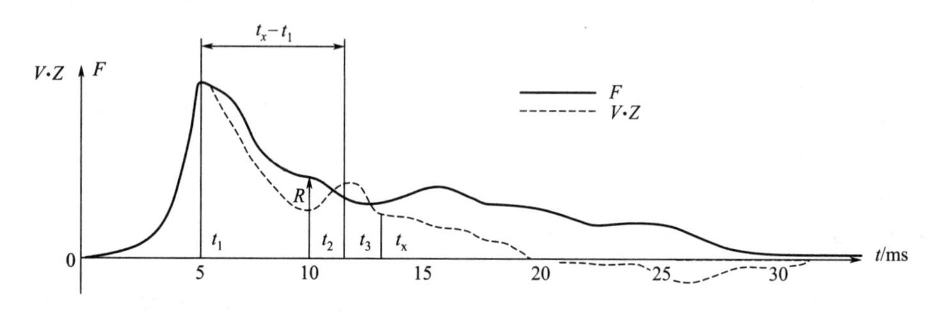

图 15-5　桩身完整性系数计算

① 桩身有扩径。

② 混凝土灌注桩桩身截面渐变或多变。

③ 力和速度曲线在第一峰附近不成比例，桩身浅部有缺陷。

④ 锤击力波上升缓慢。

⑤ 桩身完整性判定方法中：缺陷深度 x 以上部位的土阻力 R_x 出现卸载回弹。

(3) 桩身最大锤击拉、压应力和桩锤实际传递给桩的能量，应分别按以下公式进行计算。

① 最大锤击拉应力的计算见式(15-15)

$$\sigma_t = \frac{1}{2}A\left[F\left(t_1+\frac{2L}{c}\right)-Z\times V\left(t_1+\frac{2L}{c}\right)+F\left(t_1+\frac{2L-2x}{c}\right)+Z\times V\left(t_1+\frac{2L-2x}{c}\right)\right] \tag{15-15}$$

式中　σ_t——深度 x 处的桩身锤击拉应力，kPa；

x——传感器安装至计算点的深度，m；

A——桩身截面面积，m^2。

② 最大锤击拉应力的计算见式(15-16)

$$\sigma_p = \frac{F_{max}}{A} \tag{15-16}$$

式中　σ_p——最大锤击压应力，kPa；

F_{max}——实测的最大锤击力，kN。

③ 锤击能量的计算见式(15-17)

$$E_n = \int_0^{t_e} FV dt \tag{15-17}$$

式中　E_n——锤击能量，kJ；

t_e——采集结束的时刻，s。

五、检测报告

检测报告所含内容如下。

1. 工程信息

(1) 工程名称与地点。

(2) 建设、勘察、设计、监理、施工单位。

(3) 建筑物概况与基础形式。

(4) 检测要求和检测数量。

(5) 受检桩型尺寸。

(6) 地质条件。

2. 检测

(1) 检测日期时间。

(2) 检测使用设备、仪器型号和编号。

(3) 选择的检测方法，依据的规范、规程。

(4) 检测结果表。

(5) 检测结果判定以及扩大检测依据。

3. 检测结论

(1) 检测评价结论。

(2) 建议。

4. 附件

包括带有检测桩位、桩号、检测要求的桩位平面图；每根所检测桩的实测的力与速度信号曲线；检测工作照片。

第十六章 基桩声波透射检测

第一节 声波与声波透射检测

声波是在介质中传播的机械波，依据波动频率的不同，声波可分为次声波（0～20Hz）、可闻声波（20Hz～20kHz）、超声波（20kHz～10GHz）、特超声波（>10GHz）。用于混凝土声波透射法检测的声波主频率一般为20～250kHz。

按声波换能器通道的桩体中不同的布置方式，声波透射法检测混凝土灌注桩可分为三种方法。

一、桩内跨孔透射法

在桩内预埋两根或两根以上的声测管，把发射、接收换能器分别置于两管道中。检测时声波由发射换能器发出，穿透两管间的混凝土后被接收换能器接收，实际有效检测范围为声波脉冲从发射换能器到接收换能器所扫过的面积。根据两换能器高程的变化又可分为平测、斜测、伞形扫测等方式。

二、桩内单孔透射法

在某些特殊情况下只有一个孔道可供检测使用，例如钻孔取芯后，如需进一步了解芯样周围混凝土的质量，作为钻芯检测的补充手段，这时可采用单孔检测法。此时，换能器放置于一个孔中，换能器间用隔声材料隔离（或采用专用的一发双收换能器）。声波从发射换能器出发经耦合水进入孔壁混凝土表层，并沿混凝土表层滑行一段距离后，再经耦合水分别到达两个接收换能器上，从而测出声波沿孔壁混凝土传播时的各项声学参数。

单孔透射法检测时，由于声传播路径较跨孔法复杂得多，须采用信号分析技术，当孔道中有钢制套管时，由于钢管影响声波在孔壁混凝土中的绕行，故不能采用此方法。单孔检测时，有效检测范围一般认为是一个波长左右（8～10cm）。

三、桩外孔透射法

当桩的上部结构已施工或桩内没有换能器通道时，可在桩外紧贴桩边的土层中钻一孔作为检测通道，由于声波在土中衰减很快，因此桩外孔应尽量靠近桩身。检测时在桩顶面放置一发射功率较大的平面换能器，接收换能器从桩外孔中自上而下慢慢放下。声波沿桩身混凝土向下传播，并穿过桩与孔之间的土层，通过孔中耦合水进入接收换能器，逐点测出透射声波的声学参数。当遇到断桩或夹层时，该处以下各测点声时明显增大，波幅急剧下降，以此为判断依据。这种方法受仪器发射功率的限制，可测桩长十分有限，且只能判断夹层、断桩、缩径等缺陷，另外灌注桩桩身剖面几何形状往往不规则，给测试和分析带来困难。

以上三种方法中，桩内跨孔透射法是较成熟的、可靠的、常用的方法，是声波透射检测灌注桩混凝土质量最主要的形式。另外两种方法在检测过程的实施、数据的分析和判断上均存在不少困难，检测方法的实用性、检测结果的可靠性均较低。

第二节　声速与波幅

声波透射法的实测量包括声时（导出声速）和波幅两个量。声速和波幅检测值反映出混凝土的不同参数，通过这些参数可判断混凝土的密实度、强度、连续性等性质。

一、声速

声速与混凝土的强度存在相关性，混凝土越密实、孔隙率越低，反映其强度越高，其声速越高。所以，声速是分析桩身质量的一个重要参数。通过声速判断桩身质量有两种方法：概率法和声速低限法。

1. 概率法

由随机误差引起的混凝土质量波动符合正态分布。即正常混凝土声学参数的波动符合正态分布规律。存在缺陷的混凝土波动则偏离正态分布。

2. 声速低限法

通过某测点声速值和所有测点声速平均值进行偏离程度比较，反映该点混凝土质量。但当所有混凝土声速偏低时（如混凝土未达到龄期时检测），可能造成偏离程度低。所以应该在混凝土达到龄期后进行检测。

二、波幅

声波波幅是表征声波穿透混凝土后能量衰减程度的指标。当混凝土存在质量缺陷时，由于缺陷部位对波幅传递造成衰减过大，使声波波幅明显下降。所以波幅也是反映混凝土质量的重要指标之一，且波幅对缺陷的反映比声速值更加敏感。

由于首波波幅对缺陷的反映比声速更敏感，且波幅测试值又受仪器设备、测距、耦合剂等非缺陷因素的影响，因而波幅测试值不如声速测试值稳定。

第三节　声波透射检测的规定

一、一般规定

（1）声波透射检测法适用于混凝土灌注桩的桩身完整性检测，判定桩身缺陷的位置、范围和程度。

（2）当出现下列情况之一时，不得采用声波透射检测法对整桩的桩身完整性进行评定。

① 声测管未沿桩身通长配置。

② 声测管堵塞导致检测数据不全。

③ 对于桩径小于 0.6m 的桩，不宜采用本方法进行桩身完整性检测。

二、仪器设备

1. 声波发射与接收换能器的相关规定

（1）圆柱状径向换能器沿径向振动无指向性。

(2) 外径应小于声测管内径，有效工作段长度不得大于 150mm。

(3) 谐振频率应为 30～60kHz。

(4) 水密性应满足 1MPa 水压不渗水。

2. 声波检测仪的功能要求

(1) 实时显示和记录接收信号时程曲线以及频率测量或频谱分析。

(2) 最小采样时间间隔应≤0.5μs，系统频带宽度应为 1～200kHz，声波幅值测量相对误差应小于 5%，系统最大动态范围不得小于 100dB。

(3) 声波发射脉冲应为阶跃或矩形脉冲，电压幅值应为 200～1000V。

(4) 首波实时显示。

(5) 自动记录声波发射与接收换能器位置。

3. 声测管的相关规定

声测管应符合下列规定。

(1) 声测管内径应大于换能器外径。

(2) 声测管应有足够的径向刚度，声测管材料的温度系数应与混凝土接近。

(3) 声测管应下端封闭、上端加盖、管内无异物；声测管连接处应光顺过渡，管口应高出混凝土顶面 100mm 以上。

(4) 浇筑混凝土前应将声测管有效固定。

(5) 声测管应沿钢筋笼内侧呈对称形状布置，并依次编号。

4. 声测管埋设数量

依据桩径 D，埋设声测管数量应符合下列规定。

(1) $D \leqslant 800$mm 时，不得少于 2 根声测管。

(2) 当 800mm$<D\leqslant$1600mm 时，不得少于 3 根声测管。

(3) 当 $D>1600$mm 时，不得少于 4 根声测管。

(4) 当 $D>2500$mm 时，宜增加预埋声测管数量。

第四节 现场检测

一、现场准备工作

现场检测开始时应符合以下规定。

(1) 当采用声波投射检测时，受检桩混凝土强度不应低于设计强度的 70%，且不应低于 15MPa。

(2) 采用率定法确定仪器系统延迟时间。

(3) 计算声测管及耦合水层声时修正值。

(4) 在桩顶测量各声测管外壁间净距离。

(5) 将各声测管内注满清水，检查声测管畅通情况；换能器应能在声测管全程范围内正常升降。

二、检测方法选择

现场平测、斜测、伞形扫测应符合下列规定。

(1) 发射与接收声波换能器应通过深度标志分别置于两根声测管中。

(2) 平测时，声波发射与接收声波换能器应始终保持相同深度；斜测时，声波发射与接收声波换能器应始终保持固定高差，且两个换能器中点连线的水平夹角不应大于 30°，见图 16-1。

(3) 声波发射与接收换能器应从桩底向上同步提升，声测线间距不应大于 100mm，提升过程中，应校核换能器的深度和校正换能器的高差，并确保测试波形的稳定性，提升速度不宜大于 0.5m/s。

(4) 应实时显示、记录每条声测线的信号时程曲线，并读取首波声时、幅值；当需要采用信号主频值作为异常声测线辅助判据时，尚应读取信号的主频值；保存检测数据的同时，应保存波列图信息。

(5) 同一受检剖面的声测线间距、声波发射电压和仪器设置参数应保持不变。

(6) 在桩身质量可疑的声测线附近，应采用增加声测线或采用扇形扫测、交叉斜测、CT 影像技术等方式，进行复测和加密测试，确定缺陷的位置和空间分布范围，排除因声测管耦合不良等非桩身缺陷因素导致的异常声测线。采用扇形扫测时，两个换能器中点连线的水平夹角不应大于 40°，见图 16-2。

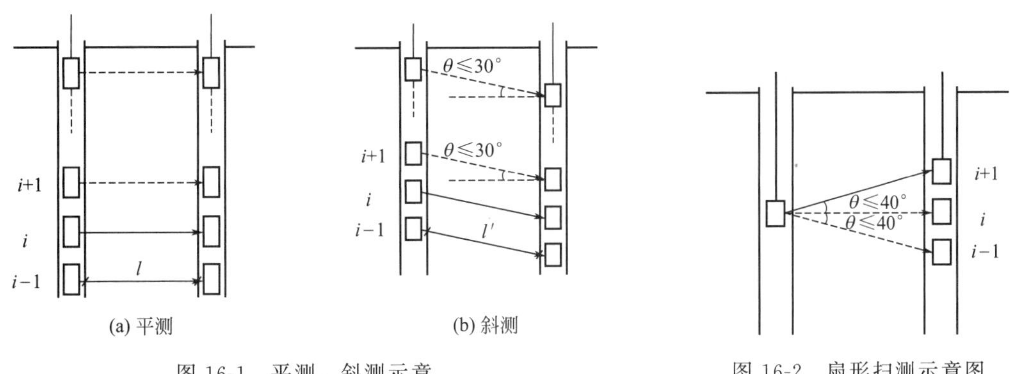

图 16-1　平测、斜测示意

图 16-2　扇形扫测示意图

第五节　检测数据的分析与判定

(1) 当因声测管倾斜导致声速数据有规律地偏高或偏低变化时，应先对管距进行合理修正，然后对数据进行统计分析。当实测数据明显偏离正常值而又无法进行合理修正时，检测数据不得作为评价桩身完整性的依据。

(2) 平测时各声测线的声时、声速、波幅及主频，应根据现场检测数据分别按式(16-1)～式(16-4) 计算，并绘制声速-深度曲线和波幅-深度曲线，也可绘制辅助的主频-深度曲线以及能量-深度曲线。

$$t_{ci}(j)=t_i(j)-t_0-t' \tag{16-1}$$

$$v_i(j)=\frac{l_i'(j)}{t_{ci}(j)} \tag{16-2}$$

$$A_{pi}(j)=20\lg\frac{a_i(j)}{a_0} \tag{16-3}$$

$$f_i(j)=\frac{1000}{T_i(j)} \tag{16-4}$$

式中　i——声测线编号，应对每个检测剖面自下而上（或自上而下）连续编号；

j——检测剖面编号；

$t_{ci}(j)$——第 j 检测剖面第 i 声测线声时，μs；

$t_i(j)$——第 j 检测剖面第 i 声测线声时测量值，μs；

t_0——仪器系统延迟时间，μs；

t'——声测管及耦合水层声时修正值，μs；

$l_i'(j)$——第 j 检测剖面第 i 声测线的两声测管的外壁间净距离，mm，当两声测管基本平行时，可取为两声测管管口的外壁间净距离；斜测时，$l_i'(j)$ 为声波发射和接收换能器各自中点对应的声测管外壁处之间的净距离，可由桩顶面两声测管的外壁间净距离和发射接收声波换能器的高差计算得到；

$v_i(j)$——第 j 检测剖面第 i 声测线声速，km/s；

$A_{pi}(j)$——第 j 检测剖面第 i 声测线的首波幅值，dB；

$a_i(j)$——第 j 检测剖面第 i 声测线信号首波幅值，V；

a_0——零分贝信号幅值，V；

$f_i(j)$——第 j 检测剖面第 i 声测线信号主频值，kHz，可经信号频谱分析得到；

$T_i(j)$——第 j 检测剖面第 i 声测线信号周期，μs。

(3) 当采用平测或斜测时，第 j 检测剖面的声速异常判断概率统计值应按下列方法确定。

① 将第 j 检测剖面各声测线的声速值 $v_i(j)$ 由大到小依次按式(16-5) 排序

$$v_1(j) \geqslant v_2(j) \geqslant \cdots v_{k'}(j) \geqslant \cdots v_{i-1}(j) \geqslant v_i(j) \geqslant v_{i+1}(j) \geqslant \cdots v_{n-k}(j) \geqslant \cdots v_{n-1}(j) \geqslant v_n(j) \tag{16-5}$$

式中 $v_i(j)$——第 j 检测剖面第 i 声测线声速，$i=1, 2\cdots n$；

n——第 j 检测剖面的声测线总数；

k——拟去掉的低声速值的数据个数，$k=0, 1, 2\cdots$；

k'——拟去掉的高声速值的数据个数，$k'=0, 1, 2\cdots$。

② 对逐一去掉 $v_i(j)$ 中 k 个最小数值和 k' 个最大数值后的其余数据，按式(16-6) ～式(16-10) 进行统计计算

$$v_{01}(j)=v_{m}(j)-\lambda s_x(j) \tag{16-6}$$

$$v_{02}(j)=v_{m}(j)+\lambda s_x(j) \tag{16-7}$$

$$v_{m}(j)=\frac{1}{n-k-k'}\sum_{i=k'+1}^{n-k} v_i(j) \tag{16-8}$$

$$s_x(j)=\sqrt{\frac{1}{n-k-k'-1}\sum_{i=k'+1}^{n-k}\left[v_i(j)-v_{m}(j)\right]^2} \tag{16-9}$$

$$C_{v}(j)=\frac{s_x(j)}{v_{m}(j)} \tag{16-10}$$

式中 $v_{01}(j)$——第 j 剖面的声速异常小值判断值；

$v_{02}(j)$——第 j 剖面的声速异常大值判断值；

$v_{m}(j)$——$(n-k-k')$ 个数据的平均值；

$s_x(j)$——$(n-k-k')$ 个数据的标准差；

$C_{v}(j)$——$(n-k-k')$ 个数据的变异系数；

λ——由表 16-1 查得的与 $(n-k-k')$ 相对应的系数。

表 16-1 统计数据个数 $(n-k-k')$ 与对应的 λ 值

$n-k-k'$	10	11	12	13	14	15	16	17	18	20
λ	1.28	1.33	1.38	1.43	1.47	1.50	1.53	1.56	1.59	1.64
$n-k-k'$	20	22	24	26	28	30	32	34	36	38
λ	1.64	1.69	1.73	1.77	1.80	1.83	1.86	1.89	1.91	1.94
$n-k-k'$	40	42	44	46	48	50	52	54	56	58
λ	1.96	1.98	2.00	2.02	2.04	2.05	2.07	2.09	2.10	2.11

续表

$n-k-k'$	60	62	64	66	68	70	72	74	76	78
λ	2.13	2.14	2.15	2.17	2.18	2.19	2.20	2.21	2.22	2.23
$n-k-k'$	80	82	84	86	88	90	92	94	96	98
λ	2.24	2.25	2.26	2.27	2.28	2.29	2.29	2.30	2.31	2.32
$n-k-k'$	100	105	110	115	120	125	130	135	140	145
λ	2.33	2.34	2.36	2.38	2.39	2.41	2.42	2.43	2.45	2.46
$n-k-k'$	150	160	170	180	190	200	220	240	260	280
λ	2.47	2.50	2.52	2.54	2.56	2.58	2.61	2.64	2.67	2.69
$n-k-k'$	300	320	340	360	380	400	420	440	470	500
λ	2.72	2.74	2.76	2.77	2.79	2.81	2.82	2.84	2.86	2.88
$n-k-k'$	550	600	650	700	750	800	850	900	950	1000
λ	2.91	2.94	2.96	2.98	3.00	3.02	3.04	3.06	3.08	3.09
$n-k-k'$	1100	1200	1300	1400	1500	1600	1700	1800	1900	2000
λ	3.12	3.14	3.17	3.19	3.21	3.23	3.24	3.26	3.28	3.29

③ 按$k=0$、$k'=0$、$k=1$、$k'=1$、$k=2$、$k'=2$……的顺序，将参加统计的数列最小数据$v_{n-k}(j)$与异常小值判断值$v_{01}(j)$进行比较，当$v_{n-k}(j)\leqslant v_{01}(j)$时剔除最小数据；将最大数据$v_{k'+1}(j)$与异常大值判断值$v_{02}(j)$进行比较，当$v_{k'+1}(j)$大于等于$v_{02}(j)$时剔除最大数据，每次剔除一个数据，对剩余数据构成的数列，重复式(16-6)～式(16-10)的计算步骤，直到式(16-11)、式(16-12)成立

$$v_{n-k}(j)>v_{01}(j) \tag{16-11}$$

$$v_{k'+1}(j)<v_{02}(j) \tag{16-12}$$

④ 第j检测剖面的声速异常判断概率统计值，应按式(16-13)计算

$$v_0(j)=\begin{cases}v_m(j)(1-0.015\lambda) & 当\ C_v(j)<0.015\ 时\\ v_0(j) & 当\ 0.015\leqslant C_v(j)\leqslant 0.045\ 时\\ v_m(j)(1-0.045\lambda) & 当\ C_v(j)>0.045\ 时\end{cases} \tag{16-13}$$

式中　$v_0(j)$——第j检测剖面的声速异常判断概率统计值。

(4) 受检桩的声速异常判断临界值，应按下列方法确定。

① 应根据本地区经验，结合预留同条件混凝土试件或钻芯法获取的芯样试件的抗压强度与声速对比试验，分别确定桩身混凝土声速的低限值v_L和混凝土试件的声速平均值v_p。

② 当$v_0(j)$大于v_1且小于v_p时

$$v_c(j)=v_0(j) \tag{16-14}$$

式中　$v_c(j)$——第j检测剖面的声速异常判断临界值；

$v_0(j)$——第j检测剖面的声速异常判断概率统计值。

③ 当$v_0(j)\leqslant v_L$或$v_0(j)\geqslant v_p$时，应分析原因；第j检测剖面的声速异常判断临界值可按下列情况的声速异常判断临界值综合确定。

- 同一根桩的其他检测剖面的声速异常判断临界值；
- 与受检桩属同一工程、相同桩型且混凝土质量较稳定的其他桩的声速异常判断临界值。

④ 对只有单个检测剖面的桩，其声速异常判断临界值等于检测剖面声速异常判断临界值；对具有三个及三个以上检测剖面的桩，应取各个检测剖面声速异常判断临界值的算术平均值作为该桩各声测线的声速异常判断临界值。

(5) 声速$v_i(j)$异常应按式(16-15)判定

$$v_i(j)\leqslant v_c \tag{16-15}$$

(6) 波幅异常判断的临界值，应按式(16-16)、式(16-17)计算

$$A_{\mathrm{m}}(j)=\frac{1}{n}\sum_{j=1}^{n}A_{\mathrm{p}i}(j) \tag{16-16}$$

$$A_{\mathrm{c}}(j)=A_{\mathrm{m}}(j)-6 \tag{16-17}$$

波幅 $A_{\mathrm{p}i}(j)$ 异常应按式(16-18) 判定

$$A_{\mathrm{p}i}(j)<A_{\mathrm{c}}(j) \tag{16-18}$$

式中 $A_{\mathrm{m}}(j)$——第 j 检测剖面各声测线的波幅平均值，dB；

$A_{\mathrm{p}i}(j)$——第 j 检测剖面第 i 声测线的波幅值，dB；

$A_{\mathrm{c}}(j)$——第 j 检测剖面波幅异常判断的临界值，dB；

n——第 j 检测剖面的声测线总数。

(7) 当采用信号主频值作为辅助异常声测线判据时，主频-深度曲线上主频值明显降低的声测线可判定为异常。

(8) 当采用接收信号的能量作为辅助异常声测线判据时，能量-深度曲线上接收信号能量明显降低可判定为异常。

(9) 采用斜率法作为辅助异常声测线判据时，声时-深度曲线上相邻两点的斜率与声时差的乘积 PSD 值应按式(16-19) 计算。当 PSD 值在某深度处突变时，宜结合波幅变化情况进行异常声测线判定。

$$PSD(j,i)=\frac{[t_{ci}(j)-t_{ci-1}(j)]^2}{z_i-z_{i-1}} \tag{16-19}$$

式中 $PSD(j, i)$——声时-深度曲线上相邻两点连线的斜率与声时差的乘积，$\mu s^2/m$；

$t_{ci}(j)$——第 j 检测剖面第 i 声测线的声时，μs；

$t_{ci-1}(j)$——第 j 检测剖面第 $i-1$ 声测线的声时，μs；

z_i——第 i 声测线深度，m；

z_{i-1}——第 $i-1$ 声测线深度，m。

(10) 桩身缺陷的空间分布范围可根据以下情况判定。

① 桩身同一深度上各检测剖面桩身缺陷的分布。

② 复测和加密测试的结果。

(11) 桩身完整性类别应结合桩身缺陷处声测线的声学特征、缺陷的空间分布范围，按表 16-2 所列特征进行综合判定。

表 16-2 桩身完整性判定

类别	特征
Ⅰ	所有声测线声学参数无异常，接收波形正常； 存在声学参数轻微异常、波形轻微畸变的异常声测线，异常声测线在任一检测剖面的任一区段内纵向不连续分布，且在任一深度横向分布的数量小于检测剖面数量的 50%
Ⅱ	存在声学参数轻微异常、波形轻微畸变的异常声测线，异常声测线在一个或多个检测剖面的一个或多个区段内纵向连续分布，或在一个或多个深度横向分布的数量大于或等于检测剖面数量的 50%； 存在声学参数轻微异常、波形明显畸变的异常声测线，异常声测线在任一检测剖面的任一区段内纵向不连续分布，且在任一深度横向分布的数量小于检测剖面数量的 50%
Ⅲ	存在声学参数明显异常、波形明显畸变的异常声测线，异常声测线在一个或多个检测剖面的一个或多个区段内纵向连续分布，但在任一深度横向分布的数量小于检测剖面数量的 50%； 存在声学参数明显异常、波形明显畸变的异常声测线，异常声测线在任一检测剖面的任一区段内纵向不连续分布，但在一个或多个深度横向分布的数量大于或等于检测剖面数量的 50%； 存在声学参数严重异常、波形严重畸变或声速低于低限值的异常声测线，异常声测线在任一检测剖面的任一区段内纵向不连续分布，且在任一深度横向分布的数量小于检测剖面数量的 50%
Ⅳ	存在声学参数明显异常、波形明显畸变的异常声测线，异常声测线在一个或多个检测剖面的一个或多个区段内纵向连续分布，且在一个或多个深度横向分布的数量大于或等于检测剖面数量的 50%； 存在声学参数严重异常、波形严重畸变或声速低于低限值的异常声测线，异常声测线在一个或多个检测剖面的一个或多个区段内纵向连续分布，或在一个或多个深度横向分布的数量大于或等于检测剖面数量的 50%

注：1. 完整性类别由Ⅳ类往Ⅰ类依次判定。

2. 对于只有一个检测剖面的受检桩，桩身完整性判定应按该检测剖面代表桩全部横截的情况对待。

第六节　检测数据简单整理分析

一、声速

（1）声速的平均值 v_m、临界值 v_c：当测量 n 个剖面，去除 k 个最小值，余下的（$n-k$）个数进行平均就得到平均值；平均值减去标准差与系数 λ 的积，得到临界值。

（2）所有声速值应大于临界值。

（3）当某区域声速值小于或等于临界值，判为异常。

（4）声速低限值：由同条件混凝土试件得到的为声速低限值。小于声速低限值，判为异常。

二、波幅

（1）波幅平均值、临界值：当测量 n 个波幅值，进行平均，得到一平均值；平均值与6的差为波幅临界值。

（2）所测波幅小于临界值为异常。

三、检测结果

声波透射法检测的是声波穿透混凝土的最短路径。在桩身横断面上，两管之间形成一条直线，在桩身纵向形成剖面，故行业内根据声测管数量，可检测几个剖面。

第七节　检测报告

检测报告所含内容如下。

一、工程信息

（1）工程名称与地点；

（2）建设、勘察、设计、监理、施工单位；

（3）建筑物概况与基础形式；

（4）检测要求和检测数量；

（5）受检桩型尺寸；

（6）地质条件。

二、检测

（1）检测日期时间；

（2）检测使用设备、仪器型号和编号；

（3）选择的检测方法，依据的规范、规程；

（4）检测结果表；

（5）检测结果判定以及扩大检测依据。

三、检测结论

（1）检测评价结论；

（2）建议。

四、其他内容

（1）声测管布置图及声测剖面编号；

（2）受检桩每个检测剖面的声速-深度曲线、波幅-深度曲线，并将相应判据临界值所对应的标志线绘制于同一个坐标系。

（3）当采用主频值、PSD值或接收信号能量进行辅助分析判定时，应绘制相应的主频-深度曲线、PSD曲线或能量-深度曲线；

（4）各检测剖面实测波列图。

（5）对加密测试、扇形扫测的有关情况说明。

（6）当对管距进行修正时，应注明进行管距修正的范围及方法。

五、附件

包括带有检测桩位、桩号、检测要求的桩位平面图；检测工作照片。

第八节　检测实例

一、实例曲线

【实例1】 本例中为桥梁桩，设计要求同时进行低应变和声波透射完整性检测。实例曲线见图16-3～图16-11。

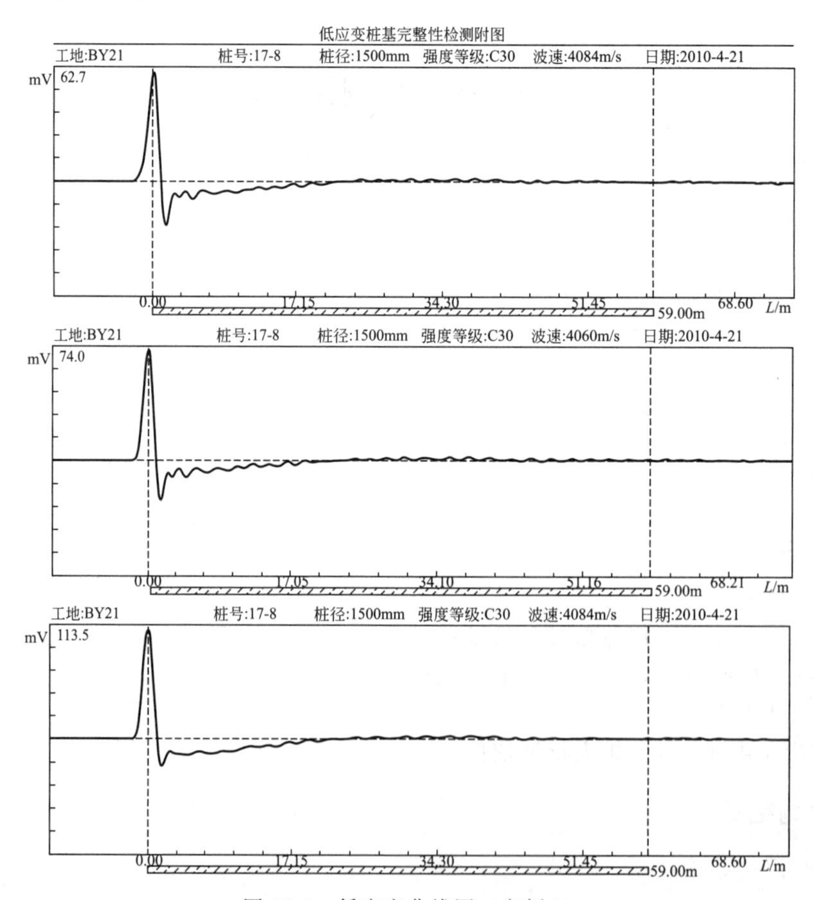

图16-3　低应变曲线图（实例1）

曲线图

基桩编号	17-8	桩径		桩顶标高		测试日期	2010年04月22日	N 1 2 3
设计标号		桩长		检测深度		灌注日期		

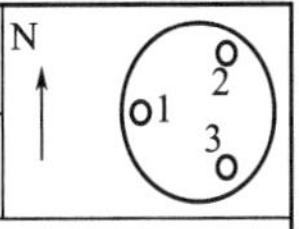

比例尺	12测距: 694mm	23测距: 719mm	13测距: 698mm
1:260	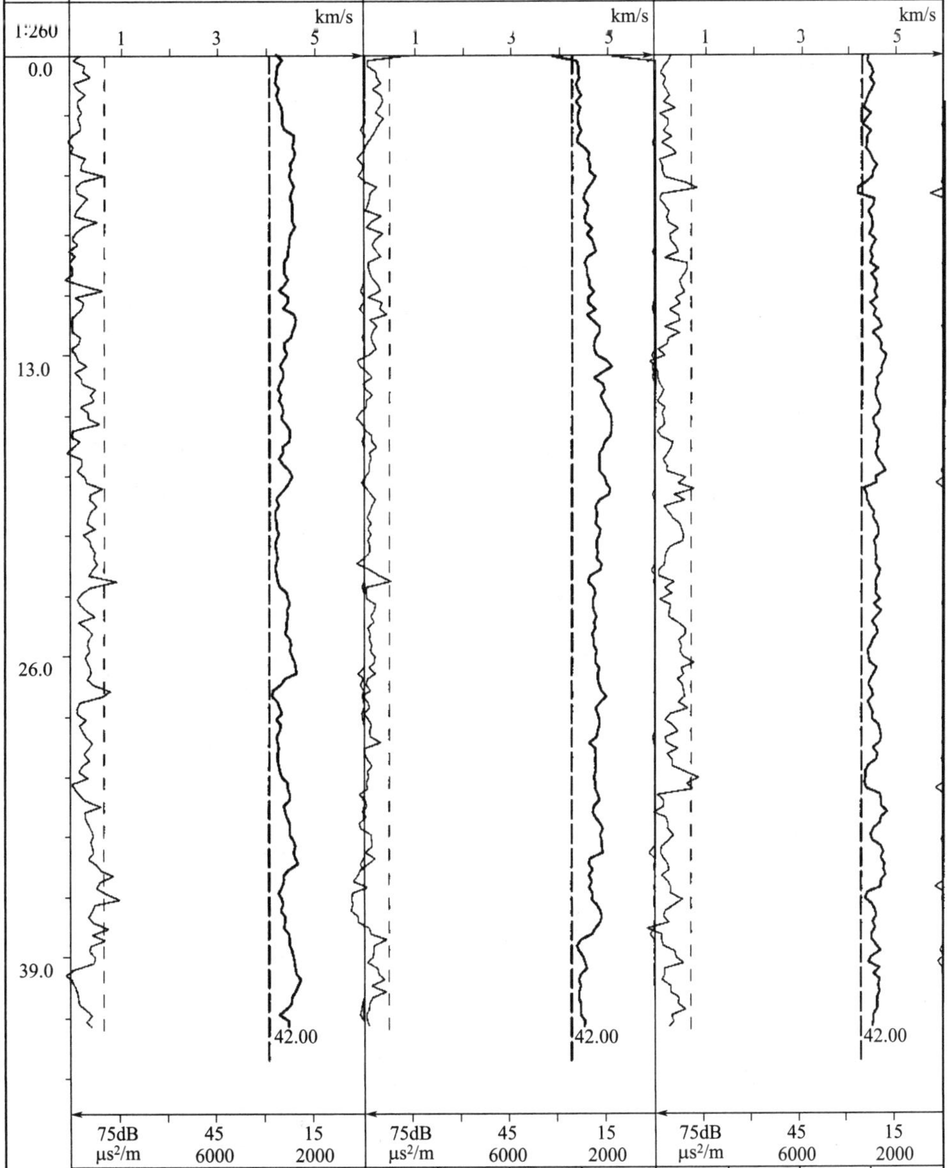 km/s 1 3 5	km/s 1 3 5	km/s 1 3 5

0.0
13.0
26.0
39.0
42.00　42.00　42.00

75dB μs²/m　45 6000　15 2000　75dB μs²/m　45 6000　15 2000　75dB μs²/m　45 6000　15 2000

	平均值	临界值	标准差	离差值	平均值	临界值	标准差	离差值	平均值	临界值	标准差	离差值
声速	4.406	4.079	0.130	2.9%	4.736	4.298	0.174	3.7%	4.528	4.255	0.109	2.4%
波幅	85.9	79.9	3.3	3.8%	88.3	82.3	2.4	2.7%	85.2	79.2	2.9	3.4%
图例	——— 声速实测线	— — 声速临界线	——— 波幅实测线	- - - 波幅临界线	——— *PSD*曲线							

图 16-4　声波透射曲线图（实例 1）

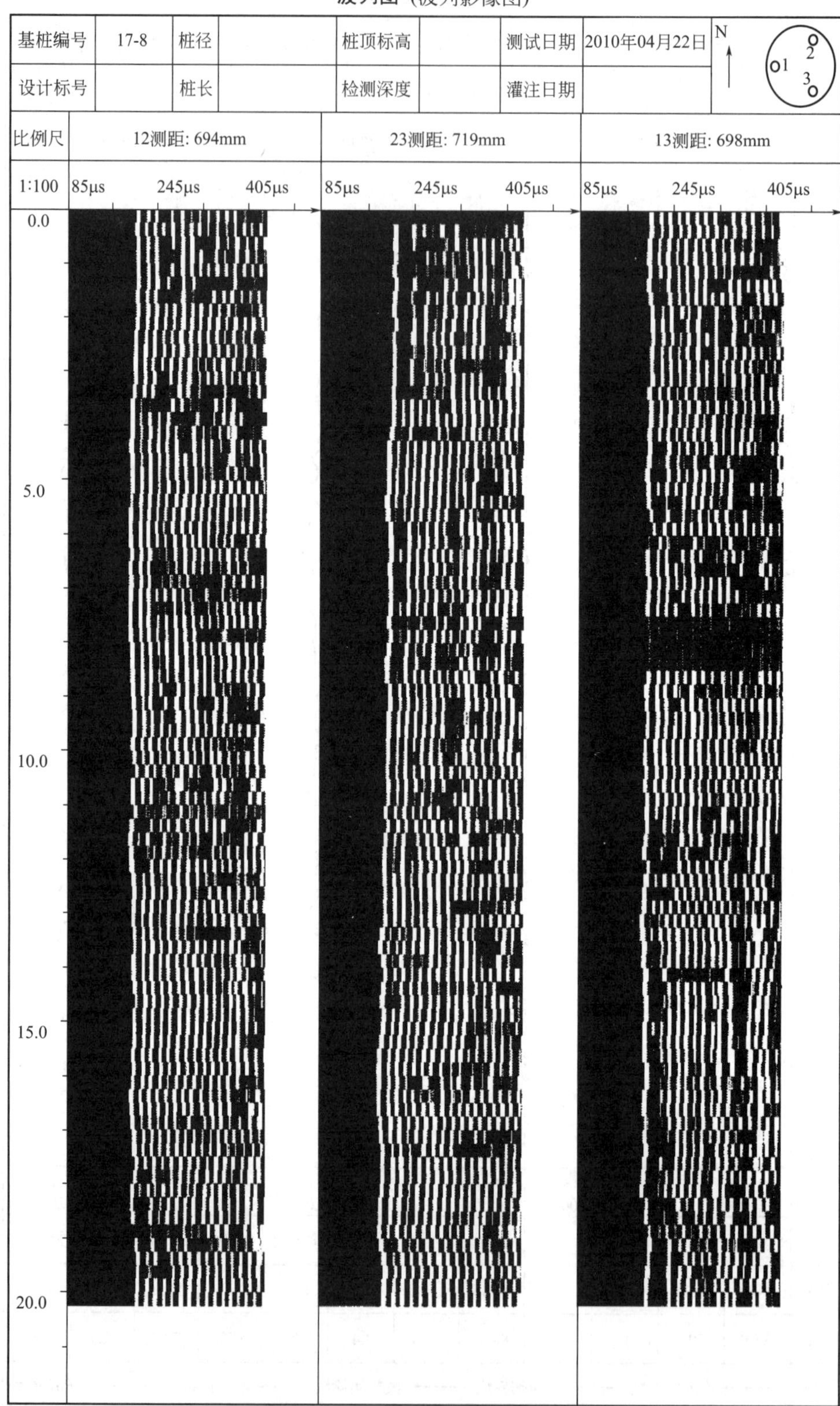

图 16-5　波列影像图 1（实例 1）

波列图 (波列影像图)

基桩编号	17-8	桩径		桩顶标高		测试日期	2010年04月22日	N
设计标号		桩长		检测深度		灌注日期		1 2 3

比例尺	12测距: 694mm	23测距: 719mm	13测距: 698mm
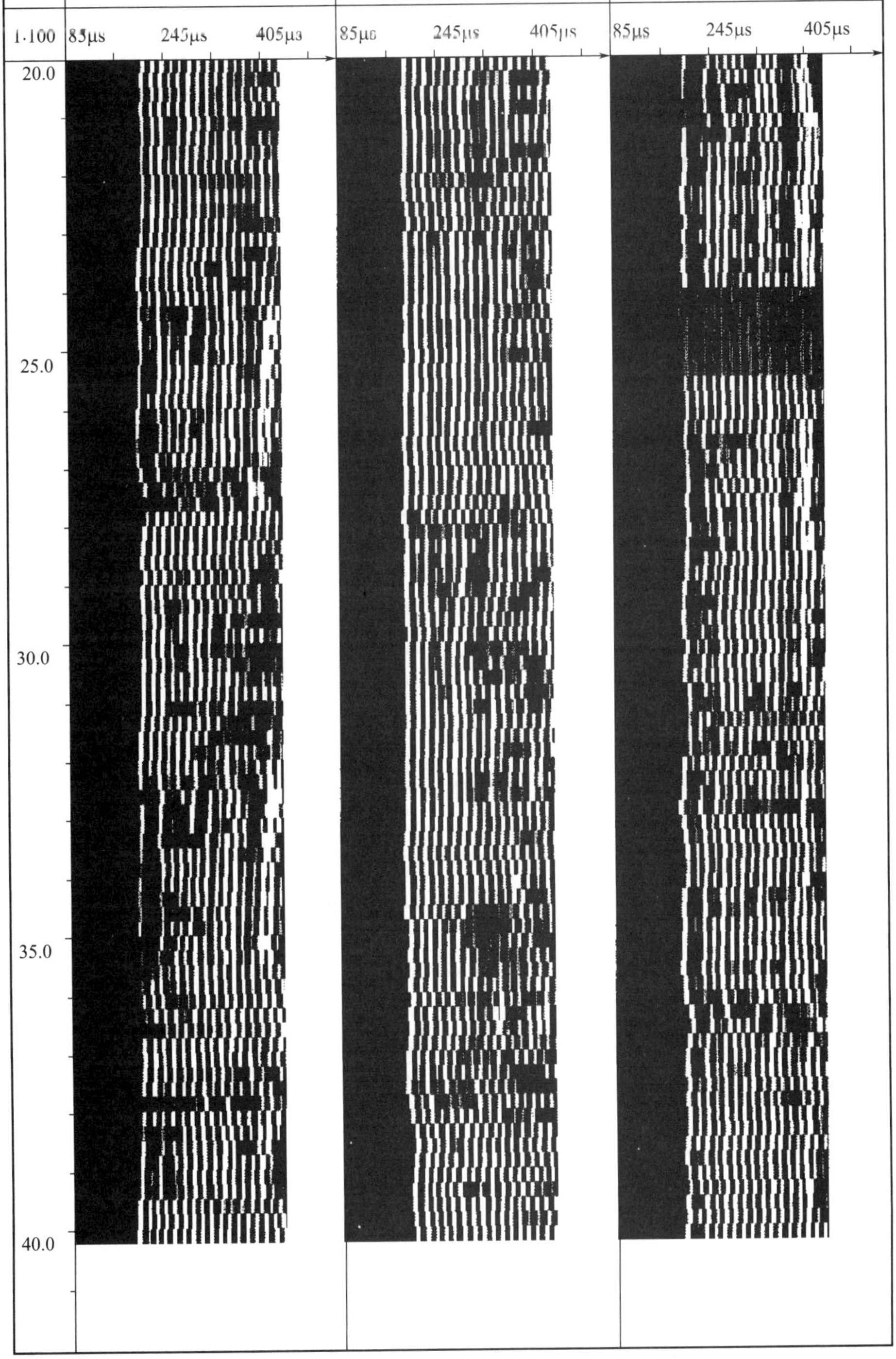 1:100	85μs　245μs　405μs	85μs　245μs　405μs	85μs　245μs　405μs

20.0

25.0

30.0

35.0

40.0

图 16-6　波列影像图 2（实例 1）

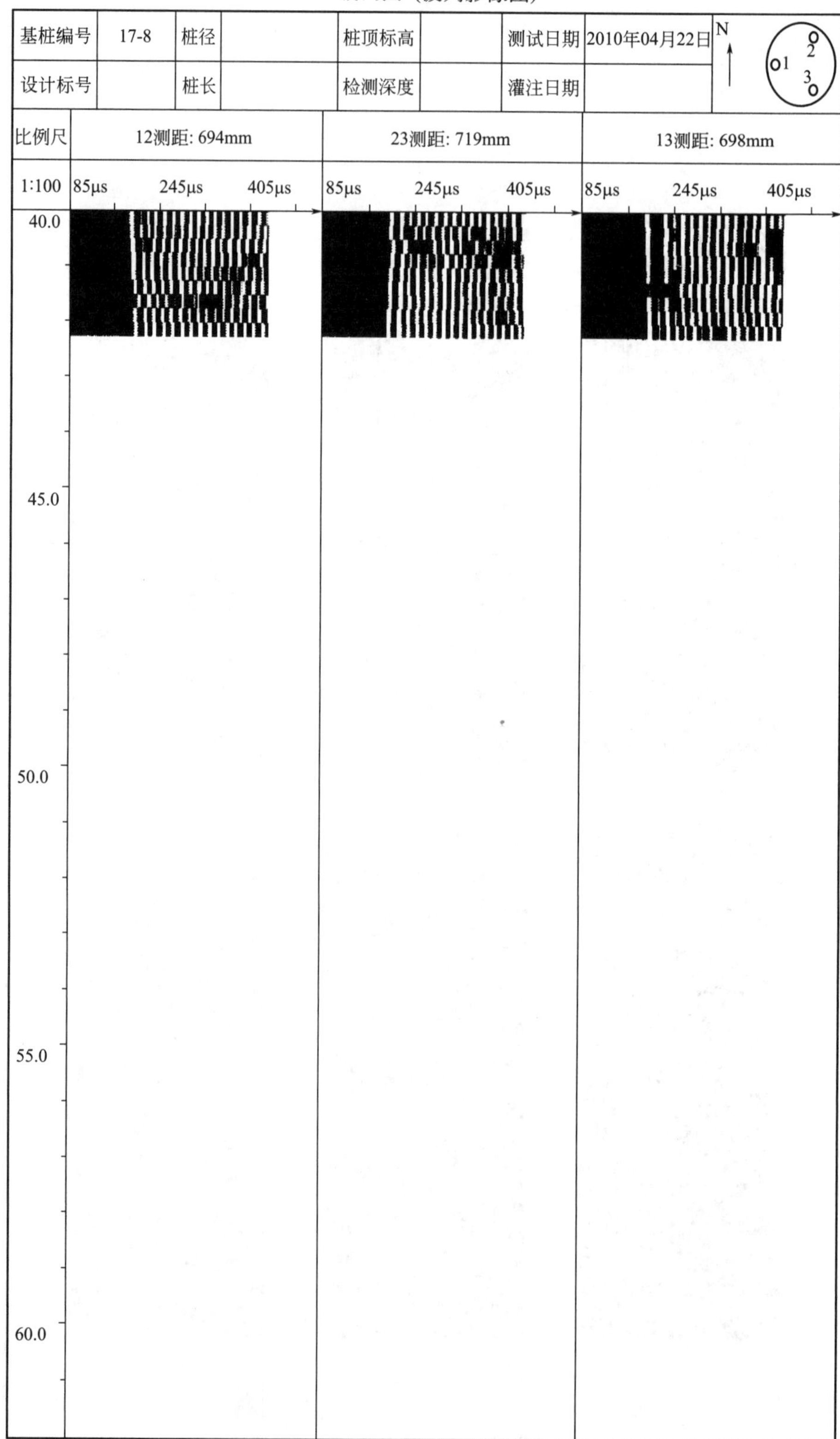

图 16-7 波列影像图 3（实例 1）

数据列表

基桩编号	17-8	桩径		桩顶标高		测试日期	2010 年 04 月 22 日	N 1 2 3
设计标号		桩长		检测深度		灌注日期		

12 测距：694mm					23 测距：719mm					13 测距：698mm				
	声速/(km/s)	波幅/dB	声时/μs	*PSD*/(μs²/m)		声速/(km/s)	波幅/dB	声时/μs	*PSD*/(μs²/m)		声速/(km/s)	波幅/dB	声时/μs	*PSD*/(μs²/m)
最大值	4.715	92.54	168.0	256	最大值	5.107	93.88	184.8	1866	最大值	4.794	92.46	167.2	655
最小值	4.131	74.79	147.2	0	最小值	3.891	75.95	140.8	0	最小值	4.175	76.97	145.6	0
平均值	4.406	85.86	157.7	24	平均值	4.736	88.25	152.0	35	平均值	4.528	85.22	154.2	41
标准差	0.130	3.27	4.6		标准差	0.174	2.39	5.6		标准差	0.109	2.88	3.7	
离差	2.9%	3.8%	2.9%		离差	3.7%	2.7%	3.7%		离差	2.4%	3.4%	2.4%	
深度/m	声速/(km/s)	波幅/dB	声时/μs	*PSD*/(μs²/m)	深度/m	声速/(km/s)	波幅/dB	声时/μs	*PSD*/(μs²/m)	深度/m	声速/(km/s)	波幅/dB	声时/μs	*PSD*/(μs²/m)
0.00	4.211	87.29	164.8	0	0.00	3.891 *	75.95 *	184.8	0	0.00	4.384	85.49	159.2	0
0.25	4.338	89.82	160.0	92	0.25	4.406	89.02	163.2	1866	0.25	4.363	86.19	160.0	3
0.50	4.252	86.02	163.2	41	0.50	4.427	89.14	162.4	3	0.50	4.452	87.43	156.8	41
0.75	4.232	86.52	164.0	3	0.75	4.427	86.35	162.4	0	0.75	4.497	88.52	155.2	10
1.00	4.211	84.33	164.8	3	1.00	4.449	86.19	161.6	3	1.00	4.429	86.83	157.6	23
1.25	4.191	89.60	165.6	3	1.25	4.384	84.93	164.0	23	1.25	4.521	87.72	154.4	41
1.50	4.273	88.39	162.4	41	1.50	4.427	87.58	162.4	10	1.50	4.452	86.52	156.8	23
1.75	4.232	85.85	164.0	10	1.75	4.494	84.93	160.0	23	1.75	4.384	85.67	159.2	23
2.00	4.252	88.26	163.2	3	2.00	4.384	84.33	164.0	64	2.00	4.341	87.58	160.8	10
2.25	4.316	88.13	160.8	23	2.25	4.471	85.31	160.8	41	2.25	4.298	83.91	162.4	10
2.50	4.338	86.99	160.0	3	2.50	4.427	86.52	162.4	10	2.50	4.452	88.65	156.8	125
2.75	4.338	88.26	160.0	0	2.75	4.427	84.12	162.4	0	2.75	4.341	86.02	160.8	64
3.00	4.338	87.72	160.0	0	3.00	4.427	85.49	162.4	0	3.00	4.277	86.02	163.2	23
3.25	4.381	87.29	158.4	10	3.25	4.494	86.52	160.0	23	3.25	4.452	87.72	156.8	164
3.50	4.566	90.25	152.0	164	3.50	4.427	87.58	162.4	23	3.50	4.363	84.93	160.0	41
3.75	4.566	91.60	152.0	0	3.75	4.406	88.77	163.2	3	3.75	4.363	88.13	160.0	0
4.00	4.542	89.71	152.8	3	4.00	4.562	89.71	157.6	125	4.00	4.341	85.12	160.8	3
4.25	4.590	90.95	151.2	10	4.25	4.657	90.56	154.4	41	4.25	4.429	83.69	157.6	41
4.50	4.566	85.85	152.0	3	4.50	4.633	92.38	155.2	3	4.50	4.474	88.77	156.0	10
4.75	4.495	87.14	154.4	23	4.75	4.681	90.46	153.6	10	4.75	4.568	87.86	152.8	41
5.00	4.518	87.29	153.6	3	5.00	4.657	90.76	154.4	3	5.00	4.497	87.86	155.2	23
5.25	4.472	80.17	155.2	10	5.25	4.781	91.78	150.4	64	5.25	4.474	87.14	156.0	3
5.50	4.518	87.14	153.6	10	5.50	4.705	89.71	152.8	23	5.50	4.341	80.81	160.8	92
5.75	4.566	89.02	152.0	10	5.75	4.633	86.19	155.2	23	5.75	4.175 *	77.44 *	167.2	164
6.00	4.518	88.52	153.6	10	6.00	4.562	88.39	157.6	23	6.00	4.175 *	88.13	167.2	0
6.25	4.495	85.12	154.4	3	6.25	4.539	88.52	158.4	3	6.25	4.521	88.65	154.4	655
6.50	4.542	87.14	152.8	10	6.50	4.633	89.02	155.2	41	6.50	4.497	87.14	155.2	3
6.75	4.542	88.65	152.8	0	6.75	4.609	89.60	156.0	3	6.75	4.384	85.85	159.2	64
7.00	4.542	89.49	152.8	0	7.00	4.562	84.93	157.6	10	7.00	4.452	86.52	156.8	23
7.25	4.542	81.97	152.8	0	7.25	4.585	87.86	156.8	3	7.25	4.474	86.02	156.0	3
7.50	4.590	86.83	151.2	10	7.50	4.705	89.49	152.8	64	7.50	4.474	83.00	156.0	0
7.75	4.518	89.14	153.6	23	7.75	4.609	84.33	156.0	41	7.75	4.407	85.58	158.4	23
8.00	4.472	90.04	155.2	10	8.00	4.705	86.68	152.8	41	8.00	4.544	85.49	153.6	92
8.25	4.472	88.26	155.2	0	8.25	4.755	87.72	151.2	10	8.25	4.474	83.91	156.0	23
8.50	4.449	91.42	156.0	3	8.50	4.781	86.35	150.4	3	8.50	4.429	83.00	157.6	10
8.75	4.449	89.14	156.0	0	8.75	4.609	84.93	156.0	125	8.75	4.474	87.14	156.0	10
9.00	4.381	90.95	158.4	23	9.00	4.562	88.77	157.6	10	9.00	4.429	80.50	157.6	10
9.25	4.381	90.66	158.4	0	9.25	4.609	88.77	156.0	10	9.25	4.592	80.50	152.0	125
9.50	4.381	90.04	158.4	0	9.50	4.609	88.26	156.0	0	9.50	4.452	81.41	156.8	92

图 16-8　数据列表 1（实例 1）

数据列表

基桩编号	17-8	桩径		桩顶标高		测试日期	2010 年 04 月 22 日	N ↑ 1 2 3
设计标号		桩长		检测深度		灌注日期		

12 测距:694mm					23 测距:719mm					13 测距:698mm				
深度 /m	声速 /(km/s)	波幅 /dB	声时 /μs	*PSD* /(μs²/m)	深度 /m	声速 /(km/s)	波幅 /dB	声时 /μs	*PSD* /(μs²/m)	深度 /m	声速 /(km/s)	波幅 /dB	声时 /μs	*PSD* /(μs²/m)
9.75	4.449	92.54	156.0	23	9.75	4.657	87.29	154.4	10	9.75	4.544	82.75	153.6	41
10.00	4.381	86.52	158.4	23	10.00	4.657	85.67	154.4	0	10.00	4.568	82.24	152.8	3
10.25	4.273	80.50	162.4	64	10.25	4.755	85.12	151.2	41	10.25	4.521	81.12	154.4	10
10.50	4.449	89.14	156.0	164	10.50	4.633	89.02	155.2	64	10.50	4.568	83.91	152.8	10
10.75	4.449	86.35	156.0	0	10.75	4.633	84.54	155.2	0	10.75	4.429	82.50	157.6	92
11.00	4.359	86.99	159.2	41	11.00	4.781	85.31	150.4	92	11.00	4.544	85.67	153.6	64
11.25	4.566	88.89	152.0	207	11.25	4.609	83.23	156.0	125	11.25	4.497	83.00	155.2	10
11.50	4.614	90.46	150.4	10	11.50	4.730	88.26	152.0	64	11.50	4.616	82.75	151.2	64
11.75	4.590	90.46	151.2	3	11.75	4.858	86.02	148.0	64	11.75	4.666	87.14	149.6	10
12.00	4.542	89.71	152.8	10	12.00	4.858	87.43	148.0	0	12.00	4.474	82.75	156.0	164
12.25	4.518	87.58	153.6	3	12.25	4.781	87.99	150.4	23	12.25	4.592	86.02	152.0	64
12.50	4.381	87.99	158.4	92	12.50	4.755	87.29	151.2	3	12.50	4.666	86.35	149.6	23
12.75	4.381	90.25	158.4	0	12.75	4.755	86.35	151.2	0	12.75	4.641	89.25	150.4	3
13.00	4.426	88.89	156.8	10	13.00	4.806	88.52	149.6	10	13.00	4.768	86.99	146.4	64
13.25	4.359	88.13	159.2	23	13.25	5.021	92.21	143.2	164	13.25	4.716	91.87	148.0	10
13.50	4.295	85.49	161.6	23	13.50	5.107	91.60	140.8	23	13.50	4.666	90.04	149.6	10
13.75	4.359	89.25	159.2	23	13.75	4.911	89.14	146.4	125	13.75	4.666	89.25	149.6	0
14.00	4.359	87.29	159.2	0	14.00	4.755	87.72	151.2	92	14.00	4.568	89.25	152.8	41
14.25	4.295	86.83	161.6	23	14.25	4.938	90.46	145.6	125	14.25	4.592	88.52	152.0	3
14.50	4.252	82.75	163.2	10	14.50	4.965	89.60	144.8	3	14.50	4.544	87.43	153.6	10
14.75	4.316	84.33	160.8	23	14.75	4.885	87.43	147.2	23	14.75	4.544	88.26	153.6	0
15.00	4.273	83.00	162.4	10	15.00	4.938	89.49	145.6	10	15.00	4.592	89.49	152.0	10
15.25	4.338	87.58	160.0	23	15.25	4.993	89.25	144.0	10	15.25	4.641	86.99	150.4	10
15.50	4.359	84.93	159.2	3	15.50	5.078	91.24	141.6	23	15.50	4.616	87.99	151.2	3
15.75	4.316	84.93	160.8	10	15.75	5.107	92.54	140.8	3	15.75	4.497	87.29	155.2	64
16.00	4.404	81.41	157.6	41	16.00	5.107	90.76	140.8	0	16.00	4.521	87.14	154.4	3
16.25	4.495	89.49	154.4	41	16.25	5.107	89.82	140.8	0	16.25	4.616	89.37	151.2	41
16.50	4.495	90.76	154.4	0	16.50	5.078	87.72	141.6	3	16.50	4.616	88.26	151.2	0
16.75	4.472	87.72	155.2	3	16.75	4.965	87.72	144.8	41	16.75	4.568	84.54	152.8	10
17.00	4.338	90.15	160.0	92	17.00	4.938	86.19	145.6	3	17.00	4.592	85.31	152.0	3
17.25	4.359	91.87	159.2	3	17.25	4.858	88.52	148.0	23	17.25	4.544	86.19	153.6	10
17.50	4.273	86.83	162.4	41	17.50	4.858	87.99	148.0	0	17.50	4.592	87.72	152.0	10
17.75	4.359	86.99	159.2	41	17.75	4.858	88.65	148.0	0	17.75	4.691	86.35	148.8	41
18.00	4.472	88.52	155.2	64	18.00	4.858	88.52	148.0	0	18.00	4.742	86.52	147.2	10
18.25	4.542	86.02	152.8	23	18.25	4.965	89.60	144.8	41	18.25	4.544	80.81	153.6	164
18.50	4.472	85.49	155.2	23	18.50	4.993	90.95	144.0	3	18.50	4.568	83.23	152.8	3
18.75	4.404	80.50	157.6	23	18.75	5.078	89.49	141.6	23	18.75	4.298	78.31 *	162.4	369
19.00	4.295	84.33	161.6	64	19.00	5.049	87.99	142.4	3	19.00	4.363	84.33	160.0	23
19.25	4.211	84.33	164.8	41	19.25	4.858	86.68	148.0	125	19.25	4.363	81.12	160.0	0
19.50	4.273	82.24	162.4	23	19.50	4.781	87.72	150.4	23	19.50	4.429	87.29	157.6	23
19.75	4.191	84.12	165.6	41	19.75	4.806	88.39	149.6	3	19.75	4.521	85.85	154.4	41
20.00	4.191	84.93	165.6	0	20.00	4.806	89.14	149.6	0	20.00	4.497	84.74	155.2	3
20.25	4.232	85.31	164.0	10	20.25	4.781	87.99	150.4	3	20.25	4.568	82.50	152.8	23
20.50	4.232	82.75	164.0	0	20.50	4.885	89.02	147.2	41	20.50	4.616	81.97	151.2	10
20.75	4.273	86.35	162.4	10	20.75	4.858	87.99	148.0	3	20.75	4.616	81.41	151.2	0
21.00	4.211	84.33	164.8	23	21.00	4.806	88.89	149.6	10	21.00	4.521	81.70	154.4	41
21.25	4.191	84.12	165.6	3	21.25	4.806	88.39	149.6	0	21.25	4.544	85.49	153.6	3
21.50	4.232	82.75	164.0	10	21.50	4.832	88.26	148.8	3	21.50	4.544	86.68	153.6	0
21.75	4.252	83.23	163.2	3	21.75	4.806	89.93	149.6	3	21.75	4.568	86.99	152.8	3
22.00	4.211	81.97	164.8	10	22.00	4.911	92.38	146.4	41	22.00	4.544	87.14	153.6	3
22.25	4.191	83.46	165.6	3	22.25	4.885	88.39	147.2	3	22.25	4.641	88,77	150.4	41
22.50	4.232	84.54	164.0	10	22.50	4.681	85.67	153.6	164	22.50	4.616	88.89	151.2	3
22.75	4.252	75.95 *	163.2	3	22.75	4.633	81.70 *	155.2	10	22.75	4.544	84.12	153.6	23

图 16-9　数据列表 2（实例 1）

数据列表

基桩编号	17-8	桩径		桩顶标高		测试日期	2010 年 04 月 22 日	N 1 2 3
设计标号		桩长		检测深度		灌注日期		

12 测距:694mm					23 测距:719mm					13 测距:698mm				
深度 /m	声速 /(km/s)	波幅 /dB	声时 /μs	*PSD* /(μs²/m)	深度 /m	声速 /(km/s)	波幅 /dB	声时 /μs	*PSD* /(μs²/m)	深度 /m	声速 /(km/s)	波幅 /dB	声时 /μs	*PSD* /(μs²/m)
23.00	4.295	84.12	161.6	10	23.00	4.755	89.49	151.2	64	23.00	4.568	87.14	152.8	3
23.25	4.426	86.83	156.8	92	23.25	4.781	89.49	150.4	3	23.25	4.544	84.93	153.6	3
23.50	4.449	88.26	156.0	3	23.50	4.730	89.14	152.0	10	23.50	4.641	88.65	150.4	41
23.75	4.495	87.43	154.4	10	23.75	4.730	86.52	152.0	0	23.75	4.521	85.31	154.4	64
24.00	4.426	85.49	156.8	23	24.00	4.755	86.83	151.2	3	24.00	4.666	85.67	149.6	92
24.25	4.449	82.75	156.0	3	24.25	4.806	87.99	149.6	10	24.25	4.568	85.85	152.8	41
24.50	4.426	87.99	156.8	3	24.50	4.755	86.99	151.2	10	24.50	4.474	83.12	156.0	41
24.75	4.426	85.31	156.8	0	24.75	4.781	88.89	150.4	3	24.75	4.568	80.97	152.8	41
25.00	4.404	83.46	157.6	3	25.00	4.705	88.13	152.8	23	25.00	4.592	80.97	152.0	3
25.25	4.495	84.74	154.4	41	25.25	4.755	88.52	151.2	10	25.25	4.497	82.87	155.2	41
25.50	4.518	85.12	153.6	3	25.50	4.755	87.72	151.2	0	25.50	4.452	81.97	156.8	10
25.75	4.495	84.33	154.4	3	25.75	4.806	88.13	149.6	10	25.75	4.384	82.50	159.2	23
26.00	4.542	85.67	152.8	10	26.00	4.781	86.68	150.4	3	26.00	4.407	81.41	158.4	3
26.25	4.590	85.12	151.2	10	26.25	4.781	86.83	150.4	0	26.25	4.429	78.31 *	157.6	3
26.50	4.614	84.12	150.4	3	26.50	4.858	88.52	148.0	23	26.50	4.568	82.24	152.8	92
26.75	4.639	83.91	149.6	3	26.75	4.832	86.52	148.8	3	26.75	4.521	81.41	154.4	10
27.00	4.404	85.12	157.6	256	27.00	4.832	88.89	148.8	0	27.00	4.452	83.23	156.8	23
27.25	4.316	83.00	160.8	41	27.25	4.858	89.49	148.0	3	27.25	4.407	81.70	158.4	10
27.50	4.151	77.89 *	167.2	164	27.50	4.911	87.99	146.4	10	27.50	4.474	81.41	156.0	23
27.75	4.131	80.50	168.0	3	27.75	4.993	90.76	144.0	23	27.75	4.497	81.12	155.2	3
28.00	4.252	87.43	163.2	92	28.00	4.885	88.77	147.2	41	28.00	4.384	83.00	159.2	64
28.25	4.295	88.26	161.6	10	28.25	4.781	88.39	150.4	41	28.25	4.452	80.17	156.8	23
28.50	4.338	88.39	160.0	10	28.50	4.832	90.04	148.8	10	28.50	4.497	85.31	155.2	10
28.75	4.211	85.49	164.8	92	28.75	4.858	88.65	148.0	3	28.75	4.474	86.99	156.0	3
29.00	4.316	87.72	160.8	64	29.00	4.858	87.86	148.0	0	29.00	4.616	84.54	151.2	92
29.25	4.295	86.52	161.6	3	29.25	4.832	88.26	148.8	3	29.25	4.641	83.00	150.4	3
29.50	4.232	85.49	164.0	23	29.50	4.806	88.13	149.6	3	29.50	4.666	86.83	149.6	3
29.75	4.252	83.46	163.2	3	29.75	4.657	84.93	154.4	92	29.75	4.641	86.52	150.4	3
30.00	4.273	84.74	162.4	3	30.00	4.781	89.71	150.4	64	30.00	4.497	83.23	155.2	92
30.25	4.252	86.19	163.2	3	30.25	4.781	89.93	150.4	0	30.25	4.592	86.35	152.0	41
30.50	4.252	84.33	163.2	0	30.50	4.781	88.89	150.4	0	30.50	4.568	84.74	152.8	3
30.75	4.273	86.83	162.4	3	30.75	4.781	87.72	150.4	0	30.75	4.407	84.74	158.4	125
31.00	4.295	87.86	161.6	3	31.00	4.781	88.89	150.4	0	31.00	4.341	81.12	160.8	23
31.25	4.338	84.93	160.0	10	31.25	4.755	88.65	151.2	3	31.25	4.341	76.97 *	160.8	0
31.50	4.449	89.93	156.0	64	31.50	4.781	89.25	150.4	3	31.50	4.319	80.50	161.6	3
31.75	4.449	88.89	156.0	0	31.75	4.781	89.02	150.4	0	31.75	4.363	78.72 *	160.0	10
32.00	4.495	87.43	154.4	10	32.00	4.832	91.51	148.8	10	32.00	4.641	89.25	150.4	369
32.25	4.495	85.67	154.4	0	32.25	4.858	89.82	148.0	3	32.25	4.666	87.43	149.6	3
32.50	4.381	80.81	158.4	64	32.50	4.755	89.14	151.2	41	32.50	4.666	87.29	149.6	0
32.75	4.404	85.85	157.6	3	32.75	4.730	90.56	152.0	3	32.75	4.794	90.35	145.6	64
33.00	4.426	85.67	156.8	3	33.00	4.781	89.37	150.4	10	33.00	4.666	86.68	149.6	64
33.25	4.495	84.74	154.4	23	33.25	4.885	91.60	147.2	41	33.25	4.641	86.02	150.4	3
33.50	4.495	83.91	154.4	0	33.50	4.938	90.86	145.6	10	33.50	4.521	86.19	154.4	64
33.75	4.495	83.23	154.4	0	33.75	4.885	87.86	147.2	10	33.75	4.452	84.33	156.8	23
34.00	4.566	83.91	152.0	23	34.00	4.911	87.72	146.4	3	34.00	4.497	86.02	155.2	10
34.25	4.614	83.46	150.4	10	34.25	4.911	87.58	146.4	0	34.25	4.666	87.99	149.6	125
34.50	4.566	83.23	152.0	10	34.50	4.938	89.60	145.6	3	34.50	4.716	88.26	148.0	10
34.75	4.614	84.74	150.4	10	34.75	4.681	86.68	153.6	256	34.75	4.666	87.29	149.6	10
35.00	4.664	82.24	148.8	10	35.00	4.657	88.65	154.4	3	35.00	4.742	86.02	147.2	23
35.25	4.472	80.81	155.2	164	35.25	4.730	91.14	152.0	23	35.25	4.716	85.67	148.0	3
35.50	4.381	76.97 *	158.4	41	35.50	4.657	91.78	154.4	23	35.50	4.768	87.99	146.4	10
35.75	4.381	81.12	158.4	0	35.75	4.705	93.31	152.8	10	35.75	4.666	85.85	149.6	41
36.00	4.338	81.97	160.0	10	36.00	4.657	89.02	154.4	10	36.00	4.666	85.12	149.6	0

图 16-10　数据列表 3（实例 1）

数据列表

基桩编号	17-8	桩径		桩顶标高		测试日期	2010 年 04 月 22 日	N ↑ 1 2 3
设计标号		桩长		检测深度		灌注日期		

12 测距:694mm					23 测距:719mm					13 测距:698mm				
深度/m	声速/(km/s)	波幅/dB	声时/μs	*PSD*/(μs²/m)	深度/m	声速/(km/s)	波幅/dB	声时/μs	*PSD*/(μs²/m)	深度/m	声速/(km/s)	波幅/dB	声时/μs	*PSD*/(μs²/m)
36.25	4.273	79.10 *	162.4	23	36.25	4.730	93.45	152.0	23	36.25	4.384	85.49	159.2	369
36.50	4.338	74.79 *	160.0	23	36.50	4.705	93.81	152.8	3	36.50	4.341	81.70	160.8	10
36.75	4.359	82.75	159.2	3	36.75	4.806	93.38	149.6	41	36.75	4.474	83.91	156.0	92
37.00	4.316	83.46	160.8	10	37.00	4.885	93.88	147.2	23	37.00	4.544	86.83	153.6	23
37.25	4.404	84.74	157.6	41	37.25	4.911	91.78	146.4	3	37.25	4.568	87.58	152.8	3
37.50	4.404	83.00	157.6	0	37.50	4.885	91.87	147.2	3	37.50	4.497	85.67	155.2	23
37.75	4.381	78.31 *	158.4	3	37.75	4.781	88.26	150.4	41	37.75	4.544	92.46	153.6	10
38.00	4.472	83.69	155.2	41	38.00	4.705	87.99	152.8	23	38.00	4.474	87.99	156.0	23
38.25	4.495	79.47 *	154.4	3	38.25	4.494	83.00	160.0	207	38.25	4.474	87.99	156.0	0
38.50	4.495	83.91	154.4	0	38.50	4.406	86.83	163.2	41	38.50	4.568	87.43	152.8	41
38.75	4.542	84.33	152.8	10	38.75	4.449	86.83	161.6	10	38.75	4.666	83.91	149.6	41
39.00	4.566	82.50	152.0	3	39.00	4.539	87.14	158.4	41	39.00	4.474	83.69	156.0	164
39.25	4.590	83.00	151.2	3	39.25	4.585	88.89	156.8	10	39.25	4.407	81.41	158.4	23
39.50	4.614	89.02	150.4	3	39.50	4.609	85.67	156.0	3	39.50	4.641	87.14	150.4	256
39.75	4.639	92.04	149.6	3	39.75	4.494	85.49	160.0	64	39.75	4.521	86.99	154.4	64
40.00	4.715	90.04	147.2	23	40.00	4.449	83.69	161.6	10	40.00	4.641	87.86	150.4	64
40.25	4.664	89.02	148.8	10	40.25	4.494	87.72	160.0	10	40.25	4.616	85.12	151.2	3
40.50	4.614	88.13	150.4	10	40.50	4.449	83.23	161.6	10	40.50	4.641	85.31	150.4	3
40.75	4.542	87.86	152.8	23	40.75	4.449	87.14	161.6	0	40.75	4.592	82.75	152.0	10
41.00	4.542	87.72	152.8	0	41.00	4.494	88.39	160.0	10	41.00	4.592	83.00	152.0	0
41.25	4.426	85.49	156.8	64	41.25	4.494	88.26	160.0	0	41.25	4.592	80.81	152.0	0
41.50	4.295	83.46	161.6	92	41.50	4.494	89.14	160.0	0	41.50	4.521	84.93	154.4	23
41.75	4.472	85.31	155.2	164	41.75	4.585	89.02	156.8	41	41.75	4.521	84.33	154.4	0
42.00	4.472	83.69	155.2	0	42.00	4.562	88.39	157.6	3	42.00	4.497	85.67	155.2	3

图 16-11　数据列表 4（实例 1）

【实例 2】 本桥梁桩，设计要求同时进行低应变和声波透射完整性检测。低应变检测结果基本完整，声波透射检测结果局部区段异常。实测曲线见图 16-12～图 16-20。

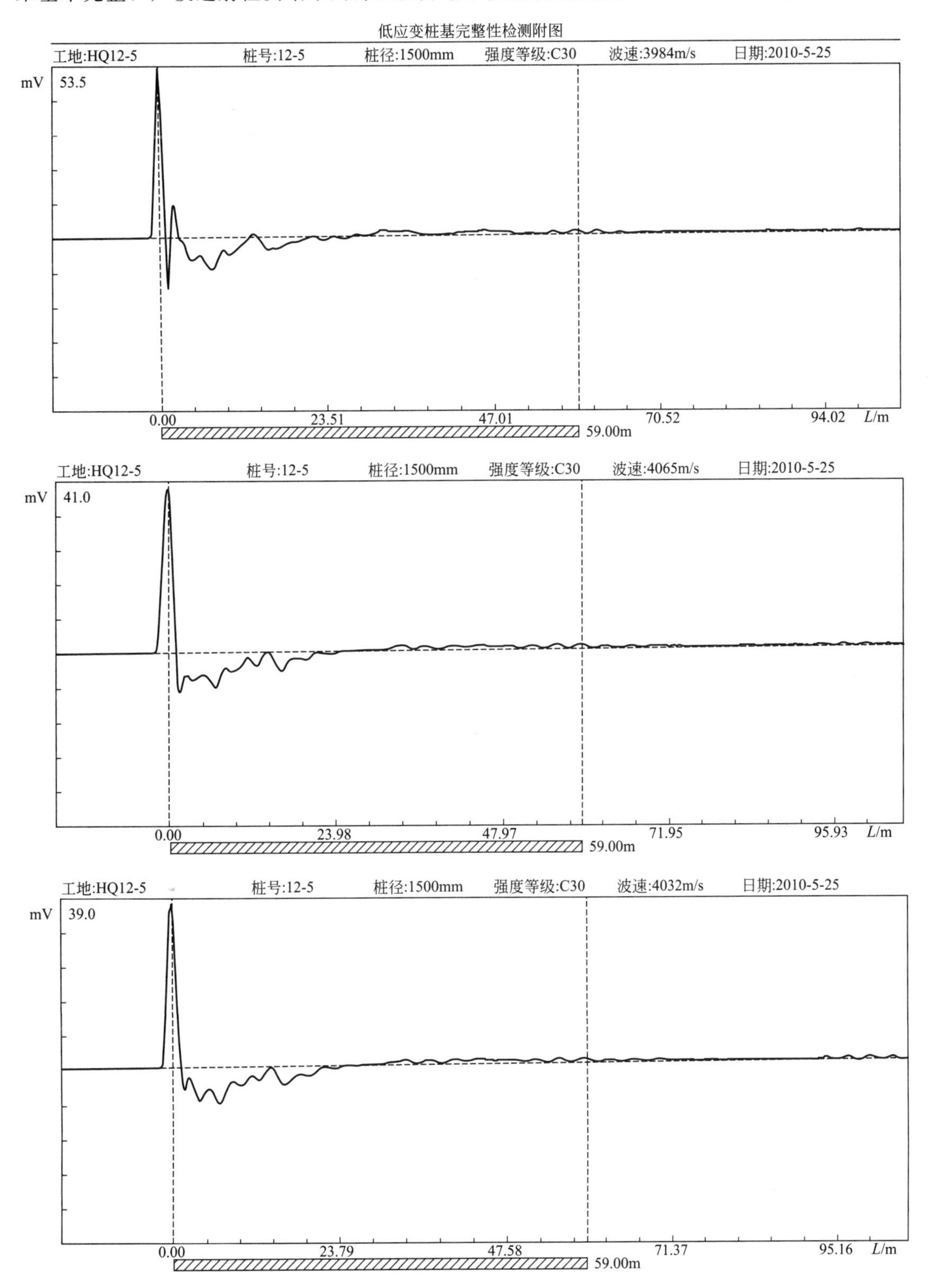

图 16-12　低应变曲线图（实例 2）

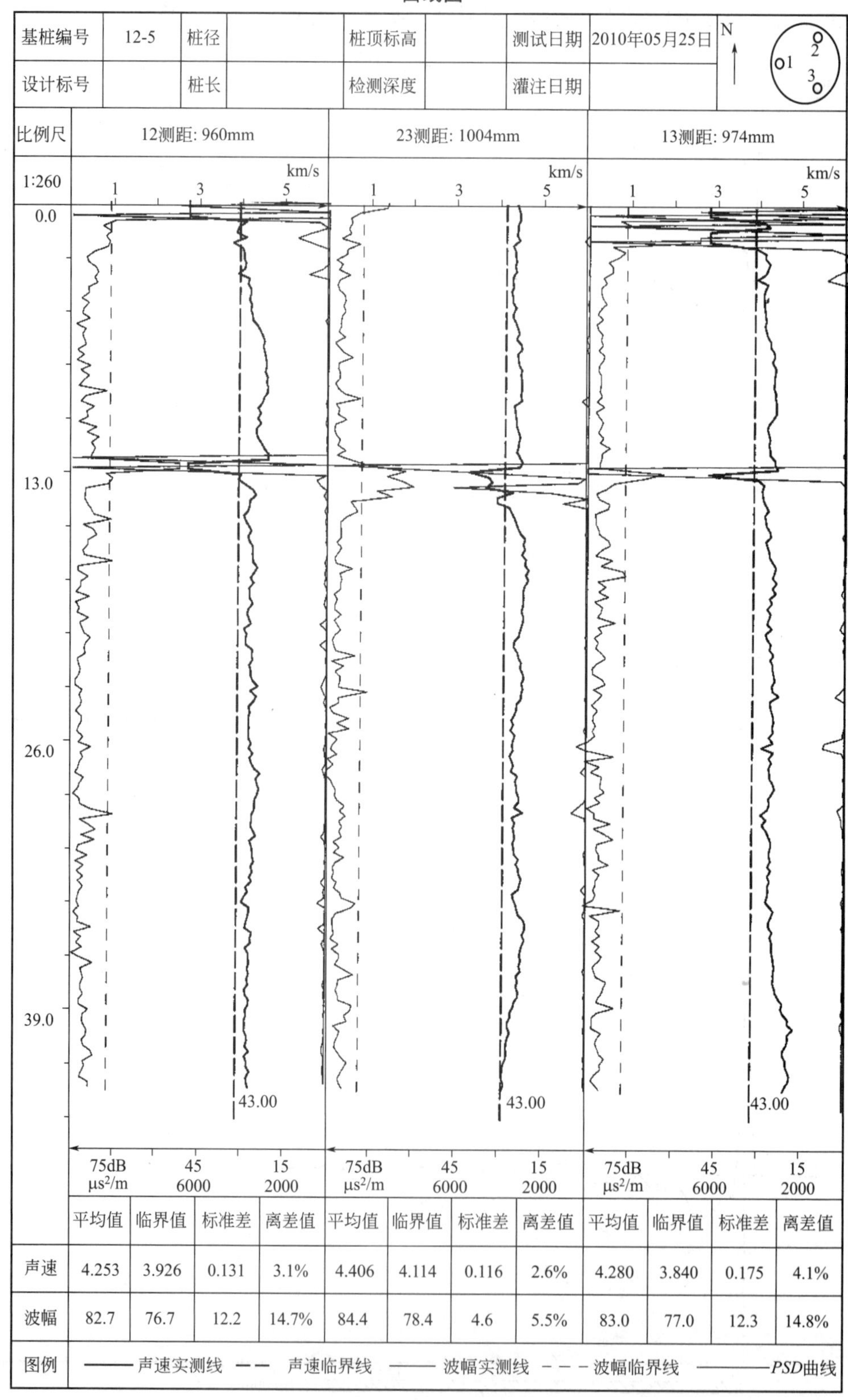

图 16-13　声波透射曲线图（实例 2）

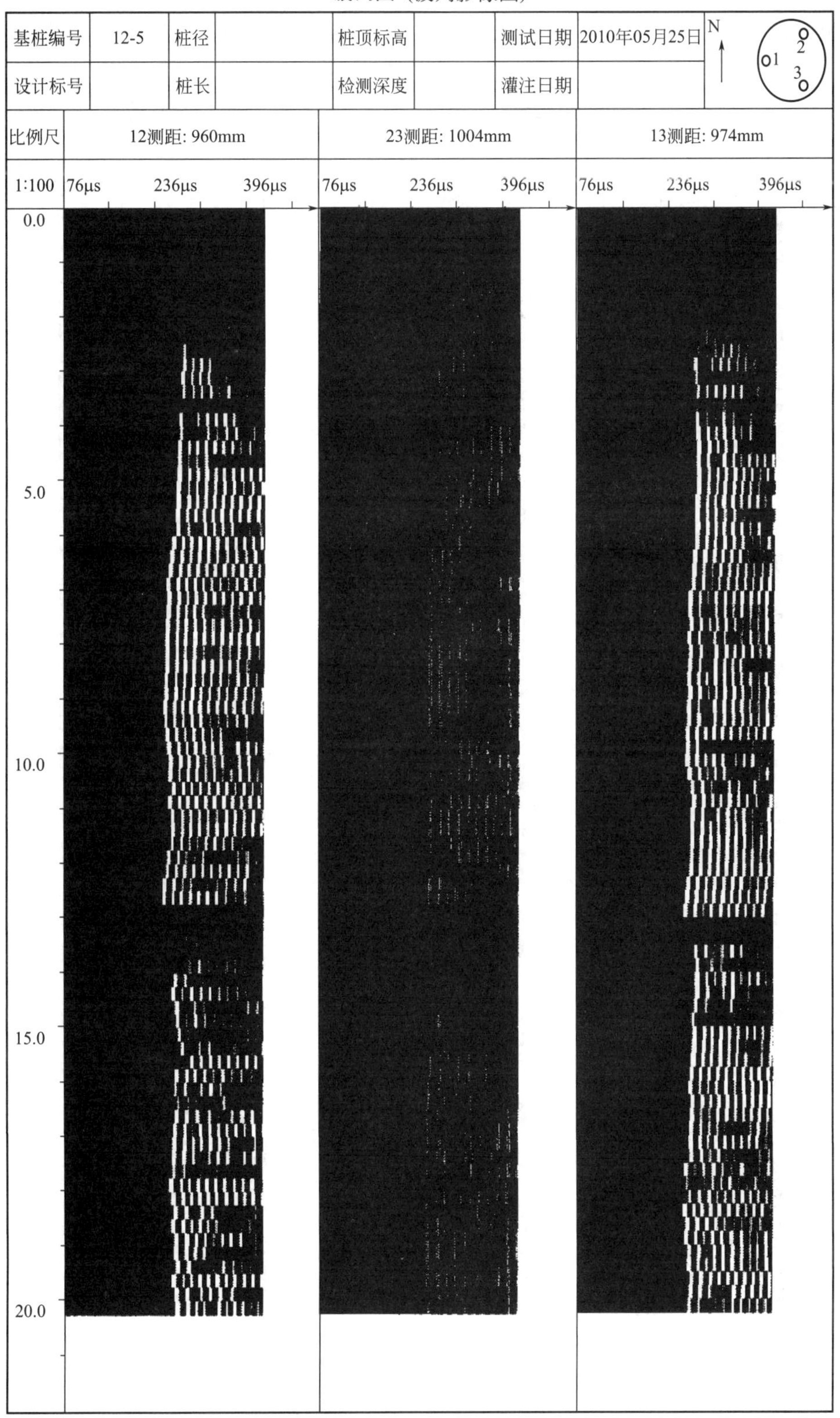

图 16-14　波列影像图 1（实例 2）

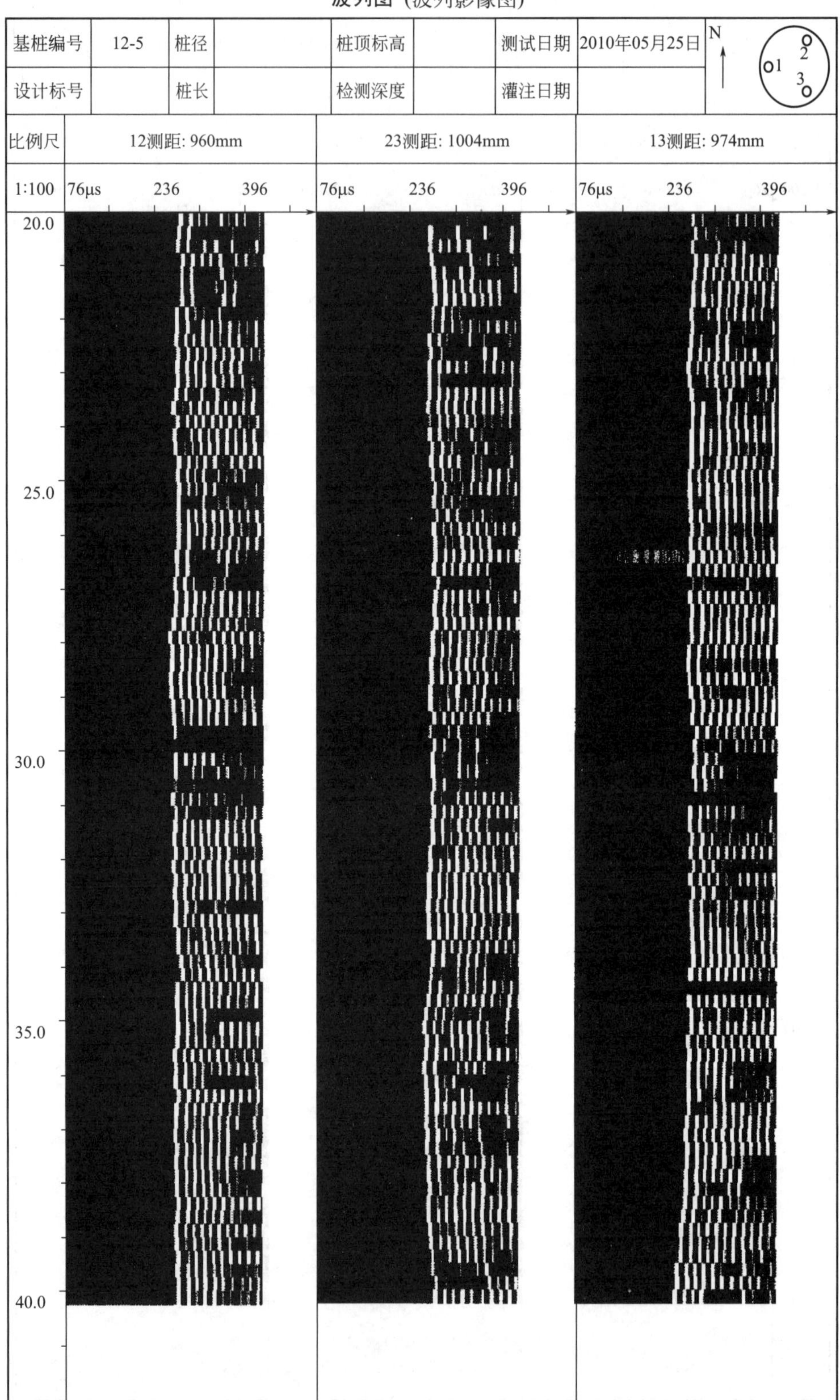

图 16-15　波列影像图 2（实例 2）

波列图 (波列影像图)

基桩编号	12-5	桩径		桩顶标高		测试日期	2010年05月25日	N
设计标号		桩长		检测深度		灌注日期		

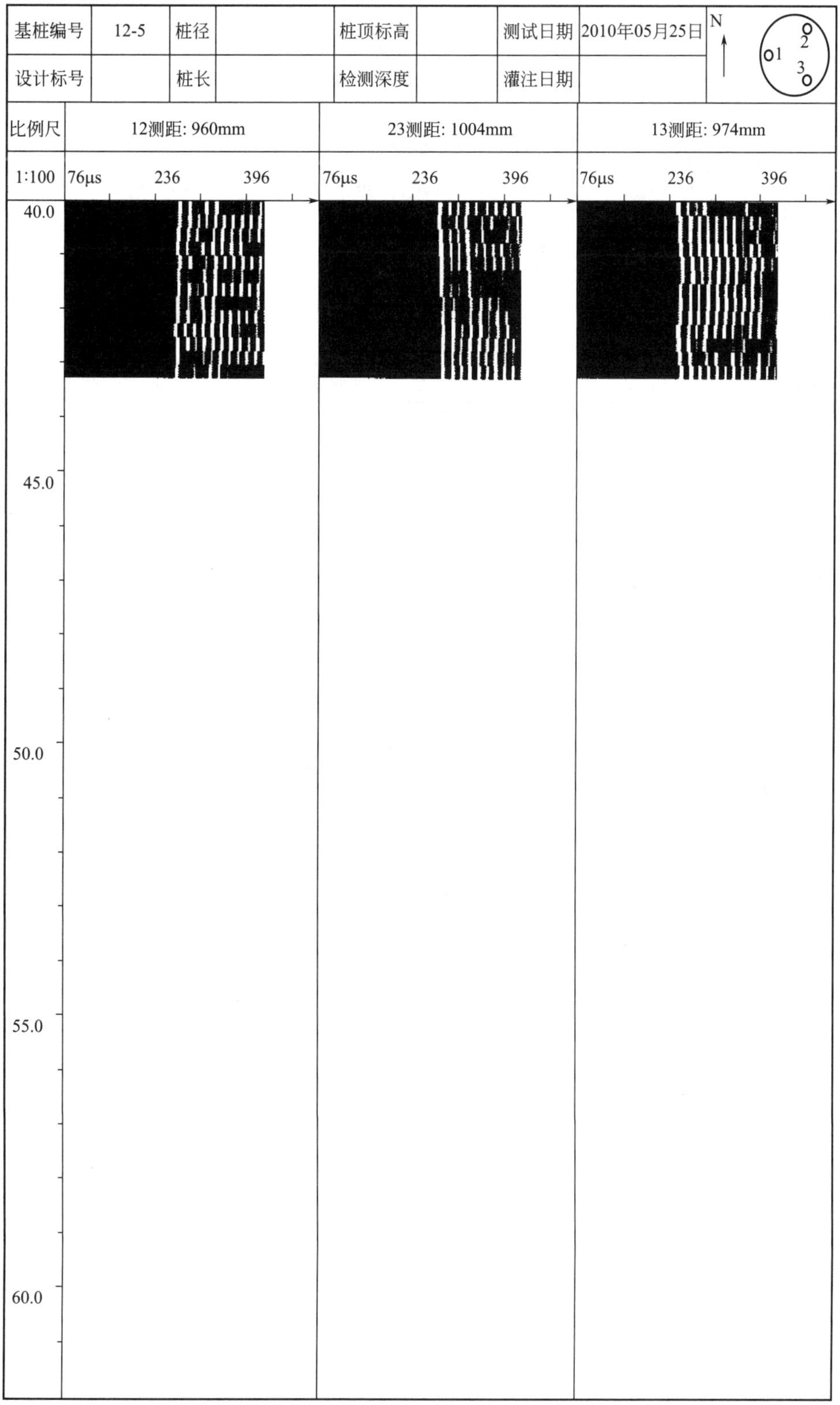

比例尺	12测距: 960mm	23测距: 1004mm	13测距: 974mm
1:100	76μs 236 396	76μs 236 396	76μs 236 396

图 16-16 波列影像图 3（实例 2）

数据列表

基桩编号	12-5	桩径		桩顶标高		测试日期	2010 年 05 月 25 日	N ↑ 1 2 3
设计标号		桩长		检测深度		灌注日期		

12 测距:960mm					23 测距:1004mm					13 测距:974mm				
	声速/(km/s)	波幅/dB	声时/μs	*PSD*/(μs²/m)		声速/(km/s)	波幅/dB	声时/μs	*PSD*/(μs²/m)		声速/(km/s)	波幅/dB	声时/μs	*PSD*/(μs²/m)
最大值	4.602	89.25	351.0	81111	最大值	4.670	90.35	305.4	25600	最大值	4.836	93.45	351.0	67185
最小值	2.735	0.00	208.6	0	最小值	3.287	59.83	215.0	0	最小值	2.775	0.00	201.4	0
平均值	4.253	82.66	225.9	1127	平均值	4.406	84.38	228.0	269	平均值	4.280	83.05	227.6	1531
标准差	0.131	12.19	6.8		标准差	0.116	4.61	6.0		标准差	0.175	12.30	8.7	
离差	3.1%	14.7%	3.0%		离差	2.6%	5.5%	2.7%		离差	4.1%	14.8%	3.8%	
深度/m	声速/(km/s)	波幅/dB	声时/μs	*PSD*/(μs²/m)	深度/m	声速/(km/s)	波幅/dB	声时/μs	*PSD*/(μs²/m)	深度/m	声速/(km/s)	波幅/dB	声时/μs	*PSD*/(μs²/m)
0.00	2.735 *	0.00 *	351.0	0	0.00	4.361	69.37 *	230.2	0	0.00	2.775 *	0.00 *	351.0	0
0.25	2.735 *	51.87 *	351.0	0	0.25	4.392	69.93 *	228.6	10	0.25	2.775 *	51.87 *	351.0	0
0.50	2.735 *	0.00 *	351.0	0	0.50	4.423	79.29	227.0	10	0.50	2.775 *	0.00 *	351.0	0
0.75	2.735 *	0.00 *	351.0	0	0.75	4.423	82.63	227.0	0	0.75	4.048	79.47	240.6	48753
1.00	4.071	74.79 *	235.8	53084	1.00	4.361	82.24	230.2	41	1.00	4.173	75.39 *	233.4	207
1.25	3.899 *	79.47	246.2	433	1.25	4.361	83.35	230.2	0	1.25	2.775 *	0.00 *	351.0	55319
1.50	3.837 *	76.48 *	250.2	64	1.50	4.346	82.50	231.0	3	1.50	2.775 *	51.87 *	351.0	0
1.75	4.071	78.31	235.8	829	1.75	4.407	85.85	227.8	41	1.75	2.775 *	51.87 *	351.0	0
2.00	3.765 *	76.97	255.0	1475	2.00	4.258	79.47	235.8	256	2.00	3.856	81.97	252.6	38730
2.25	3.977	77.89	241.4	740	2.25	4.316	83.80	232.6	41	2.25	4.075	77.89	239.0	740
2.50	4.107	82.50	239.0	23	2.50	4.316	83.80	232.6	0	2.50	4.062	79.83	239.8	3
2.75	4.017	85.12	239.0	0	2.75	4.331	87.72	231.8	3	2.75	4.173	83.69	233.4	164
3.00	4.057	84.54	236.6	23	3.00	4.302	85.49	233.4	10	3.00	4.131	81.97	235.8	23
3.25	4.030	81.97	238.2	10	3.25	4.331	86.68	231.8	10	3.25	4.075	81.97	239.0	41
3.50	3.887 *	81.12	247.0	310	3.50	4.258	82.87	235.8	64	3.50	3.880	85.31	251.0	576
3.75	4.142	82.50	231.8	924	3.75	4.258	86.44	235.8	0	3.75	4.131	84.12	235.8	924
4.00	4.113	81.41	233.4	10	4.00	4.272	87.21	235.0	3	4.00	4.062	85.85	239.8	64
4.25	4.170	84.54	230.2	41	4.25	4.229	86.52	237.4	23	4.25	4.035	85.85	241.4	10
4.50	4.170	84.33	230.2	0	4.50	4.258	84.64	235.8	10	4.50	4.048	85.49	240.6	3
4.75	4.142	86.83	231.8	10	4.75	4.258	84.33	235.8	0	4.75	4.408	84.12	240.6	0
5.00	4.199	84.33	228.6	41	5.00	4.331	85.12	231.8	64	5.00	4.062	85.85	239.8	3
5.25	4.170	86.19	230.2	10	5.25	4.272	84.33	235.0	41	5.25	4.075	87.14	239.0	3
5.50	4.214	86.52	227.8	23	5.50	4.272	85.58	235.0	0	5.50	4.103	85.31	237.4	10
5.75	4.214	83.91	227.8	0	5.75	4.331	85.94	231.8	41	5.75	4.062	87.58	239.8	23
6.00	4.336	88.77	221.4	164	6.00	4.377	85.94	229.4	23	6.00	4.103	86.83	237.4	23
6.25	4.384	85.49	219.0	23	6.25	4.407	86.76	227.8	10	6.25	4.131	85.49	235.8	10
6.50	4.449	86.52	215.8	41	6.50	4.346	84.44	231.0	41	6.50	4.202	85.85	231.8	64
6.75	4.499	85.85	213.4	23	6.75	4.454	87.86	225.4	125	6.75	4.202	85.31	231.8	0
7.00	4.465	85.31	215.0	10	7.00	4.470	86.52	224.6	3	7.00	4.291	86.68	227.0	92
7.25	4.499	88.26	213.4	10	7.25	4.377	84.84	229.4	92	7.25	4.306	84.74	226.2	3
7.50	4.516	85.85	212.6	3	7.50	4.392	81.70	228.6	3	7.50	4.246	85.12	229.4	41
7.75	4.533	88.52	211.8	3	7.75	4.407	86.44	227.8	3	7.75	4.231	86.52	225.4	64
8.00	4.533	83.69	211.8	0	8.00	4.470	86.68	224.6	41	8.00	4.231	86.68	225.4	0
8.25	4.516	86.99	212.6	3	8.25	4.454	86.11	225.4	3	8.25	4.306	85.67	226.2	3
8.50	4.567	84.12	210.2	23	8.50	4.470	86.11	224.6	3	8.50	4.306	85.67	226.2	0
8.75	4.550	86.19	211.0	3	8.75	4.470	87.65	224.6	0	8.75	4.291	85.85	227.0	3
9.00	4.585	87.72	209.4	10	9.00	4.470	86.76	224.6	0	9.00	4.337	86.19	224.6	23
9.25	4.567	77.89	210.2	3	9.25	4.454	84.54	225.4	3	9.25	4.321	85.49	225.4	3
9.50	4.499	85.12	213.4	41	9.50	4.486	78.91	223.8	10	9.50	4.352	87.14	223.8	10

图 16-17　数据列表 1（实例 2）

数据列表

基桩编号	12-5	桩径		桩顶标高		测试日期	2010 年 05 月 25 日	N 1 2 3
设计标号		桩长		检测深度		灌注日期		

12 测距:960mm					23 测距:1004mm					13 测距:974mm				
深度/m	声速/(km/s)	波幅/dB	声时/μs	*PSD*/(μs^2/m)	深度/m	声速/(km/s)	波幅/dB	声时/μs	*PSD*/(μs^2/m)	深度/m	声速/(km/s)	波幅/dB	声时/μs	*PSD*/(μs^2/m)
9.75	4.449	86.83	215.8	23	9.75	4.316	87.29	232.6	310	9.75	4.352	84.54	223.8	0
10.00	4.352	82.24	220.6	92	10.00	4.331	86.02	231.8	3	10.00	4.352	87.43	223.8	0
10.25	4.416	84.93	217.4	41	10.25	4.346	86.68	231.0	3	10.25	4.276	86.19	227.8	64
10.50	4.352	84.33	220.6	41	10.50	4.361	83.69	230.2	3	10.50	4.187	84.93	232.6	92
10.75	4.432	87.72	216.6	64	10.75	4.361	87.58	230.2	0	10.75	4.145	85.67	235.0	23
11.00	4.320	81.41	222.2	125	11.00	4.407	87.86	227.8	23	11.00	4.187	86.52	232.6	23
11.25	4.320	84.74	222.2	0	11.25	4.454	87.14	225.4	23	11.25	4.202	84.74	231.8	3
11.50	4.368	80.50	219.8	23	11.50	4.423	85.94	227.0	10	11.50	4.187	85.85	232.6	3
11.75	4.449	83.23	215.8	64	11.75	4.407	86.76	227.8	3	11.75	4.202	82.50	231.8	3
12.00	4.516	81.70	212.6	41	12.00	4.377	83.91	229.4	10	12.00	4.202	85.31	231.8	0
12.25	4.602	82.50	208.6	64	12.25	4.439	86.83	226.2	41	12.25	4.321	85.31	225.4	164
12.50	4.602	83.46	208.6	0	12.50	4.502	81.27	223.0	41	12.50	4.337	86.02	224.6	3
12.75	2.735 *	51.87 *	351.0	81111	12.75	4.454	75.95 *	225.4	23	12.75	4.399	85.85	221.4	41
13.00	2.735 *	51.87 *	351.0	0	13.00	3.287 *	62.75 *	305.4	25600	13.00	2.775 *	63.91 *	351.0	67185
13.25	3.977	77.89	241.4	48049	13.25	3.738 *	69.37 *	268.6	5417	13.25	3.943	70.95 *	247.0	43264
13.50	3.912 *	75.39 *	245.4	64	13.50	3.817 *	63.91 *	263.0	125	13.50	4.075	81.12	239.0	256
13.75	4.099	76.97	234.2	502	13.75	3.672 *	59.83 *	273.4	433	13.75	4.035	83.46	241.4	23
14.00	4.259	84.93	225.4	310	14.00	4.287	73.08 *	234.2	6147	14.00	4.048	86.99	240.6	3
14.25	4.320	85.12	222.2	41	14.25	3.937 *	67.43 *	255.0	1731	14.25	4.062	86.02	239.8	3
14.50	4.199	85.31	228.6	164	14.50	3.937 *	81.97	255.0	0	14.50	4.117	82.50	236.6	41
14.75	4.185	84.33	229.4	3	14.75	4.215	80.81	238.2	1129	14.75	4.187	83.00	232.6	64
15.00	4.156	83.00	231.0	10	15.00	4.272	79.65	235.0	41	15.00	4.103	87.43	237.4	92
15.25	4.057	81.97	236.6	125	15.25	4.331	83.35	231.8	41	15.25	4.117	87.14	236.6	3
15.50	4.085	75.95 *	235.0	10	15.50	4.377	85.49	229.4	23	15.50	4.145	87.14	235.0	10
15.75	4.170	85.67	230.2	92	15.75	4.423	85.40	227.0	23	15.75	4.216	86.19	231.0	64
16.00	4.229	82.24	227.0	41	16.00	4.470	85.31	224.6	23	16.00	4.246	85.85	229.4	10
16.25	4.156	81.12	231.0	64	16.25	4.584	85.22	219.0	125	16.25	4.131	83.00	235.8	164
16.50	4.185	84.12	229.4	10	16.50	4.535	86.68	221.4	23	16.50	4.159	82.24	234.2	10
16.75	4.259	84.12	225.4	64	16.75	4.584	85.12	219.0	23	16.75	4.202	85.31	231.8	23
17.00	4.259	85.85	225.4	0	17.00	4.502	86.27	223.0	64	17.00	4.216	87.14	231.0	3
17.25	4.259	85.31	225.4	0	17.25	4.601	87.36	218.2	92	17.25	4.276	81.41	227.8	41
17.50	4.274	75.39 *	224.6	3	17.50	4.584	86.91	219.0	3	17.50	4.368	85.49	223.0	92
17.75	4.368	87.43	219.8	92	17.75	4.670	81.27	215.0	64	17.75	4.337	77.89	224.6	10
18.00	4.305	87.58	223.0	41	18.00	4.601	85.58	218.2	41	18.00	4.291	76.97 *	227.0	23
18.25	4.214	83.91	227.8	92	18.25	4.652	84.93	215.8	23	18.25	4.383	86.35	222.2	92
18.50	4.290	86.52	223.8	64	18.50	4.584	85.40	219.0	41	18.50	4.291	83.69	227.0	92
18.75	4.185	86.52	229.4	125	18.75	4.551	85.22	220.6	10	18.75	4.368	86.02	223.0	64
19.00	4.199	88.26	228.6	3	19.00	4.551	87.43	220.6	0	19.00	4.231	82.75	230.2	207
19.25	4.199	83.46	228.6	0	19.25	4.551	86.44	220.6	0	19.25	4.276	87.43	227.8	23
19.50	4.274	88.52	224.6	64	19.50	4.535	87.14	221.4	3	19.50	4.173	84.74	233.4	125
19.75	4.170	86.83	230.2	125	19.75	4.502	87.14	223.0	10	19.75	4.246	85.31	229.4	64
20.00	4.142	87.86	231.8	10	20.00	4.551	85.03	220.6	23	20.00	4.202	86.35	231.8	23
20.25	4.185	83.69	229.4	23	20.25	4.535	87.29	221.4	3	20.25	4.159	80.50	234.2	23
20.50	4.229	86.83	227.0	23	20.50	4.502	86.35	223.0	10	20.50	4.276	86.19	227.8	164
20.75	4.071	86.02	235.8	310	20.75	4.470	85.31	224.6	10	20.75	4.131	84.93	235.8	256
21.00	4.127	85.12	232.6	41	21.00	4.439	87.14	226.2	10	21.00	4.173	87.58	233.4	23
21.25	4.113	83.23	233.4	3	21.25	4.346	87.99	231.0	92	21.25	4.261	86.02	228.6	92
21.50	4.113	84.74	233.4	0	21.50	4.331	87.58	231.8	3	21.50	4.231	86.99	230.2	10
21.75	4.274	85.31	224.6	310	21.75	4.423	86.68	227.0	92	21.75	4.321	84.74	225.4	92
22.00	4.244	84.74	226.2	10	22.00	4.439	80.17	226.2	3	22.00	4.246	83.69	229.4	64
22.25	4.274	87.72	224.6	10	22.25	4.502	88.26	223.0	41	22.25	4.306	86.52	226.2	41
22.50	4.199	87.14	228.6	64	22.50	4.486	84.12	223.8	3	22.50	4.306	88.13	226.2	0
22.75	4.229	86.52	227.0	10	22.75	4.535	86.99	221.4	23	22.75	4.337	87.99	224.6	10

图 16-18　数据列表 2（实例 2）

数据列表

基桩编号	12-5	桩径		桩顶标高		测试日期	2010 年 05 月 25 日	N ↑ 1 2 3
设计标号		桩长		检测深度		灌注日期		

12 测距:960mm					23 测距:1004mm					13 测距:974mm				
深度/m	声速/(km/s)	波幅/dB	声时/μs	*PSD*/(μs²/m)	深度/m	声速/(km/s)	波幅/dB	声时/μs	*PSD*/(μs²/m)	深度/m	声速/(km/s)	波幅/dB	声时/μs	*PSD*/(μs²/m)
23.00	4.229	86.99	227.0	0	23.00	4.568	85.31	219.8	10	23.00	4.352	84.74	223.8	3
23.25	4.274	88.26	224.6	23	23.25	4.518	85.49	222.2	23	23.25	4.291	83.69	227.0	41
23.50	4.384	88.26	219.0	125	23.50	4.551	85.85	220.6	10	23.50	4.306	87.72	226.2	3
23.75	4.229	85.85	227.0	256	23.75	4.518	75.95 *	222.2	10	23.75	4.447	84.54	219.0	207
24.00	4.352	86.83	220.6	164	24.00	4.502	85.85	223.0	3	24.00	4.246	86.35	229.4	433
24.25	4.290	86.02	223.8	41	24.25	4.407	85.67	227.8	92	24.25	4.261	88.26	228.6	3
24.50	4.185	86.35	229.4	125	24.50	4.407	88.77	227.8	0	24.50	4.291	86.19	227.0	10
24.75	4.214	88.13	227.8	10	24.75	4.361	87.29	230.2	23	24.75	4.321	87.72	225.4	10
25.00	4.185	86.02	229.4	10	25.00	4.287	82.24	234.2	64	25.00	4.337	87.86	224.6	3
25.25	4.185	86.02	229.4	0	25.25	4.331	86.35	231.8	23	25.45	4.306	86.83	226.2	10
25.50	4.199	86.99	228.6	3	25.50	4.272	81.97	235.0	41	25.50	4.321	87.99	225.4	3
25.75	4.185	87.72	229.4	3	25.75	4.377	89.14	229.4	125	25.75	4.231	87.14	230.2	92
26.00	4.185	85.49	229.4	0	26.00	4.331	86.02	231.8	23	26.00	4.321	89.37	225.4	92
26.25	4.244	87.14	226.2	41	26.25	4.316	87.72	232.6	3	26.25	4.048	93.45	240.6	924
26.50	4.199	82.75	228.6	23	26.50	4.331	88.26	231.8	3	26.50	4.337	89.25	224.6	1024
26.75	4.290	86.35	223.8	92	26.75	4.258	86.02	235.8	64	26.75	4.231	80.50	230.2	125
27.00	4.214	85.49	227.8	64	27.00	4.302	89.49	233.4	23	27.00	4.291	90.56	227.0	41
27.25	4.259	86.68	225.4	23	27.25	4.346	87.29	231.0	23	27.25	4.231	85.49	230.2	41
27.50	4.320	87.14	222.2	41	27.50	4.287	89.60	234.2	41	27.50	4.246	88.52	229.4	3
27.75	4.449	88.39	215.8	164	27.75	4.439	90.35	226.2	256	27.75	4.246	84.54	229.4	0
28.00	4.352	85.12	220.6	92	28.00	4.392	88.26	228.6	23	28.00	4.321	84.93	225.4	64
28.25	4.384	86.68	219.0	10	28.25	4.423	87.43	227.0	10	28.25	4.368	85.31	223.0	23
28.50	4.432	86.99	216.6	23	28.50	4.423	86.52	227.0	0	28.50	4.306	83.69	226.2	41
28.75	4.400	89.02	218.2	10	28.75	4.470	86.83	224.6	23	28.75	4.231	86.99	230.2	64
29.00	4.336	86.68	221.4	41	29.00	4.470	86.02	224.6	0	29.00	4.246	85.12	229.4	3
29.25	4.336	86.35	221.4	0	29.25	4.377	83.46	229.4	92	29.25	4.202	89.60	231.8	23
29.50	4.320	82.75	222.2	3	29.50	4.568	85.12	219.8	369	29.50	4.048	86.99	240.6	310
29.75	4.274	74.79 *	224.6	23	29.75	4.316	83.23	232.6	655	29.75	4.173	87.14	233.4	207
30.00	4.274	86.52	224.6	0	30.00	4.392	85.49	228.6	64	30.00	4.075	81.41	239.0	125
30.25	4.244	83.46	226.2	10	30.25	4.346	84.33	231.0	23	30.25	4.173	87.29	233.4	125
30.50	4.305	80.81	223.0	41	30.50	4.377	85.31	229.4	10	30.50	4.231	83.46	230.2	41
30.75	4.368	85.85	219.8	41	30.75	4.392	84.33	228.6	3	30.75	4.276	80.50	227.8	23
31.00	4.229	81.12	227.0	207	31.00	4.346	87.14	231.0	23	31.00	4.291	86.02	227.0	3
31.25	4.274	86.83	224.6	23	31.25	4.361	85.12	230.2	3	31.25	4.261	86.35	228.6	10
31.50	4.290	87.58	223.8	3	31.50	4.377	86.99	229.4	3	31.50	4.246	85.49	229.4	3
31.75	4.290	83.69	223.8	0	31.75	4.470	83.46	224.6	92	31.75	4.276	85.49	227.8	10
32.00	4.320	87.99	222.2	10	32.00	4.423	86.52	227.0	23	32.00	4.216	81.97	231.0	41
32.25	4.259	84.93	225.4	41	32.25	4.470	87.29	224.6	23	32.25	4.291	87.58	227.0	64
32.50	4.290	87.58	223.8	10	32.50	4.486	86.99	223.8	3	32.50	4.202	85.12	231.8	92
32.75	4.229	85.12	227.0	41	32.75	4.535	87.72	221.4	23	32.75	4.261	86.52	228.6	41
33.00	4.274	87.14	224.6	23	33.00	4.502	86.02	223.0	10	33.00	4.216	86.52	231.0	23
33.25	4.142	85.31	231.8	207	33.25	4.470	86.83	224.6	10	33.25	4.231	87.29	230.2	3
33.50	4.185	86.52	229.4	23	33.50	4.331	84.93	231.8	207	33.50	4.202	86.52	231.8	10
33.75	4.099	86.99	234.2	92	33.75	4.361	84.33	230.2	10	33.75	4.173	87.58	233.4	10
34.00	4.044	87.43	237.4	41	34.00	4.423	79.47	227.0	41	34.00	4.276	90.86	227.8	125
34.25	4.214	86.52	227.8	369	34.25	4.439	81.12	226.2	3	34.25	4.352	77.89	223.8	64
34.50	4.214	88.52	227.8	0	34.50	4.486	86.19	223.8	23	34.50	4.306	88.52	226.2	23
34.75	4.185	86.83	229.4	10	34.75	4.601	87.29	218.2	125	34.75	4.246	85.12	229.4	41
35.00	4.156	87.14	231.0	10	35.00	4.635	87.29	216.6	10	35.00	4.246	85.31	229.4	0
35.25	4.127	82.24	232.6	10	35.25	4.618	87.14	217.4	3	35.25	4.337	86.35	224.6	92
35.50	4.290	88.26	223.8	310	35.50	4.568	86.83	219.8	23	35.50	4.276	84.74	227.8	41
35.75	4.244	85.67	226.2	23	35.75	4.618	87.99	217.4	23	35.75	4.321	87.58	225.4	23
36.00	4.259	87.58	225.4	3	36.00	4.568	85.12	219.8	23	36.00	4.321	84.93	225.4	0

图 16-19 数据列表 3（实例 2）

数据列表

基桩编号	12-5	桩径		桩顶标高		测试日期	2010 年 05 月 25 日	N 1 2 3
设计标号		桩长		检测深度		灌注日期		

12 测距:960mm					23 测距:1004mm					13 测距:974mm				
深度/m	声速/(km/s)	波幅/dB	声时/μs	PSD/(μs^2/m)	深度/m	声速/(km/s)	波幅/dB	声时/μs	PSD/(μs^2/m)	深度/m	声速/(km/s)	波幅/dB	声时/μs	PSD/(μs^2/m)
36.25	4.142	85.49	231.8	164	36.25	4.535	87.43	221.4	10	36.25	4.321	86.35	225.4	0
36.50	4.214	89.25	227.8	64	36.50	4.518	84.93	222.2	3	36.50	4.352	84.12	223.8	10
36.75	4.214	85.85	227.8	0	36.75	4.551	85.12	220.6	10	36.75	4.368	85.31	223.0	3
37.00	4.229	81.70	227.0	3	37.00	4.502	86.35	223.0	23	37.00	4.383	87.29	222.2	3
37.25	4.199	85.85	228.6	10	37.25	4.535	83.23	221.4	10	37.25	4.368	86.68	223.0	3
37.50	4.229	85.49	227.0	10	37.50	4.439	80.17	226.2	92	37.50	4.368	86.19	223.0	0
37.75	4.185	84.93	229.4	23	37.75	4.470	85.31	224.6	10	37.75	4.352	82.50	223.8	3
38.00	4.214	85.85	227.8	10	38.00	4.439	85.49	226.2	10	38.00	4.399	83.46	221.4	23
38.25	4.127	85.85	232.6	92	38.25	4.486	86.02	223.8	23	38.25	4.415	83.91	220.6	3
38.50	4.156	84.93	231.0	10	38.50	4.486	85.31	223.8	0	38.50	4.497	85.31	216.6	64
38.75	4.229	86.35	227.0	64	38.75	4.407	85.12	227.8	64	38.75	4.581	85.85	212.6	64
39.00	4.214	86.35	227.8	3	39.00	4.377	80.50	229.4	10	39.00	4.547	79.83	214.2	10
39.25	4.156	83.23	231.0	41	39.25	4.316	81.12	232.6	41	39.25	4.599	85.85	211.8	23
39.50	4.170	84.93	230.2	3	39.50	4.316	83.23	232.6	0	39.50	4.705	87.58	207.0	92
39.75	4.127	85.31	232.6	23	39.75	4.243	82.24	236.6	64	39.75	4.705	87.29	207.0	0
40.00	4.142	84.74	231.8	3	40.00	4.243	86.83	236.6	0	40.00	4.836	87.72	201.4	125
40.25	4.127	83.69	232.6	3	40.25	4.302	84.54	233.4	41	40.25	4.705	84.33	207.0	125
40.50	4.185	83.91	229.4	41	40.50	4.243	85.31	236.6	41	40.50	4.724	85.67	206.2	3
40.75	4.199	85.31	228.6	3	40.75	4.229	86.02	237.4	3	40.75	4.687	86.19	207.8	10
41.00	4.156	84.54	231.0	23	41.00	4.215	86.35	238.2	3	41.00	4.616	85.49	211.0	41
41.25	4.244	81.97	226.2	92	41.25	4.229	85.12	237.4	3	41.25	4.599	84.74	211.8	3
41.50	4.142	81.41	231.8	125	41.50	4.215	84.12	238.2	3	41.50	4.669	83.23	208.6	41
41.75	4.199	84.74	228.6	41	41.75	4.159	81.97	241.4	41	41.75	4.669	84.54	208.6	0
42.00	4.185	84.33	229.4	3	42.00	4.145	83.00	242.2	3	42.00	4.705	84.33	207.0	10
42.25	4.259	85.31	225.4	64	42.25	4.132	84.12	243.0	3	42.25	4.761	86.35	204.6	23
42.50	4.185	86.02	229.4	64	42.50	4.132	85.12	243.0	0	42.50	4.742	87.72	205.4	3
42.75	4.199	83.00	228.6	3	42.75	4.173	84.74	240.6	23	42.75	4.669	86.02	208.6	41
43.00	4.229	83.00	227.0	10	43.00	4.132	83.69	243.0	23	43.00	4.616	84.74	211.0	23

图 16-20　数据列表 4（实例 2）

【实例 3】 该桥梁桩，设计要求同时进行低应变和声波透射完整性检测。低应变检测结果 9m 左右位置存在缺陷，声波透射检测结果该部位正常。实测曲线见图 16-21～图 16-28。

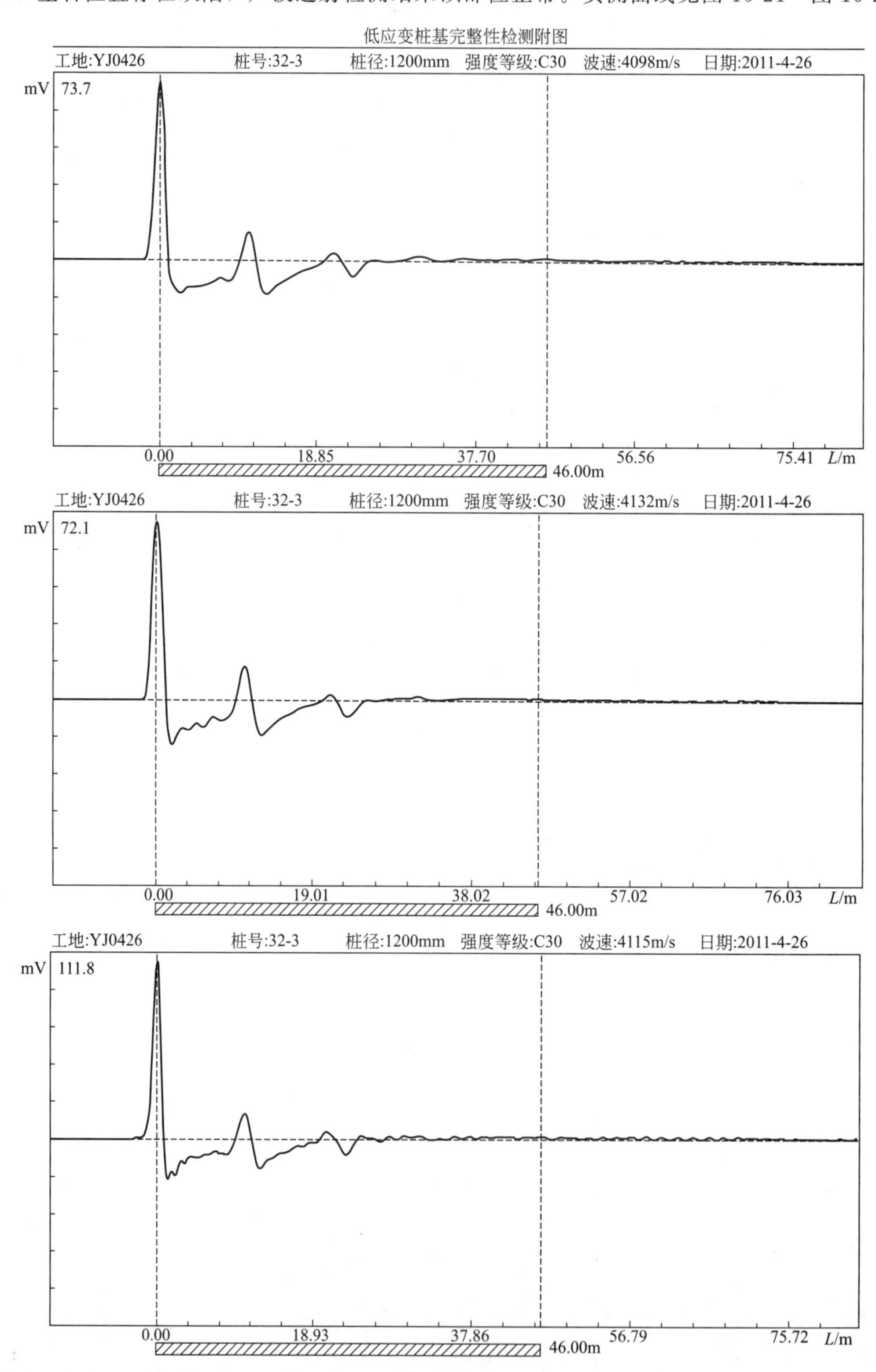

图 16-21 低应变曲线图（实例 3）

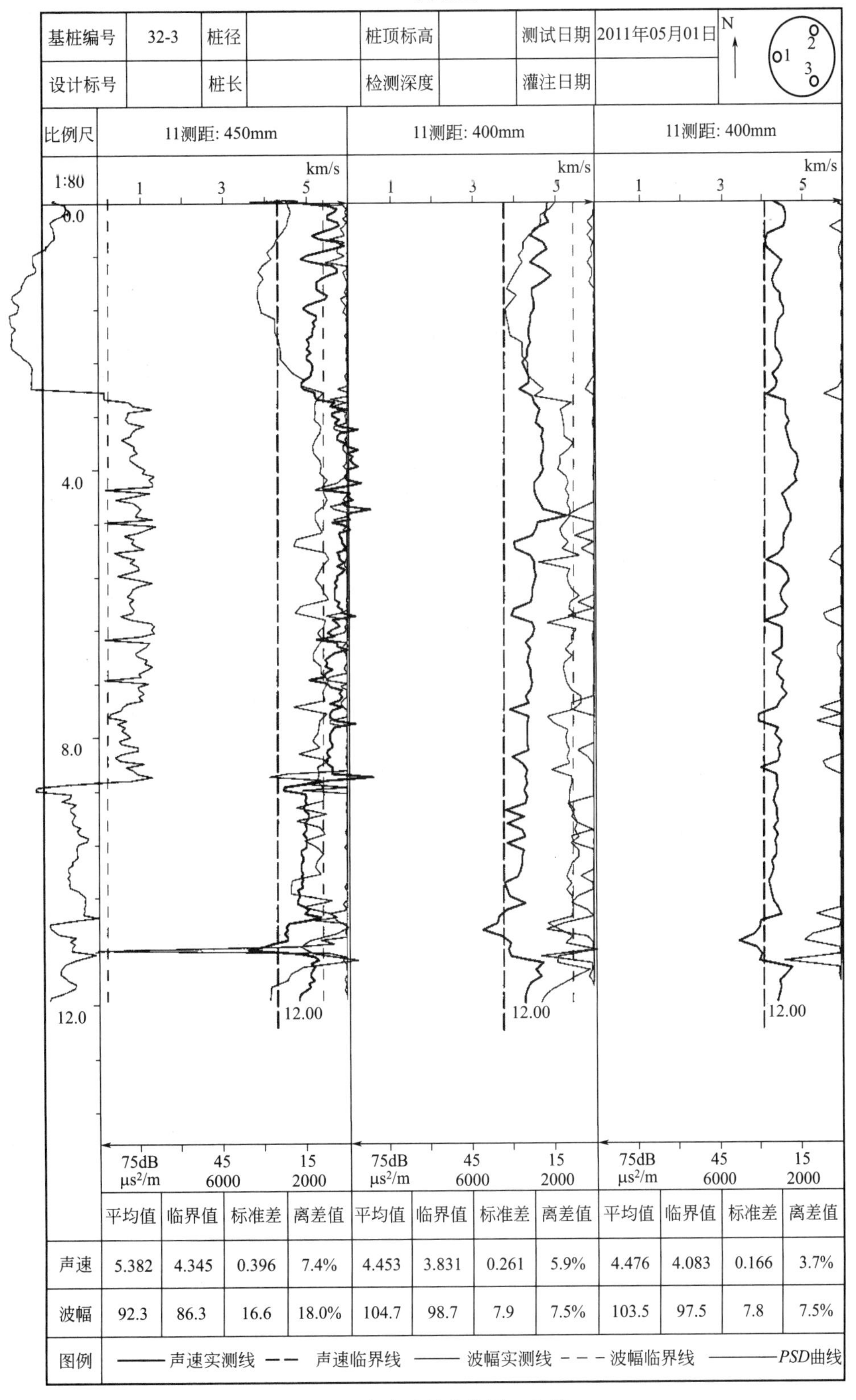

	平均值	临界值	标准差	离差值	平均值	临界值	标准差	离差值	平均值	临界值	标准差	离差值
声速	5.382	4.345	0.396	7.4%	4.453	3.831	0.261	5.9%	4.476	4.083	0.166	3.7%
波幅	92.3	86.3	16.6	18.0%	104.7	98.7	7.9	7.5%	103.5	97.5	7.8	7.5%

图 16-22　声波透射曲线图（实例 3）

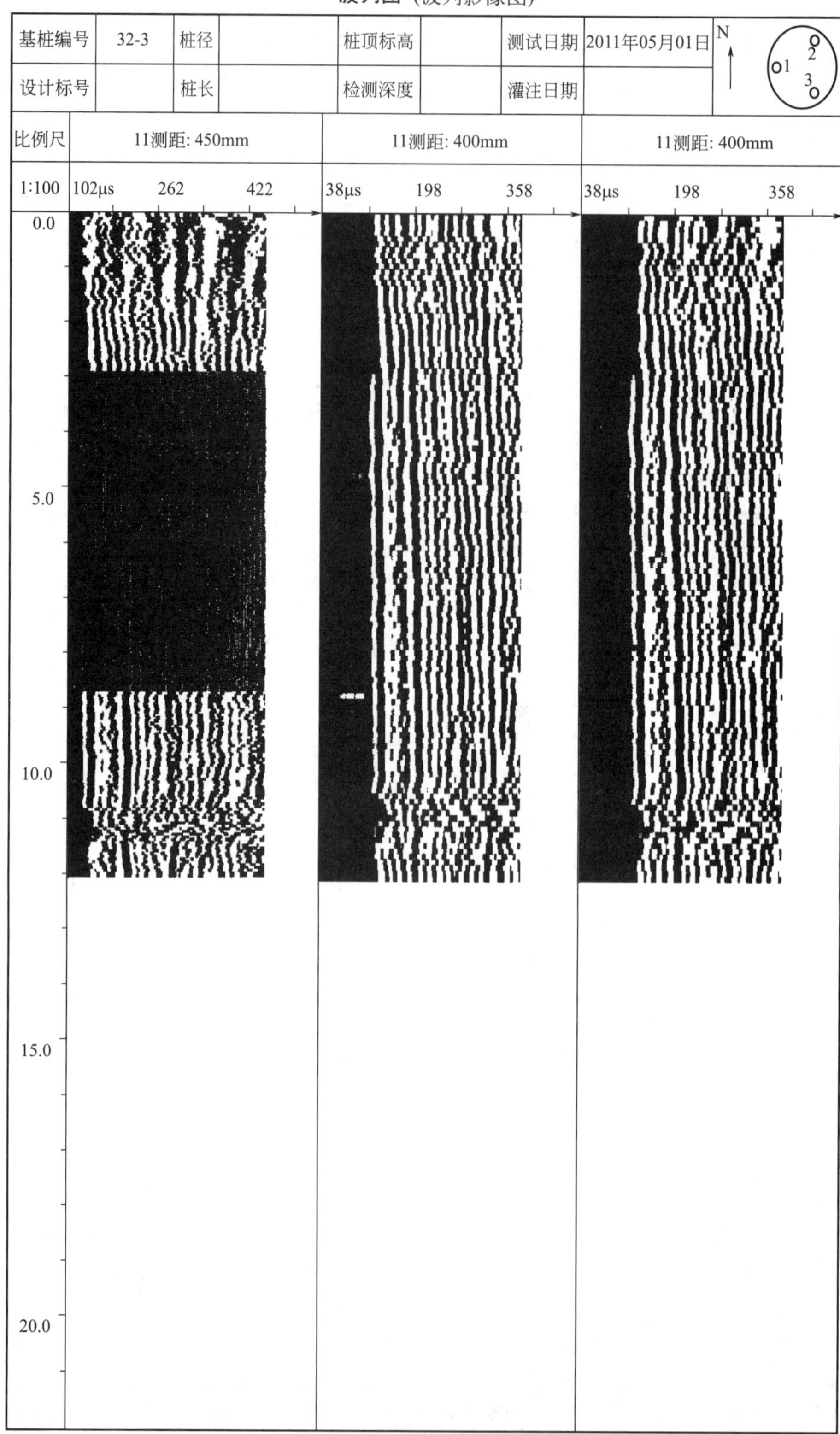

图 16-23 波列影像图（实例 3）

数据列表

基桩编号	32-3	桩径		桩顶标高		测试日期	2011 年 05 月 01 日
设计标号		桩长		检测深度		灌注日期	

11 测距：450mm				
	声速/(km/s)	波幅/dB	声时/μs	*PSD*/(μs²/m)
最大值	6.637	122.63	123.0	18483
最小值	3.659	68.77	67.8	0
平均值	5.382	92.34	84.5	306
标准差	0.396	16.59	6.0	
离差	7.4%	18.0%	7.1%	
深度/m	声速/(km/s)	波幅/dB	声时/μs	*PSD*/(μs²/m)
0.00	4.620	106.06	97.4	0
0.05	4.658	107.06	96.6	13
0.10	5.528	102.43	81.4	4621
0.15	5.754	102.11	78.2	205
0.20	5.696	101.04	79.0	13
0.25	5.528	102.75	81.4	115
0.30	5.528	106.06	81.4	0
0.35	5.754	107.79	78.2	205
0.40	5.814	107.61	77.4	13
0.45	5.639	106.87	79.8	115
0.50	5.370	106.68	83.8	320
0.55	5.172	106.27	87.0	205
0.60	5.319	106.27	84.6	115
0.65	5.754	107.79	78.2	819
0.70	5.937	108.77	75.8	115
0.75	5.639	109.37	79.8	320
0.80	5.319	112.08	84.6	461
0.85	5.034	113.98	89.4	461
0.90	4.902	113.98	91.8	115
0.95	5.172	113.98	87.0	461
1.00	5.639	113.81	79.8	1037
1.05	5.754	112.89	78.2	51
1.10	5.754	113.27	78.2	0
1.15	5.528	115.95	81.4	205
1.20	5.370	116.85	83.8	115
1.25	5.269	117.44	85.4	51
1.30	5.269	118.21	85.4	0
1.35	5.269	118.42	85.4	0
1.40	5.370	119.56	83.8	51
1.45	5.528	121.41	81.4	115
1.50	5.474	121.77	82.2	13
1.55	5.220	120.73	86.2	320
1.60	5.034	119.10	89.4	205
1.65	4.945	119.47	91.0	51
1.70	5.079	119.83	88.6	115
1.75	5.269	122.63	85.4	205
1.80	5.269	122.37	85.4	0
1.85	5.172	122.37	87.0	51
1.90	5.220	121.97	86.2	13

11 测距：400mm				
	声速/(km/s)	波幅/dB	声时/μs	*PSD*/(μs²/m)
最大值	5.333	121.84	120.6	2560
最小值	3.317	85.85	75.0	0
平均值	4.453	104.67	88.5	235
标准差	0.261	7.87	3.6	
离差	5.9%	7.5%	4.0%	
深度/m	声速/(km/s)	波幅/dB	声时/μs	*PSD*/(μs²/m)
0.00	4.866	111.87	82.2	0
0.10	4.866	111.19	82.2	0
0.20	4.819	110.20	83.0	6
0.30	4.914	111.19	81.4	26
0.40	4.598	111.42	87.0	314
0.50	4.474	113.08	89.4	58
0.60	4.773	115.10	83.8	314
0.70	4.866	116.09	82.2	26
0.80	4.640	118.52	86.2	160
0.90	4.474	117.09	89.4	102
1.00	4.773	120.08	83.8	314
1.10	4.963	121.77	80.6	102
1.20	4.773	119.83	83.8	102
1.30	4.515	121.70	88.6	230
1.40	4.515	121.84	88.6	0
1.50	4.556	121.84	87.8	6
1.60	4.556	121.27	87.8	0
1.70	4.474	120.58	89.4	26
1.80	4.474	115.81	89.4	0
1.90	4.435	115.81	90.2	6
2.00	4.435	115.75	90.2	0
2.10	4.474	114.71	89.4	6
2.20	4.396	114.23	91.0	26
2.30	4.396	113.63	91.0	0
2.40	4.283	113.81	93.4	58
2.50	4.357	111.65	91.8	26
2.60	4.435	109.79	90.2	26
2.70	4.435	105.85	90.2	0
2.80	4.211	106.48	95.0	230
2.90	4.515	98.42 *	88.6	410
3.00	4.556	101.04	87.8	6
3.10	4.684	101.77	85.4	58
3.20	4.640	101.41	86.2	6
3.30	4.598	101.77	87.0	6
3.40	4.773	99.38	83.8	102
3.50	4.728	99.83	84.6	6
3.60	4.773	101.41	83.8	6
3.70	4.773	102.43	83.8	0
3.80	4.728	102.11	84.6	6

11 测距：400mm				
	声速/(km/s)	波幅/dB	声时/μs	*PSD*/(μs²/m)
最大值	4.914	121.84	115.8	2822
最小值	3.454	88.77	81.4	0
平均值	4.476	103.48	89.3	163
标准差	0.166	7.76	3.2	
离差	3.7%	7.5%	3.5%	
深度/m	声速/(km/s)	波幅/dB	声时/μs	*PSD*/(μs²/m)
0.00	4.283	103.91	93.4	0
0.10	4.556	105.85	87.8	314
0.20	4.598	109.37	87.0	6
0.30	4.598	109.08	87.0	0
0.40	4.556	109.93	87.8	6
0.50	4.175	113.45	95.8	640
0.60	4.107	115.39	97.4	26
0.70	4.141	115.25	96.6	6
0.80	4.320	117.09	92.6	160
0.90	4.515	115.68	88.6	160
1.00	4.435	117.33	90.2	26
1.10	4.320	118.91	92.6	58
1.20	4.283	120.08	93.4	6
1.30	4.320	121.41	92.6	6
1.40	4.474	117.89	89.4	102
1.50	4.474	120.00	89.4	0
1.60	4.556	121.84	87.8	26
1.70	4.556	121.70	87.8	0
1.80	4.435	121.12	90.2	58
1.90	4.396	120.66	91.0	6
2.00	4.357	120.08	91.8	6
2.10	4.357	115.81	91.8	0
2.20	4.357	115.81	91.8	0
2.30	4.474	115.75	89.4	58
2.40	4.515	113.88	88.6	6
2.50	4.435	113.88	90.2	26
2.60	4.283	113.67	93.4	102
2.70	4.396	110.95	91.0	58
2.80	4.357	108.13	91.8	6
2.90	4.141	111.42	96.6	230
3.00	4.598	98.31	87.0	922
3.10	4.598	102.24	87.0	0
3.20	4.598	101.41	87.0	0
3.30	4.684	101.12	85.4	26
3.40	4.598	100.81	87.0	26
3.50	4.640	100.81	86.2	6
3.60	4.684	97.44 *	85.4	6
3.70	4.728	99.47	84.6	6
3.80	4.866	102.50	82.2	58

图 16-24　数据列表 1（实例 3）

数据列表

基桩编号	32-3	桩径		桩顶标高		测试日期	2011年05月01日	N ↑ O1 2 3
设计标号		桩长		检测深度		灌注日期		

11 测距:450mm

深度/m	声速/(km/s)	波幅/dB	声时/μs	PSD/(μs²/m)
1.95	5.172	120.33	87.0	13
2.00	5.172	121.63	87.0	0
2.05	5.172	121.84	87.0	0
2.10	5.034	121.56	89.4	115
2.15	5.079	121.84	88.6	13
2.20	5.079	121.84	88.6	0
2.25	5.034	121.63	89.4	13
2.30	5.125	119.83	87.8	51
2.35	5.034	118.21	89.4	51
2.40	5.034	117.21	89.4	0
2.45	5.125	115.53	87.8	51
2.50	5.172	114.64	87.0	13
2.55	5.172	114.31	87.0	0
2.60	5.125	114.64	87.8	13
2.65	5.125	114.48	87.8	0
2.70	4.989	114.48	90.2	115
2.75	4.902	114.64	91.8	51
2.80	4.902	114.48	91.8	0
2.85	4.945	114.79	91.0	13
2.90	5.220	87.86	86.2	461
2.95	5.220	87.86	86.2	0
3.00	5.269	87.86	85.4	13
3.05	5.696	78.72 *	79.0	819
3.10	5.583	77.44 *	80.6	51
3.15	6.000	70.46 *	75.0	627
3.20	5.639	78.91 *	79.8	461
3.25	5.639	79.10 *	79.8	0
3.30	5.814	80.00 *	77.4	115
3.35	5.696	78.72 *	79.0	51
3.40	5.814	73.08 *	77.4	51
3.45	6.267	76.22 *	71.8	627
3.50	5.814	77.67 *	77.4	627
3.55	5.754	78.10 *	78.2	13
3.60	5.754	81.41 *	78.2	0
3.65	5.937	79.10 *	75.8	115
3.70	6.000	76.73 *	75.0	13
3.75	6.267	76.97 *	71.8	205
3.80	6.000	75.39 *	75.0	205
3.85	6.131	78.31 *	73.4	51
3.90	6.065	78.31 *	74.2	13
3.95	6.131	76.73 *	73.4	13
4.00	6.267	75.10 *	71.8	51
4.05	6.000	72.70 *	75.0	205
4.10	6.000	73.81 *	75.0	0
4.15	5.937	69.37 *	75.8	13
4.20	6.000	71.42 *	75.0	13
4.25	6.338	69.93 *	71.0	320
4.30	5.937	69.93 *	75.8	461
4.35	5.422	87.50	83.0	1037
4.40	6.065	70.95 *	74.2	1549
4.45	6.000	76.22 *	75.0	13
4.50	6.131	83.58 *	73.4	51
4.55	5.875	77.21 *	76.6	205

11 测距:400mm

深度/m	声速/(km/s)	波幅/dB	声时/μs	PSD/(μs²/m)
3.90	4.728	99.83	84.6	0
4.00	4.773	99.38	83.8	6
4.10	4.684	99.83	85.4	26
4.20	4.556	97.33 *	87.8	58
4.30	4.556	98.91	87.8	0
4.40	4.598	98.42 *	87.0	6
4.50	4.684	97.33 *	85.4	26
4.60	4.773	98.42 *	83.8	26
4.70	5.333	101.41	75.0	774
4.80	4.640	101.41	86.2	1254
4.90	4.598	100.25	87.0	6
5.00	4.515	98.91	88.6	26
5.10	4.073	108.29	98.2	922
5.20	4.107	109.22	97.4	6
5.30	4.474	97.89 *	89.4	640
5.40	4.556	96.73 *	87.8	26
5.50	4.556	98.91	87.8	0
5.60	4.598	100.25	87.0	6
5.70	4.556	101.41	87.8	6
5.80	4.515	99.38	88.6	6
5.90	4.515	98.42 *	88.6	0
6.00	4.474	96.73 *	89.4	6
6.10	4.073	106.87	98.2	774
6.20	4.008	108.77	99.8	26
6.30	4.515	97.89 *	88.6	1254
6.40	4.556	98.42 *	87.8	6
6.50	4.515	100.66	88.6	6
6.60	4.357	98.91	91.8	102
6.70	4.474	100.66	89.4	58
6.80	4.435	102.11	90.2	6
6.90	4.396	102.11	91.0	6
7.00	4.474	99.38	89.4	26
7.10	4.474	99.38	89.4	0
7.20	4.515	96.73 *	88.6	6
7.30	4.474	97.89 *	89.4	6
7.40	4.357	98.91	91.8	58
7.50	4.435	97.89 *	90.2	26
7.60	3.976	109.37	100.6	1082
7.70	4.435	97.33 *	90.2	1082
7.80	4.396	99.83	91.0	6
7.90	4.396	100.25	91.0	0
8.00	4.396	100.66	91.0	0
8.10	4.396	102.43	91.0	0
8.20	4.435	99.83	90.2	6
8.30	4.040	107.25	99.0	774
8.40	4.283	96.73 *	93.4	314
8.50	4.396	100.66	91.0	58
8.60	4.357	100.25	91.8	6
8.70	4.396	100.66	91.0	6
8.80	4.320	98.91	92.6	26
8.90	4.396	98.42 *	91.0	26
9.00	4.357	98.42 *	91.8	6
9.10	3.883	108.29	103.0	1254

11 测距:400mm

深度/m	声速/(km/s)	波幅/dB	声时/μs	PSD/(μs²/m)
3.90	4.914	102.24	81.4	6
4.00	4.866	103.23	82.2	6
4.10	4.819	100.17	83.0	6
4.20	4.866	99.47	82.2	6
4.30	4.684	100.50	85.4	102
4.40	4.515	99.10	88.6	102
4.50	4.598	99.83	87.0	26
4.60	4.640	98.72	86.2	6
4.70	4.728	98.72	84.6	26
4.80	4.728	100.50	84.6	0
4.90	4.640	102.50	86.2	26
5.00	4.556	101.70	87.8	26
5.10	4.556	99.47	87.8	0
5.20	4.556	101.70	87.8	0
5.30	4.435	95.39 *	90.2	58
5.40	4.141	110.04	96.6	410
5.50	4.515	98.72	88.6	640
5.60	4.640	99.83	86.2	58
5.70	4.684	99.47	85.4	6
5.80	4.556	98.31	87.8	58
5.90	4.474	95.39 *	89.4	26
6.00	4.515	98.72	88.6	6
6.10	4.640	99.10	86.2	58
6.20	4.556	96.48 *	87.8	26
6.30	4.107	107.14	97.4	922
6.40	4.515	96.48 *	88.6	774
6.50	4.515	98.31	88.6	0
6.60	4.515	97.89	88.6	0
6.70	4.515	100.50	88.6	0
6.80	4.283	97.89	93.4	230
6.90	4.515	100.81	88.6	230
7.00	4.435	101.12	90.2	26
7.10	4.396	100.50	91.0	6
7.20	4.556	99.83	87.8	102
7.30	4.515	98.31	88.6	6
7.40	4.640	94.79 *	86.2	58
7.50	4.474	94.79 *	89.4	102
7.60	4.396	97.44 *	91.0	26
7.70	3.945 *	106.99	101.4	1082
7.80	3.945 *	104.54	101.4	0
7.90	4.435	99.47	90.2	1254
8.00	4.357	100.17	91.8	26
8.10	4.515	99.83	88.6	102
8.20	4.435	98.72	90.2	26
8.30	4.474	99.83	89.4	6
8.40	4.435	98.72	90.2	6
8.50	4.008 *	105.49	99.8	922
8.60	4.396	97.89	91.0	774
8.70	4.396	97.89	91.0	0
8.80	4.435	98.72	90.2	6
8.90	4.357	98.72	91.8	26
9.00	4.320	99.10	92.6	6
9.10	4.396	96.97 *	91.0	26

图 16-25　数据列表 2（实例 3）

数据列表

基桩编号	32-3	桩径		桩顶标高		测试日期	2011 年 05 月 01 日
设计标号		桩长		检测深度		灌注日期	

N ↑　O1　O2　O3

11 测距:450mm				
深度 /m	声速 /(km/s)	波幅 /dB	声时 /μs	*PSD* /(μs²/m)
4.60	6.000	75.39 *	75.0	51
4.65	6.560	74.15 *	68.6	819
4.70	6.065	75.39 *	74.2	627
4.75	6.000	76.22 *	75.0	13
4.80	6.065	69.93 *	74.2	13
4.85	5.639	87.43	79.8	627
4.90	6.000	68.77 *	75.0	461
4.95	6.065	72.29 *	74.2	13
5.00	5.814	75.10 *	77.4	205
5.05	5.814	80.33 *	77.4	0
5.10	5.875	76.73 *	76.6	13
5.15	5.875	77.67 *	76.6	0
5.20	5.937	75.95 *	75.8	13
5.25	6.000	73.08 *	75.0	13
5.30	5.754	83.91 *	78.2	205
5.35	5.814	80.97 *	77.4	13
5.40	5.814	76.48 *	77.4	0
5.45	5.937	78.31 *	75.8	51
5.50	5.754	75.39 *	78.2	115
5.55	5.937	74.79 *	75.8	115
5.60	5.875	78.72 *	76.6	13
5.65	5.754	82.87 *	78.2	51
5.70	5.754	75.68 *	78.2	0
5.75	5.696	69.93 *	79.0	13
5.80	5.754	75.10 *	78.2	13
5.85	5.696	77.44 *	79.0	13
5.90	5.696	77.89 *	79.0	0
5.95	5.696	79.29 *	79.0	0
6.00	5.696	76.73 *	79.0	0
6.05	5.814	78.52 *	77.4	51
6.10	5.754	77.89 *	78.2	13
6.15	5.875	76.73 *	76.6	51
6.20	5.875	77.44 *	76.6	0
6.25	6.198	81.70 *	72.6	320
6.30	5.639	77.44 *	79.8	1037
6.35	5.754	70.46 *	78.2	51
6.40	5.814	69.37 *	77.4	13
6.45	5.639	70.46 *	79.8	115
6.50	5.528	69.37 *	81.4	51
6.55	5.696	74.15 *	79.0	115
6.60	5.269	87.58	85.4	819
6.65	5.754	70.95 *	78.2	1037
6.70	5.754	72.29 *	78.2	0
6.75	6.000	74.15 *	75.0	205
6.80	5.696	76.22 *	79.0	320
6.85	5.583	75.68 *	80.6	51
6.90	5.474	71.87 *	82.2	51
6.95	5.528	73.08 *	81.4	13
7.00	5.474	69.93 *	82.2	13
7.05	5.639	71.87 *	79.8	115
7.10	5.474	75.10 *	82.2	115
7.15	5.474	74.15 *	82.2	0
7.20	5.079	87.65	88.6	819

11 测距:400mm				
深度 /m	声速 /(km/s)	波幅 /dB	声时 /μs	*PSD* /(μs²/m)
9.20	4.320	97.33 *	92.6	1082
9.30	3.914	108.13	102.2	922
9.40	4.283	99.83	93.4	774
9.50	4.357	97.89 *	91.8	26
9.60	3.914	105.17	102.2	1082
9.70	4.320	100.66	92.6	922
9.80	4.283	98.42 *	93.4	6
9.90	4.283	100.66	93.4	0
10.00	4.246	101.41	94.2	6
10.10	4.175	99.38	95.8	26
10.20	3.854	109.66	103.8	640
10.30	3.914	110.20	102.2	26
10.40	3.976	109.93	100.6	26
10.50	4.357	95.39 *	91.8	774
10.60	3.914	105.85	102.2	1082
10.70	3.711 *	95.39 *	107.8	314
10.80	3.683 *	93.81 *	108.6	6
10.90	3.317 *	89.37 *	120.6	1440
11.00	3.795 *	93.81 *	105.4	2310
11.10	4.008	103.35	99.8	314
11.20	3.945	106.68	101.4	26
11.30	4.008	102.11	99.8	26
11.40	4.773	85.85 *	83.8	2560
11.50	4.598	105.85	87.0	102
11.60	4.728	110.20	84.6	58
11.70	4.474	111.42	89.4	230
11.80	4.396	117.09	91.0	26
11.90	4.357	117.21	91.8	6
12.00	4.357	117.33	91.8	0

11 测距:400mm				
深度 /m	声速 /(km/s)	波幅 /dB	声时 /μs	*PSD* /(μs²/m)
9.20	4.396	97.89	91.0	0
9.30	4.435	95.95 *	90.2	6
9.40	4.320	96.97 *	92.6	58
9.50	4.435	95.39 *	90.2	58
9.60	4.357	98.31	91.8	26
9.70	4.396	95.39 *	91.0	6
9.80	4.396	95.39 *	91.0	0
9.90	4.283	97.89	93.4	58
10.00	4.320	98.72	92.6	6
10.10	4.283	99.83	93.4	6
10.20	4.211	97.89	95.0	26
10.30	4.246	99.83	94.2	6
10.40	4.283	97.89	93.4	6
10.50	4.320	97.44 *	92.6	6
10.60	4.435	97.44 *	90.2	58
10.70	4.515	98.10	88.6	26
10.80	4.008 *	106.83	99.8	1254
10.90	3.976 *	102.50	100.6	6
11.00	3.854 *	97.67	103.8	102
11.10	3.454 *	100.17	115.8	1440
11.20	3.914 *	88.77 *	102.2	1850
11.30	4.040 *	102.87	99.0	102
11.40	3.976 *	103.23	100.6	26
11.50	4.773	91.42 *	83.8	2822
11.60	4.640	96.48 *	86.2	58
11.70	4.474	100.66	89.4	102
11.80	4.515	105.40	88.6	6
11.90	4.474	107.96	89.4	6
12.00	4.435	109.08	90.2	6

图 16-26　数据列表 3（实例 3）

数据列表

基桩编号	32-3	桩径		桩顶标高		测试日期	2011年05月01日	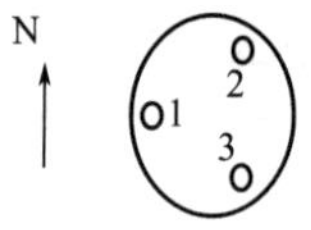 N ↑ 1 2 3
设计标号		桩长		检测深度		灌注日期		

11 测距:450mm					11 测距:400mm					11 测距:400mm				
深度/m	声速/(km/s)	波幅/dB	声时/μs	*PSD*/(μs²/m)	深度/m	声速/(km/s)	波幅/dB	声时/μs	*PSD*/(μs²/m)	深度/m	声速/(km/s)	波幅/dB	声时/μs	*PSD*/(μs²/m)
7.25	5.528	71.42 *	81.4	1037										
7.30	5.583	75.39 *	80.6	13										
7.35	5.875	74.79 *	76.6	320										
7.40	5.814	73.08 *	77.4	13										
7.45	5.875	75.10 *	76.6	13										
7.50	5.814	73.45 *	77.4	13										
7.55	5.583	79.29 *	80.6	205										
7.60	5.875	80.97 *	76.6	320										
7.65	5.639	81.56 *	79.8	205										
7.70	5.583	85.49 *	80.6	13										
7.75	5.583	86.11 *	80.6	0										
7.80	5.696	79.29	79.0	51										
7.85	6.198	82.87 *	72.6	819										
7.90	5.696	80.00 *	79.0	819										
7.95	5.639	81.27 *	79.8	13										
8.00	5.583	79.10	80.6	13										
8.05	5.583	78.10 *	80.6	0										
8.10	5.583	82.24 *	80.6	0										
8.15	5.639	81.12 *	79.8	13										
8.20	5.639	75.10 *	79.8	0										
8.25	5.528	75.10 *	81.4	51										
8.30	5.528	81.12 *	81.4	0										
8.35	5.583	83.58 *	80.6	13										
8.40	5.474	81.84 *	82.2	51										
8.45	5.528	73.08 *	81.4	13										
8.50	5.639	79.65 *	79.8	51										
8.55	5.639	76.73 *	79.8	0										
8.60	5.639	75.68 *	79.8	0										
8.65	6.637	69.93 *	67.8	2880										
8.70	5.528	77.89 *	81.4	3699										
8.75	5.034	101.12	89.4	1280										
8.80	4.509	112.70	99.8	2163										
8.85	4.473	113.08	100.6	13										
8.90	4.989	100.25	90.2	2163										
8.95	5.034	100.50	89.4	13										
9.00	4.989	103.69	90.2	13										
9.05	5.034	98.31	89.4	13										
9.10	4.945	100.33	91.0	51										
9.15	4.989	100.50	90.2	13										
9.20	5.079	98.52	88.6	51										
9.25	5.079	99.29	88.6	0										
9.30	5.034	99.83	89.4	13										
9.35	4.989	99.47	90.2	13										
9.40	5.034	96.73	89.4	13										
9.45	5.034	97.89	89.4	0										
9.50	4.945	97.21	91.0	51										
9.55	5.034	93.81	89.4	51										
9.60	5.034	94.15	89.4	0										
9.65	5.034	97.44	89.4	0										
9.70	5.034	98.10	89.4	0										
9.75	4.902	97.89	91.8	115										
9.80	4.902	97.89	91.8	0										
9.85	4.945	97.67	91.0	13										

图 16-27　数据列表 4（实例 3）

数据列表

基桩编号	32-3	桩径		桩顶标高		测试日期	2011 年 05 月 01 日
设计标号		桩长		检测深度		灌注日期	

11 测距:450mm					11 测距:400mm					11 测距:400mm				
深度 /m	声速 /(km/s)	波幅 /dB	声时 /μs	PSD /(μs²/m)	深度 /m	声速 /(km/s)	波幅 /dB	声时 /μs	PSD /(μs²/m)	深度 /m	声速 /(km/s)	波幅 /dB	声时 /μs	PSD /(μs²/m)
9.90	4.945	99.65	91.0	0										
9.95	4.902	99.65	91.8	13										
10.00	4.902	101.12	91.8	0										
10.05	4.902	101.12	91.8	0										
10.10	4.945	100.50	91.0	13										
10.15	4.902	101.41	91.8	13										
10.20	4.945	100.50	91.0	13										
10.25	4.902	100.81	91.8	13										
10.30	4.945	100.50	91.0	13										
10.35	4.818	97.44	93.4	115										
10.40	4.860	96.22	92.6	13										
10.45	4.860	94.79	92.6	0										
10.50	4.818	95.10	93.4	13										
10.55	4.818	94.79	93.4	0										
10.60	4.989	95.39	90.2	205										
10.65	5.079	95.10	88.6	51										
10.70	4.989	95.68	90.2	51										
10.75	5.370	90.46	83.8	819										
10.80	5.079	100.00	88.6	461										
10.85	4.620	107.86	97.4	1549										
10.90	4.545	107.79	99.0	51										
10.95	4.582	106.27	98.2	13										
11.00	4.509	104.84	99.8	51										
11.05	4.582	98.31	98.2	51										
11.10	4.582	100.50	98.2	0										
11.15	4.237 *	98.72	106.2	1280										
11.20	4.025 *	99.65	111.8	627										
11.25	3.659 *	99.83	123.0	2509										
11.30	4.860	90.95	92.6	18483										
11.35	5.220	95.10	86.2	819										
11.40	5.319	99.10	84.6	51										
11.45	5.125	102.24	87.8	205										
11.50	5.220	103.35	86.2	51										
11.55	5.172	104.12	87.0	13										
11.60	5.125	103.91	87.8	13										
11.65	5.125	102.37	87.8	0										
11.70	5.220	100.81	86.2	51										
11.75	5.079	98.31	88.6	115										
11.80	5.125	98.52	87.8	13										
11.85	5.034	100.81	89.4	51										
11.90	4.902	103.69	91.8	115										
11.95	4.860	107.58	92.6	13										
12.00	4.860	107.86	92.6	0										

图 16-28　数据列表 5（实例 3）

现场检测照片见图 16-29。

图 16-29 现场检测照片

二、实例结果分析

(1) 桩身完整性检测的每种方法，均存在其检测的优点和盲区，重要工程应同时采用两种以上完整性进行检测。三个例子中，低应变检测均采用传感器安装在桩顶中心，在两管之间共采集三条曲线。

(2) 实例 2 的检测结果，经过对声波透射检测出存在异常的桩顶进行剔凿后发现，声测管壁周围混凝土含有气泡，而桩身芯部混凝土比较密实。分析是造成两种完整性检测结果的差别。

(3) 实例 3 的检测结果，经对桩身的中心和两声测管间进行钻芯检测。两声测管间的混凝土芯样连续密实；桩芯钻芯的混凝土在低应变曲线出现缺陷部位，混凝土芯样呈黄色，仅含有水泥和细骨料。分析：混凝土灌注过程中，由于停灰时间过长，使桩中心形成浮浆夹层所致。

第十七章 既有基桩与基础检测

第一节 基本规定

一、一般规定

1. 既有建筑的基桩检测内容

基桩承载力、桩身完整性、桩身强度、桩长、钢筋笼长度、桩端持力层和沉渣厚度。

2. 检测方法

采用静载荷试验法检测基桩承载力；采用低应变或钻芯法检测桩身完整性；采用旁孔透射法或钻芯法检测桩长、混凝土强度、桩端持力层和沉渣厚度；采用磁测桩法检测桩身钢筋笼长度。

3. 检测要求

进行桩身完整性检测宜选用无损检测法。若无法实施可采用微破损检测，检测后应实施恢复方案。

二、适用场合

对于重要的建筑物增层、增载的载荷检测，可采用模拟桩的持载再加荷试验，确定既有桩基承载力。

第二节 承载力检测

一、检测比例

同条件下不应少于3根，且不宜少于总桩数的0.5%；当总桩数在50根以内时不应少于2根。

二、最大加载

增层、增载的既有基桩，不应小于拟加最大荷载的极限值；移位轨道基桩不应小于基桩承载力特征值的1.5倍。

三、其他试验要求

其他试验要求同《建筑基桩检测技术规范》(JGJ 106) 的规定。

四、模拟桩持载再加荷静载试验

（1）模拟桩宜靠近既有建筑物，桩型尺寸等条件同原有基桩。

（2）模拟桩的持载加至原基桩使用荷载，持续观测不少于7h，再分级加载直至达到终止条件。

（3）其他试验要求同《建筑基桩检测技术规范》（JGJ 106）的规定。既有建筑基桩静载荷试验见图17-1。

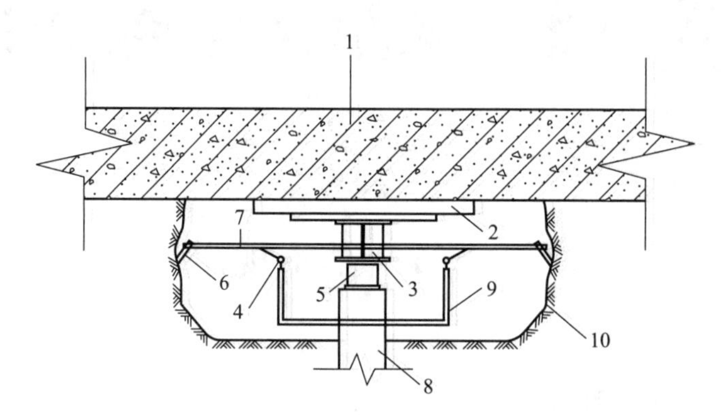

图17-1　既有建筑基桩静载荷试验示意图

1—既有建筑基础；2—钢垫板；3—反力梁；4—百分表；5—千斤顶；6—基准桩；7—基准梁；8—桩；9—百分表支杆；10—试坑壁

第三节　低应变检测

一、检测比例

发生事故的既有桩基，检测比例不宜少于总桩数的20%，且不少于10根；其他情况，检测比例不宜少于总桩数的10%，且不少于5根。

二、仪器

有条件情况下，可采用双加速度传感器的仪器。

三、其他要求同《建筑基桩检测技术规范》（JGJ 106）的规定。双传感器低应变法测试曲线示意图见图17-2。

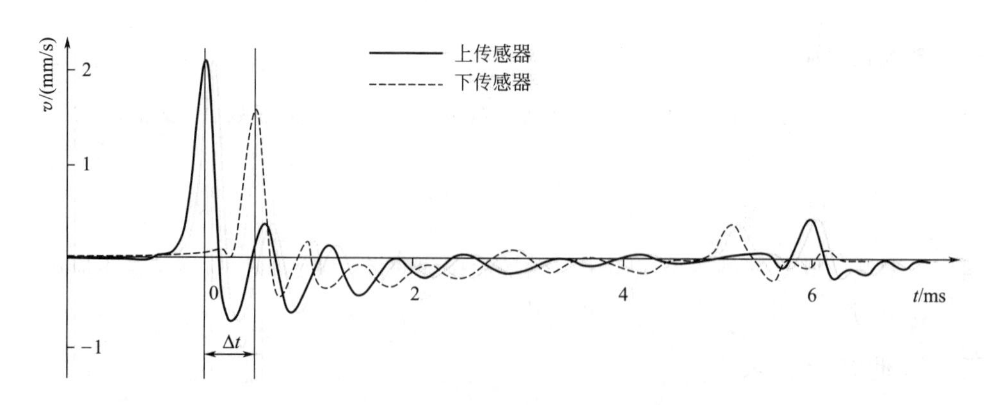

图17-2　双传感器低应变法测试曲线示意图

第四节　旁孔透射法

（1）检测比例：旁孔透射检测比例不少于总桩数的5%，且不少于3根。

（2）钻孔位置同桩外透射法。

（3）其他要求同《建筑基桩检测技术规范》（JGJ 106）的规定。

（4）旁孔透射法应通过拟合深度-时间直线，并识别拟合直线的拐点的方法确定桩长。旁孔检测桩长示意图见图17-3。

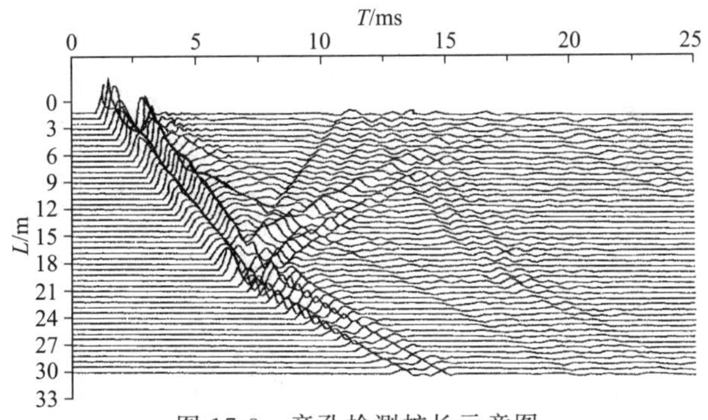

图17-3　旁孔检测桩长示意图

第五节　磁测桩法

磁测桩法是首先在被测基桩内或桩外预先设置测孔，利用磁场传感器探头，在测孔内测量钢筋笼的磁反应位置，从而测量钢筋笼长度。测孔内径一般为60～90mm，测孔深度应大于预估钢筋笼长度5m。测孔孔壁可采用聚氯乙烯管护壁。桩内测孔垂直度不大于0.5%；桩外测孔垂直度不大于1%。

（1）磁测桩法可用于测定基桩的钢筋笼长度。

（2）检测比例：同既有建筑低应变法的比例。

（3）磁场传感器探头以10～15m/min的速度，自下而上均匀缓慢等间距（100～200mm）地进行检测。

（4）检测结果：绘制深度-磁场强度分量曲线。每根桩有效实测曲线不应少于2条。实测钢筋笼长度与设计值明显不符时应复测。磁测桩法现场布置与测试曲线见图17-4、图17-5。

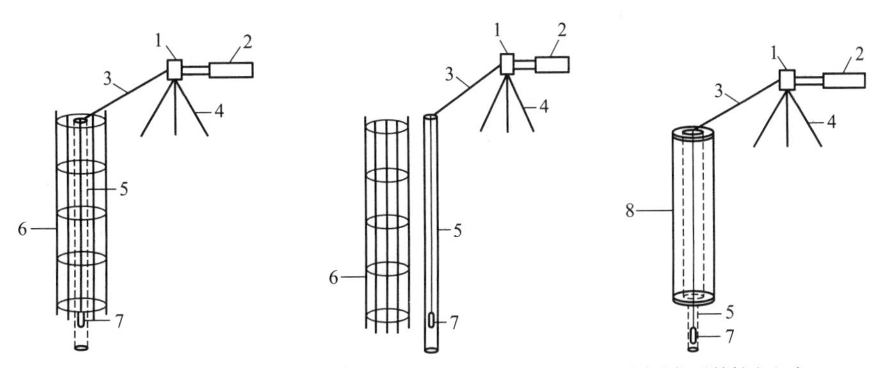

图17-4　磁测桩法现场布置示意图

1—深度记录器；2—磁场测试仪；3—电缆线；4—三脚架；5—测试孔；6—灌注桩钢筋笼；7—磁场传感器；8—管桩

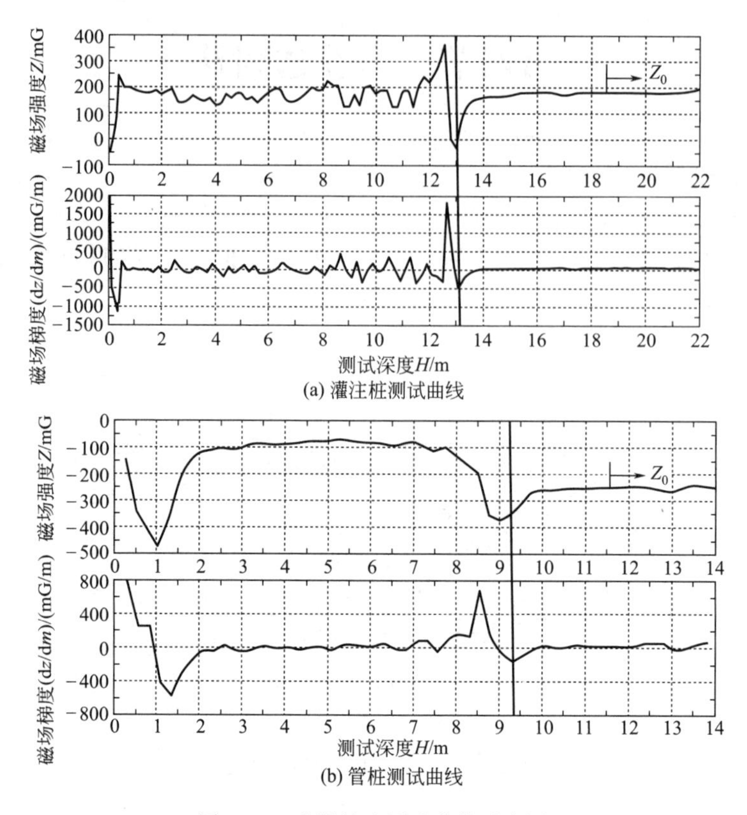

图 17-5　磁测桩法测试曲线示意图

第六节　基础检测

基础检测项目包括：基础形式、基础尺寸与埋深、基础材料强度、钢筋配置与锈蚀、基础损伤、基础沉降和变形。

（1）基础尺寸：宜采用现场开挖量测。每处开挖位置应测量 3 次，每次测量位置间距不应小于 200mm，测量值精度应达到 1mm。

（2）基础材料强度：应采用钻芯法或回弹法、超声-回弹综合法、后装拔出法等间接方法。当采用回弹法、超声-回弹综合法、后装拔出法检测时，应用钻芯法验证。

（3）钢筋配置与锈蚀检测。钢筋位置、保护层厚度和钢筋数量，宜采用雷达法或电磁感应法。锈蚀状况宜采用原位尺量测、取样称重等直接法。

（4）基础损伤检测。基础的裂缝、腐蚀等损伤缺陷，宜采用剔凿法并用钢尺、比例尺、游标卡尺量测损伤的深度和面积，且定期量测其发展情况。裂缝深度可采用声波透射法测量。

第七节　基础监测

基础周边土层和地下水的异常情况、基础变形监测应根据工程特点、监测内容和目的、周围环境等进行选择，有条件宜采用远程自动化监测。

基础的沉降和变形监测应符合《建筑变形测量规范》(JGJ 8) 的规定。一般可采用水平仪、经纬仪、全站仪、测斜仪等进行监测。现在国内已有远程自动化监测仪器，可随时监测相关参数。

一、测斜法

测斜法用于测量土体沿水平方向的位移变形。首先在被测物体中或边缘设置测斜管（测斜管刚度应适用于被测体的位移变化），测斜管的埋深应超过预估位移变形位置2m以上。测量时用测斜探头选择测试方向，自下而上测量。每次测量后，绘制变形与深度关系曲线。通过比较变形曲线的记录，可分析出其变化速率，指导施工进程，分析监测数值是否接近报警值。

二、分层沉降法

分层沉降法是用于测量既有建筑物基础及周边环境深层竖向变形。常用的测量手段为磁环法。即预先在需要测量的位置埋设测管，并在需测试土层深度位置设置磁环。通过测量磁环位置的变化反映深层土质沉降变化。

三、水阻法

水阻法可用于测定地下水位的变化。首先在测量位置埋设水位测试管，水位测试管应埋设至需测地下水位深度并预留0.5～1.0m的沉淀段，水位测试管间距宜为10～30m。测量频率一般为每间隔一天监测一次。

思考题

1. 为什么要进行基桩试成孔检测？试成孔检测宜采用何种仪器，为什么？
2. 桩基成孔检测对桩基施工的利与弊？
3. 列举基桩低应变检测中宽脉冲和窄脉冲激振的特点，试举出可解决疑难问题的实例。
4. 基桩低应变检测中，在一个区段是否存在双缺陷？单缺陷与双缺陷应如何区分？
5. 试列出各种基桩完整性检测的优缺点。
6. 桩身内力试验结果与勘察报告的各土层摩阻系数有差异，应如何选取？
7. 在基桩完整性检测中，桩身上部或下部（尤其在接近桩端部位）存在缺陷时，结果分类是否加以区别判定？

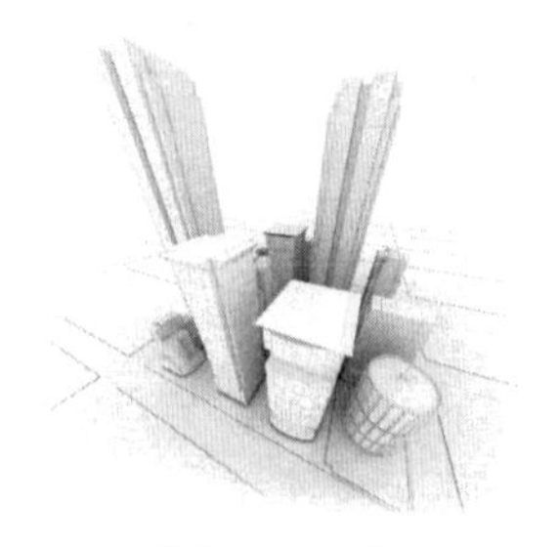

第五篇

基坑检测与监测

随着人们对生活环境和生活空间要求的提高，现代化城市高楼耸立，居住密度急剧增加，高层建筑、超高层建筑不断涌现。除了向空中发展，还不断开发和利用地下空间。人们开发出超高层建筑的多层地下室，建造地下铁路交通、地面以下娱乐活动场所、地下商业场所等。此外，为了在城市中人口居住已达高密度的条件下，利用有限的地面环境，扩充出高出房率，人们也在建造公共建筑物时，充分利用地下空间，建设地下服务层和地下设备层。

为了施工和建设的需要，深基坑应运而生，深度从十几米到几十米。在有限的地面区域，实施深基坑开挖施工，必然引出基坑围护的问题。基坑围护结构按照其使用期限的长短，分为临时围护结构和永久围护结构。早期由于人们对基坑围护认知的缺乏，出现了多次基坑围护结构垮塌事故，造成人员和物资损失的惨痛教训。近年来，从国家到地方对基坑围护的安全性都高度重视。超过 5m、小于 5m 但地质条件复杂的区域、基坑周边条件复杂环境的基坑工程应实施基坑开挖施工监测。

基坑工程检测与监测是一个多方位的技术工作。由于工程原因，涵盖的项目很多，要求的基础理论知识比较广泛。检测与监测项目主要包含：基坑工程施工对周围环境的影响（如道路、河道、管线、已有建筑物或需保护的历史文物、地下水位变化等）、基坑底部岩土（水位）因基坑施工造成变化、围护结构内力变化、围护结构变形量变化等。

谈到基坑围护结构的检测与监测，首先应根据场地岩土性质，设计计算基坑围护。在基坑围护设计计算时，应了解基坑围护理论的产生和发展，了解现代基坑围护结构的形式和围护理念。只有了解基坑围护理论的由来和发展，并且掌握基坑围护结构形式的差别和特性，才能很好地完成基坑围护工程的检测与监测工作。

第十八章 基坑围护基础理论

建筑基坑围护结构理论，最早借鉴于库伦-郎肯的挡土墙理论。为了更好地了解基坑围护结构的理论基础，首先介绍挡土墙理论基础。只有了解挡土墙理论之后，结合现代建筑基坑围护结构的形式和特点，才能找出现代建筑基坑围护结构与古典挡土墙理论的差别，得到与现代建筑基坑围护结构相适应的建筑基坑围护结构理论。要想认识基坑围护理论，就要先了解土的相关性质。

第一节 土的相关性质

一、土的类别

土体颗粒大小不同、颗粒种类不同、颗粒级配不同、颗粒间隙大小不同、含水量不同、密实度不同等，决定了土体的物理力学特性指标各不相同。

一般土的类别划分方法如下。

(1) A类：无黏性含有少量细颗粒土或含细颗粒砂土和砾石的土。这类土的重要特征是渗透性大，如保证充分排水，则土中不会存在孔隙水压力。

(2) B类：无黏性含有一些粉土和砾石的土。这类土渗透性变化很大，因而不能假定土中的孔隙水压力总保持为零。

(3) C类：含有相当数量粉土和粉质黏土与砾石的土。这类土的渗透性小，不能很快排水。故遇到降雨期间，其含水量会大大增高。

(4) D类：以粉土和黏土为主的土。这类土的渗透性很小，在土体变干或变湿时，体积变化较大。当土体低于最佳含水量且密实时，存在膨胀压力。

二、土的抗剪强度

在土压力计算和土稳定性计算中，抗剪强度是一个重要的指标。抗剪强度 τ 可用式(18-1) 表示

$$\tau=c+\sigma\tan\phi \tag{18-1}$$

式中 τ——抗剪强度；

c——黏聚力；

σ——总应力；

ϕ——内摩擦角。

对于低渗透性的黏土，不排水抗剪强度 τ_u，见式(18-2)

$$\tau_u=c_u+\sigma\tan\phi_u \tag{18-2}$$

式中 τ_u——不排水抗剪强度；

c_u——不排水黏聚力；

σ——总应力；

ϕ_u——不排水内摩擦角。

用有效应力参数表示的抗剪强度 τ，其计算式见式(18-3)

$$\tau = c_0 + \sigma_0 \tan\phi_0 = c_0 (\sigma - u) \tan\phi_0 \tag{18-3}$$

式中 τ——抗剪强度；

c_0——有效黏聚力；

σ_0——有效总应力；

ϕ_0——有效内摩擦角；

σ——总应力；

u——孔隙水压力。

第二节　土体侧向土压力

一、土压力概念

土压力是土体作用于结构物表面上的总应力。土压力包括：土的自重、土体承受的恒载和活荷载。土压力的大小不仅由其埋深决定，还由土的物理力学性能指标、土与结构物之间的物理作用、土与结构物之间绝对或相对位移的变形值所决定。

从宏观上看，可将土体视为半无限空间体。土体的土压力可分为三种类型。

(1) 在土体本身严格满足不发生位移变形时，土体结构中存在的静止压力。这种压力在一般某些实际问题中，经常被考虑采用。

(2) 沿垂直方向的土体平面土压力。这种压力可能在作用力的影响下发生压缩变形，但在外部作用较长期不发生改变时，可达到一定的相对稳定值，如基础下地基土内的应力、应变。

(3) 土体沿四面周围的水平压力，又称为土体的侧向土压力。这种压力在外力作用发生改变时，可使土体产生伸胀和压缩，一般统称为侧向土压力。当这种侧向土压力达到相对平衡时，侧向土压力值不变。当土体产生变形，并且达到一定变形量，则可使侧向土压力发生变化。这种经一定变形而变化的侧向土压力称为主动土压力、被动土压力，如挡土结构物与土体之间的压力。

二、侧向土压力

1. 静止状态

所谓静止状态是指土体本身不受其他外力作用，土体本身未发生破坏变形时的状态。在这种状态的半无限空间土体，由于土体的自重，沿着深度方向（z 方向）存在垂直方向应力（σ_z）。应力的大小随深度增加而增大。并且，在某个深度位置不仅存在垂直应力（σ_z），还存在水平方向（x 方向）的应力（σ_x）。若该土体未发生位移变形时，称之为静止土压力。静止状态的垂直应力和水平应力见图 18-1。

应力公式见式(18-4)～式(18-6)

$$\sigma_z = p + z\gamma \tag{18-4}$$

$$\sigma_x = k_0 \sigma_z = k_0 p + k_0 z\gamma \tag{18-5}$$

$$k_0 = \sigma_x / \sigma_z = 1 - \sin\phi \tag{18-6}$$

式中　p——地表的均布荷载；

z——土体沿着垂直方向的深度；

σ_z——垂直方向的应力；

σ_x——水平方向的应力；

γ——土体相对密度；

k_0——静止土压力系数；

ϕ——内摩擦角（以有效应力表示）。

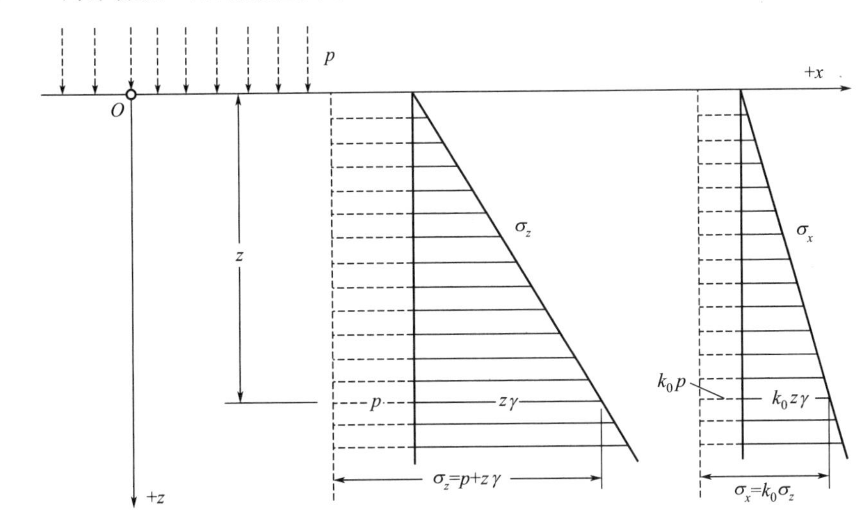

图 18-1　静止状态的垂直应力和水平应力

如果存在静止的地下水时，应考虑地下水的作用，见式(18-7)、式(18-8)

$$\sigma_{z0}=\sigma_z+u \tag{18-7}$$

$$\sigma_x=k_0\sigma_{z0}=k_0\sigma_z+(1-k_0)u \tag{18-8}$$

式中　σ_{z0}——垂直方向有效应力；

k_0——静止土压力系数，见表 18-1；

σ_z——垂直方向应力；

u——地下水应力。

表 18-1　静止土压力系数 k_0

土的类别	ω_l	I_p	k_0
饱和的松砂	—	—	0.46
饱和的密砂	—	—	0.36
松散的干砂(e=0.8)	—	—	0.64
密实的干砂(e=0.6)	—	—	0.49
松散的残积黏土	—	31	0.66
压密的残积黏土	—	9	0.42
原状的淤泥质黏土	74	45	0.57
原状的高岭土	61	23	0.64～0.70
原状的海相黏土	37	16	0.48
灵敏黏土	34	10	0.52

注：ω_l 为液限；I_p 为液性指数。

2. 塑性平衡状态

当土体沿水平方向发生变形位移，则出现伸张，而垂直压力保持不变。由于土体内的剪切阻力逐渐发挥，水平应力减小，这种减少持续发展到破坏状态，则达到塑性平衡状态，这时的土体水平应力被称为主动土压力（σ_a），此时在数值上 $\sigma_x \leqslant \sigma_z$。应力公式见式(18-9)、式(18-10)

$$\sigma_a = k_a \sigma_z = k_a z\gamma - 2c(k_a)^{1/2} \tag{18-9}$$

$$k_a = \tan^2\left(45° - \frac{\phi}{2}\right) = 1 - \frac{1-\sin\phi}{1+\sin\phi} \tag{18-10}$$

当黏聚力系数 $c=0$ 时，σ_a 的计算见式(18-11)

$$\sigma_a = k_a \sigma_z = k_a z\gamma \tag{18-11}$$

式中 σ_a——主动土压力；

z——土体沿着垂直方向的深度；

c——黏聚力系数；

γ——土体容重；

k_a——主动土压力系数；

ϕ——内摩擦角（以有效应力表示）。

当土体沿水平方向发生变形位移出现压缩时，垂直压力保持不变。由于土体内的剪切阻力逐渐发挥，水平应力逐渐增大，当达到塑性平衡状态时，这时土体水平应力被称为被动土压力（σ_p），此时在数值 $\sigma_x > \sigma_z$。应力公式见式(18-12)、式(18-13)

$$\sigma_p = k_p \sigma_z = k_p z\gamma + 2c(k_p)^{1/2} \tag{18-12}$$

$$k_p = \tan^2(45° + \frac{\phi}{2}) = \frac{1+\sin\phi}{1-\sin\phi} \tag{18-13}$$

式中 σ_p——被动土压力；

z——土体沿着垂直方向的深度；

γ——土体容重；

c——黏聚力系数；

k_p——被动土压力系数；

ϕ——内摩擦角（以有效应力表示）。

第三节 挡土墙的理论

一、挡土墙

在山区或丘陵地区，为了创造一定面积的平面建设用地，或者保持山体边坡的稳定，需要人工修建用于阻挡土体和维持地面高差的墙，这段墙体称为挡土墙（简称挡墙）。挡土墙还在公路（铁路）建设中、桥墩支撑开挖中、较深的独立基础围护中经常采用。挡土墙的结构形式繁多，常用的有重力式挡土墙、扶壁式挡土墙、悬臂式挡土墙等，如图 18-2 所示。

为了保证挡土效果，需对挡土墙的刚度和稳定性进行设计计算，因而产生了挡土墙理论。挡土墙理论主要研究挡墙所受的侧向土体荷载和其他荷载，以及研究在侧向荷载作用下挡墙的变形。

墙体所受的荷载包括墙体后土体的自重造成的对墙体的侧向压力荷载、墙体后土体稳定性原因造成的土体滑坡对墙体的侧向压力荷载、自然原因（如降雨降雪、地震、土体其他施工等）造成的作用于墙体的侧向压力发生变化的荷载。除了外部荷载变化以外，由于挡土墙在荷载作用下的自身墙体变形也能造成荷载发生变化。

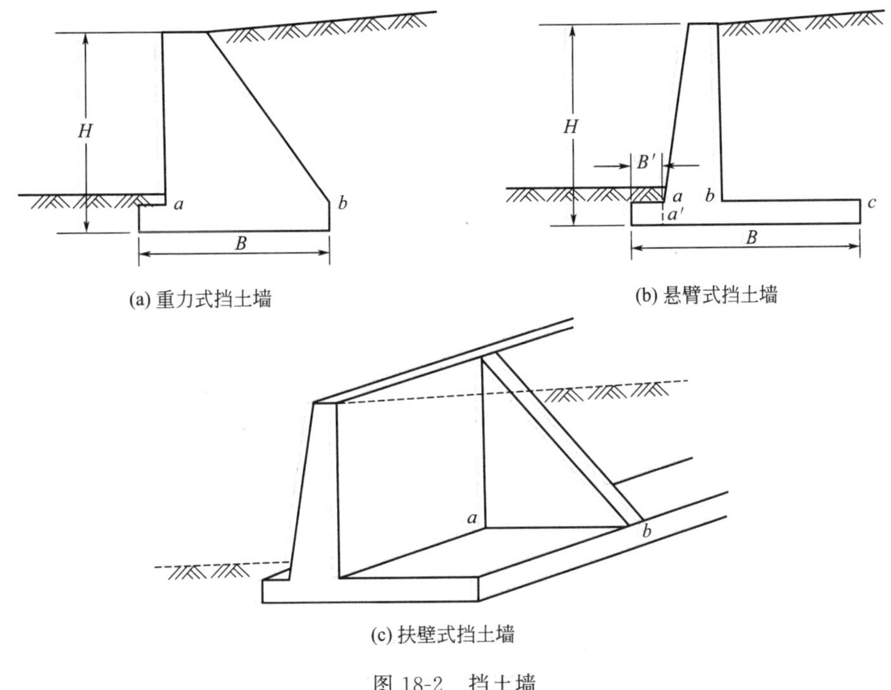

(a) 重力式挡土墙

(b) 悬臂式挡土墙

(c) 扶壁式挡土墙

图 18-2　挡土墙

二、挡土墙的侧向压力与变形

任何物质在外力作用下均会产生变形。物质自身的刚度决定其变形的大小。同样由于物体的变形，又对外力作用产生影响。此现象对土体侧向作用力尤为突显。

1. 挡土墙上的侧向荷载压力

（1）重力式挡土墙。重力式挡土墙一般采用素混凝土或钢筋混凝土建造。墙体尺寸通常设计成宽（B）高（H）比为$\frac{1}{2}\sim\frac{2}{3}$。要求当墙内无拉应力，墙后的总土压力按库伦理论计算，呈三角形分布。作用于挡土墙的侧向土压力作用点位于 2/3 墙高处。重力式挡土墙以墙体自重作用力矩来抵抗与墙后土压力作用产生的力矩，使其达到挡土的作用。

（2）扶壁式挡土墙。扶壁式挡土墙一般采用钢筋混凝土建造。墙体尺寸通常设计成 B/H 为$\frac{1}{2}\sim\frac{2}{3}$。墙后的总土压力按朗肯理论计算，呈三角形分布。作用于挡土墙的侧向土压力作用点位于 2/3 墙高处。以墙体自重和墙趾以上的土体重量所产生的力矩，应大于与墙后土压力作用产生的力矩，使其达到挡土效果。

（3）悬臂式挡土墙。悬臂式挡土墙一般采用钢筋混凝土建造。墙体尺寸通常设计成 B/H 为$\frac{1}{2}\sim\frac{2}{3}$。墙身板内存在拉应力，墙身板可能发生以墙底脚为中心的旋转变形。墙后的总土压力按朗肯理论计算，呈三角形分布。作用于挡土墙的侧向土压力作用点位于 2/3 墙高处。以墙体自重、墙趾以上的土体重量和挡土墙刚度所产生的力矩，抵抗与墙后土压力作用产生的力矩，使其达到挡土的作用。

2. 作用在非变形挡土墙上的土压力

当挡土墙不发生变形时，土压力等于静止侧向土压力，土的抗剪强度不发挥。表达式见式(18-14)、式(18-15)

$$\sigma_x = k_0 p + k_0 z\gamma \tag{18-14}$$

$$k_0 = 1 - \sin\phi \tag{18-15}$$

式中 σ_x——水平方向的应力；

p——地表的均布荷载；

z——土体沿着垂直方向的深度；

γ——土体容重；

k_0——静止土压力系数，见表 18-2；

ϕ——内摩擦角（以有效应力表示）。

表 18-2 静止土压力系数

土类	k_0	土类	k_0
所有的正常固结土	$1-\sin\phi$	超固结黏土	1.0～4.0
人工夯实回填黏土	1.0～2.0	松散的砂土	0.5
机械夯实回填黏土	2.0～6.0	压实的砂土	1.0～1.5

3. 挡土墙变形

由于挡土墙自身结构刚度的原因，重力式挡土墙和扶壁式挡土墙在侧向土压力作用下，仅产生水平方向位移变形。而悬臂式挡土墙则产生以墙底脚为中心的旋转变形。

挡土墙发生变形，可使墙后土体作用于墙体上的侧向土压力大小发生改变。当变形达到一定数值时，原来的静止土压力可转变成主动土压力或被动土压力。在极端情况下，变形大小可使墙后土体达到极限平衡状态。这时墙后土压力可按塑性理论进行计算。

4. 达到主动和被动土压力的变形量

如果挡土墙的位移达到使填土内产生极限平衡，且达到一定量的变形时，可采用主动和被动土压力理论进行计算，所达到变形值见表 18-3。

表 18-3 产生主动和被动土压力的变形量

土类	应力状态	位移类型	位移变形量
砂土	主动	水平位移	0.001H
	主动	绕基底转动	0.001H
	被动	水平位移	0.05H
	被动	绕基底转动	$>$0.1H
黏土	主动	水平位移	0.004H
	主动	绕基底转动	0.004H
	被动		

注：1. H 为挡土墙高。

2. 对于黏性填土，要达到被动土压力所需的位移变形非常大，在实际情况下，不可能实现这么大的位移。故表中未列数值。

5. 朗肯理论

朗肯理论：考虑墙背面垂直光滑的情况，假定作用在墙体的土压力与作用于半无限土体内的土压力相同。土压力沿着深度方向呈线性增加，即呈三角形分布。土压力方向与填土表面平行，见图 18-3。

这种情况下，砂性土的主动和被动土压力计算见式(18-16)、式(18-17)

$$\sigma_a = \gamma z\cos\beta[\cos\beta - (\cos^2\beta - \cos^2\phi)^{1/2}]/[\cos\beta + (\cos^2\beta - \cos^2\phi)^{1/2}] \tag{18-16}$$

$$\sigma_p = \gamma z\cos\beta[\cos\beta + (\cos^2\beta - \cos^2\phi)^{1/2}]/[\cos\beta - (\cos^2\beta - \cos^2\phi)^{1/2}] \tag{18-17}$$

式中 σ_a——主动土压力；

σ_p——被动土压力；

z——土体沿着垂直方向的深度；

γ——土体容重；

β——墙后土体与水平夹角；

ϕ——内摩擦角（以有效应力表示）。

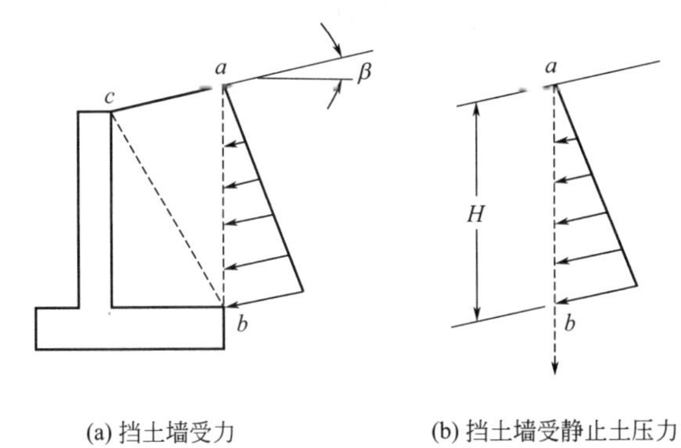

(a) 挡土墙受力　(b) 挡土墙受静止土压力　(c) 挡土墙受附加土压力

图 18-3　朗肯土压力理论

黏性土情况下的主动和被动土压力计算见式(18-18)、式(18-19)

$$\sigma_a = \gamma z \tan^2\left(45° - \frac{\phi}{2}\right) - 2\tan\left(45° - \frac{\phi}{2}\right) \tag{18-18}$$

$$\sigma_p = \gamma z \tan^2\left(45° + \frac{\phi}{2}\right) + 2\tan\left(45° + \frac{\phi}{2}\right) \tag{18-19}$$

式中　σ_a——主动土压力；

σ_p——被动土压力；

z——土体沿着垂直方向的深度；

γ——土体容重；

ϕ——内摩擦角（以有效应力表示）。

6. 库仑理论

库仑理论：考虑挡土墙背面粗糙，假定在挡墙发生变形时，墙后土体出现一个变形破坏面，土体与墙面之间的摩擦角 δ，δ 的方向由土体与墙之间的相对位移所决定。如果墙身向外倾斜，则破坏面以上的土体相对墙面移动，δ 为正值，产生主动土压力。当挡土墙推压填土，即土体向墙体以外移动时，δ 为负，产生被动土压力。库仑土压力理论见图 18-4。

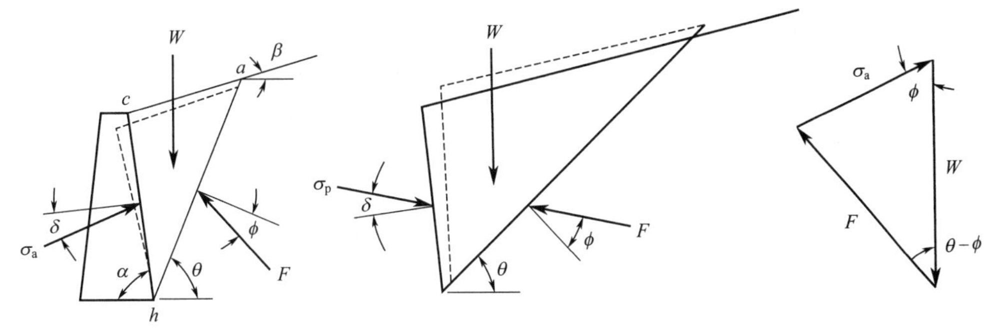

(a) 挡土墙受主动土压力　(b) 挡土墙受被动土压力　(c) 主动土压力、墙后土体自重与土体自身抵抗力合力

图 18-4　库仑土压力理论

破坏面与水平的夹角为 θ，墙后面与水平夹角为 α。

墙后破坏面以上土体自重力为 W。作用于这部分土体的支撑力为 F，支撑力 F 与破坏面的夹角为φ。自重力 W 与支撑力 F 的合力组成总应力 P，即组成合力图。确定产生最大 P 值的θ 值，得到的力为主动土压力 P_a，产生最小 P 值的θ 值，得到的力为主动土压力 P_p。

用以上分析方法解出砂性土的主动和被动土压力，计算见式(18-20)、式(18-21)

$$\sigma_a=\frac{1}{2}k_a\gamma H^2\frac{1}{\sin\alpha\cos\delta} \tag{18-20}$$

$$\sigma_p=\frac{1}{2}k_p\gamma H^2\frac{1}{\sin\alpha\cos\delta} \tag{18-21}$$

式中 σ_a——主动土压力；

σ_p——被动土压力；

k_a——主动土压力系数；

k_p——被动土压力系数；

H——墙体高；

α——墙后面与水平的夹角；

δ——土体与墙面之间的摩擦角。

其中 k_a、k_p 的计算见式(18-22)

$$\binom{k_a}{k_p}=\frac{\sin^2(\alpha\pm\varphi)\cos\delta}{\sin\alpha\sin(\alpha\mp\delta)\left\{1\pm\left[\frac{\sin(\varphi+\delta)\sin(\varphi\mp\beta)}{\sin(\alpha\mp\delta)\sin(\alpha+\beta)}\right]^{\frac{1}{2}}\right\}^2} \tag{18-22}$$

对于黏性土，库仑理论的砂性土条件仍然适用。

7. 土压力分布

朗肯理论给出了土体内应力状态的求解方式。若条件适用于这一理论，则土压力的分布形式沿着深度方向成线性增加，即呈三角形分布。

库仑理论的解可计算出总主动土压力或被动土压力。如变形破坏面以上土体处于破坏状态，可计算出不同深度的土压力。

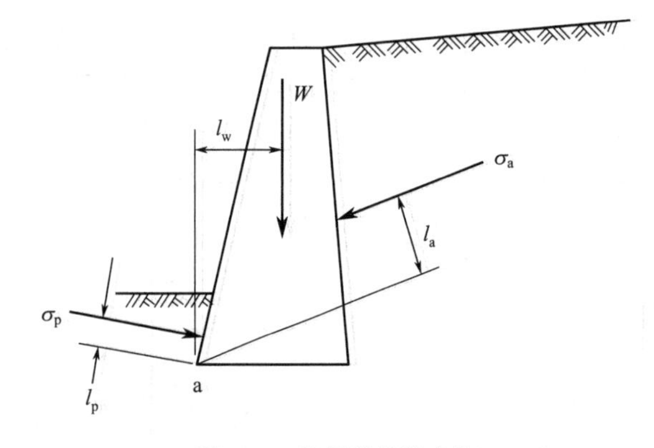

图 18-5 抗倾覆的稳定性

8. 挡土墙的稳定

挡土墙设计使用时，必须保证挡土墙及墙后土体的安全稳定。所谓不稳定的破坏形式有两种：第一种是挡土墙受到较大的不平衡力矩作用，从而导致挡土墙产生倾覆破坏；第二种是挡土墙及周围土体沿着某一滑移面发生剪切破坏，即挡土墙和周边土体整体滑动。

(1) 倾覆破坏形式是以图 18-5 中，a 点发生转动所造成的。假定以 a 点取力矩，可得到主动土压力，见式(18-23)～式(18-25)

$$\sigma_a l_a=\sigma_p l_p+Wl_w \tag{18-23}$$

$$\sigma_a=(\sigma_p l_p+Wl_w)/l_a \tag{18-24}$$

考虑安全系数 K（通常安全系数 K 取 1.5），可得

$$\sigma_a=\frac{\sigma_p l_p+Wl_w}{Kl_a} \tag{18-25}$$

式中 σ_a——主动土压力；
l_a——主动土压力作用于 a 点的力臂；
σ_p——被动土压力；
l_p——被动土压力作用于 a 点的力臂；
W——墙体自重力；
K——安全系数；
l_w——墙体自重力作用于 a 点的力臂。

在挡土墙设计中，应满足式(18-25) 的要求。

(2) 滑动是指当沿着某一可能滑动面上的剪应力等于或大于土的抗剪强度时，则会引起滑动。滑动形式有两种，分别见图 18-6 和图 18-7。

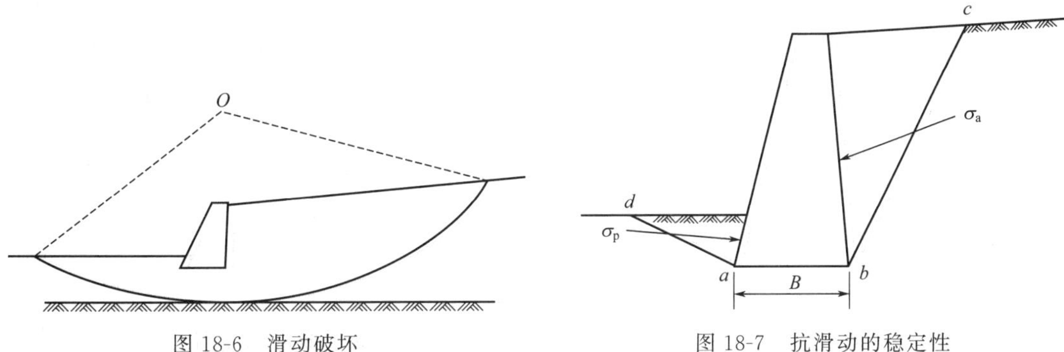

图 18-6 滑动破坏　　图 18-7 抗滑动的稳定性

① 由主动土压力区的破坏面、挡土墙基底与地基土之间的接触面以及通过被动土压力破坏面组成的整体滑动。使沿水平方向和力为零，可导出该滑动破坏的安全度，见式(18-26)：

$$\sigma_p\cos\delta+S=\sigma_a\cos\delta \tag{18-26}$$

式中 S——地基土与墙底之间的抗剪力；
σ_p——被动土压力；
σ_a——主动土压力；
δ——被动土压力、主动土压力与水平方向的夹角。

得到安全系数 F 见式(18-27)

$$F=\frac{\sigma_p\cos\delta+S}{\sigma_a\cos\delta} \tag{18-27}$$

对于砂性土，式(18-26)、式(18-27) 为临界条件。

② 根据地基土不同的条件，也可能出现另一种滑动破坏形式。如墙体周围的土体由软性黏土组成，则可能出现圆弧滑动面。这种滑动破坏极其危险，圆弧滑动面通常是贯入软性黏土层最深的滑动面。这种危险滑动面可按试算法确定。

第四节 基坑围护结构理论

一、建筑基坑围护结构

建筑基坑的围护结构，可按照其结构受力形式与结构特性来区分。目前，常见的建筑基坑围护结构形式有悬臂式、加水平支撑（或加锚杆）式、较大刚度的围护结构。

1. 悬臂式围护结构

悬臂式围护结构通常以型钢作为钢板桩或钢筋混凝土排桩，为基坑围护结构形式。在基坑开挖前插入地基土中。为了保证其稳定，要求钢板桩或钢筋混凝土桩有一定的嵌固深度。一般嵌固深度为基坑开挖深度的1～2倍。排桩加一道或几道水平连梁是解决整体问题，故仍属悬臂式围护结构。悬臂式护壁结构多用于基坑深度较浅的基坑围护。在设计计算悬臂式护壁结构时，不仅要考虑钢板桩或钢筋混凝土桩的自身刚度和变形情况，还应考虑场地的地质土条件因素和稳定性。

2. 加水平支撑（或加锚杆）式围护结构

加水平支撑式结构是在悬臂结构的基础上，在不同深度位置施加支撑水平力的结构或施加锚杆链接，从而增加水平方向约束支撑，起到增大悬臂结构挡土刚度的作用。水平支撑常采用钢结构支撑和钢筋混凝土支撑两种，支承有水平方向或斜方向。当由于基坑尺寸较大时，造成水平支撑跨度很大时，还需在坑内增加构造柱，形成空间桁架结构，然而在基坑内增加水平支撑和构造柱，进行基坑开挖施工时可能造成施工的不便。为了解决此问题，可采用锚杆来增加水平抗力约束。使用锚杆时，除了应满足锚拉力要求外，还可使锚固体必须穿过或超过可能出现的土体滑移面。从而又增加了土体的稳定作用，故此工艺经常被选用。此外，可利用结构特性增加水平封闭圆环支承梁，来增强围护结构的水平抗力约束。

3. 较大刚度的围护结构

较大刚度的围护结构的形式有：刚度较大的地下连续墙、地下连续墙加水平支撑、格构式重力挡土墙等。地下连续墙为钢筋混凝土结构，在地下水位较高的软土地区，除了设置较大刚度的围护结构进行挡土作用外，还需增加一道止水帷幕用于墙连接处的止水作用。

4. 沉箱式围护结构

在基坑面积尺寸不很大的基坑，可采用圆形或方形预制混凝土筒箱进行护壁。这种筒箱可提前预制，尤其是圆形筒箱利用了圆形结构受力的特点。筒箱埋入一般采用沉入式施工，此工艺便于施工，且便于控制围护结构的质量。

5. 逆作业施工法围护结构

逆作业法施工法是将建筑基坑围护结构作为永久性结构，既是建筑基坑围护结构又是主体建筑物基础结构的一部分。所谓逆作业是建筑物基础结构施工顺序自地面向下施工。地下建筑物的楼板又可以起到围护结构的水平支撑作用。此工艺可使地下建筑和地面建筑同时施工，因而节省建筑物的整个施工期。

二、建筑基坑围护结构受力机理

挡土墙是在墙体施工完成以后，再进行墙体后面的填土。填土完成后，根据挡土墙结构与墙后土的特性，研究挡土墙所受侧向土压力情况。挡土墙的结构形式和挡土墙的嵌固深度，决定了挡土墙的变形形式：挡土墙平移或以某种形式转角。根据变形量的大小，且达到相对稳定后决定是否产生主动土压力和被动土压力。

建筑基坑围护结构是首先在地面完成挡土围护结构施工。在围护结构达到使用强度后，随着基坑开挖，撤出围护结构一侧的土体，造成围护结构承受另一土体对围护结构产生的侧向土压力。在基坑未开挖之前，基坑围护结构两侧承受由土体自重产生的静止侧向土压力，且基坑围护结构两侧的侧向土压力达到平衡，即两侧的侧向土压力相等。

当基坑进行开挖施工时，其开挖施工过程按总的开挖深度分为几层来开挖。每层开挖后，由于施工工艺需要（如施工水平支撑）或为避免侧向土压力增加过快，需静止一段时间。在每深度段开挖施工静停时间内，原基坑围护结构两侧的平衡被破坏，建筑基坑围护结构承受因一侧土体挖除而造成的另一侧土体产生的侧向土压力。在这个侧向土压力作用下，建筑基坑围护结构产生变形。当这种建筑基坑围护结构的变形达到一定数值后，由于建筑基坑围护结构自身的抵抗作用和建筑基坑围护结构两侧土压力的作用，以及土体内的抗剪作用的发挥，建筑基坑围护结构两侧的侧向土压力再次达到平衡。所以，基坑开挖过程中，是平衡—破坏—再平衡—再破坏，直至基坑开挖结束达到最终平衡的过程。

建筑基坑围护结构所挡土体的性质和建筑基坑围护结构的刚度，决定了建筑基坑围护结构的变形量的大小。依据库伦-朗肯理论，当基坑围护结构的变形达到一定数值时，侧向静止土压力可转变成主动土压力和被动土压力。即基坑围护结构所挡一侧土体对建筑基坑围护结构的侧向土压力减少呈主动土压力分布；另一侧的侧向土压力增大呈被动土压力。而当建筑基坑围护结构的变形量，由于围护结构刚度和土体自身抗剪能力的作用，未达到产生主动土压力和被动土压力时，建筑基坑围护结构仅一侧承受土体自重产生的静止侧向土压力。平衡主要是由建筑基坑围护结构的刚度来抵抗此时的侧向土压力。

三、建筑基坑围护结构的破坏形式

(1) 由于建筑基坑围护结构本身刚度不足，起不到抵抗侧向土压力的作用，造成建筑基坑围护结构出现破坏。如挡土结构或水平支撑结构的断裂、失效。

(2) 由于建筑基坑围护结构嵌固深度不足，使建筑基坑围护结构向基坑内倾覆造成破坏。

(3) 建筑基坑围护结构所挡土体本身的特性原因，或施工工艺造成附加荷载超大，或自然环境（如连降大雨、地震等）造成建筑基坑围护结构破坏。

(4) 由于建筑基坑围护结构所挡土体的特性，或人为原因和自然原因造成附加荷载过大，从而使得建筑基坑围护结构整体向基坑内倾覆性滑移，此时一般伴随基坑内地面出现隆起现象。

四、建筑基坑围护结构的侧向土压力分布

建筑基坑围护结构所受侧向土压力的分布形式，一般取决于基坑围护结构形式和结构刚度。

1. 悬臂式建筑基坑围护结构

根据大量建筑基坑监测工程实测的结果，以及基坑模型试验结果。悬臂式建筑基坑围护结构，由于其结构顶部为变形的自由端，基坑底面以下嵌固的约束作用，造成围护结构刚度上小下大。因而，悬臂式围护结构抵抗水平侧向土压力的能力较弱。所以，造成围护结构所受侧向土压力呈“三角形”形式分布，随深度而增大。

2. 加水平支撑式建筑基坑围护结构

加水平支撑式建筑基坑围护结构所受侧向土压力分布形式比较复杂。因为在每层水平支撑的位置，存在水平应力集中的抵抗力点，约束该位置的变形量。故而使侧向土压力分布呈“折线”分布形式。水平应力集中点位所受应力较大，集中点之间应力相对较小。

3. 刚性建筑基坑围护结构

由于建筑基坑围护结构自身刚度较大，限制了围护结构的整体变形形势。再根据土体沿深度方向分布的特性和变形特性，造成刚性围护结构所受侧向土压力呈“倒梯形”分布形式。

第十九章 基坑围护结构施工与验收

第一节 基坑围护结构的施工

一、施工准备工作

建筑基坑围护结构的施工首先依据设计选用的围护结构形式，选定施工设备。根据施工场地情况，制定符合设计要求的施工方案。施工方案的主要内容如下。

（1）确定符合计量检定要求的设备数量和种类。

（2）了解施工场地情况，尤其是场地内地下原有地下障碍物情况。

（3）根据施工场地情况绘制施工场地作业平面图。

（4）制定符合设计要求的施工顺序。

（5）制定施工进度安排。

（6）施工人员和管理人员的配置。

（7）制定管理人员管理制度和施工人员安全施工制度。

（8）制定管理监督制度。

（9）制定施工过程中可能发生情况的应急措施预案。

（10）所有参与施工人员的安全教育宣贯。

以上施工方案需与建设方、设计方、监理方等有关单位共同协商确定后执行。施工过程中，还应配合建设方确定的第三方施工质量检测单位、基坑围护结构监测单位的检测和监测工作，确保基坑施工项目的圆满完成。

以下就不同的建筑基坑围护结构形式，依据国家现行规范和规程，提出具体施工与施工质量检测内容。

二、排桩支护结构的施工与检测

（1）排桩的施工应符合现行行业标准《建筑桩基技术规范》（JGJ 94）对相应桩型的有关规定。

（2）对排桩桩位邻近的既有建筑物、地下管线、地下构筑物对地基变形敏感时，应根据其位置、类型、材料特性、使用状况等相应采取下列控制地基变形的防护措施。

① 宜采取间隔成桩的施工顺序；对混凝土灌注桩，应在混凝土终凝前，再进行相邻桩的成孔施工。

② 对松散或稍密的砂土、稍密的粉土、软土等易坍塌或流动的软弱土层，对钻孔灌注桩宜采取改善泥浆性能等措施，对人工挖孔桩宜采取减小每节挖孔和护壁的长度、加固孔壁

等措施。

③ 支护桩成孔过程出现流砂、涌泥、塌孔、缩径等异常情况时，应暂停成孔并及时采取有针对性的措施进行处理，防止继续塌孔。

④ 当成孔过程中遇到不明障碍物时，应查明其性质，且在不会危害既有建筑物、地下管线、地下构筑物的情况下方可继续施工。

(3) 对混凝土灌注桩，其纵向受力钢筋的接头不宜设置在内力较大处。同一区段内，纵向受力钢筋的连接方式和连接接头面积百分率应符合现行国家标准《混凝土结构设计规范》(GB 50010) 对梁类构件的规定。

(4) 混凝土灌注桩采用分段配置不同数量的纵向钢筋时，钢筋笼制作和安放时应采取控制非通长钢筋竖向定位的措施。

(5) 混凝土灌注桩采用沿桩截面周边非均匀配置纵向受力钢筋时，应按设计的钢筋配置方向进行安放，其偏转角度不得大于10°。

(6) 混凝土灌注桩设有预埋件时，应根据预埋件用途和受力特点的要求，控制其安装位置及方向。

(7) 钻孔咬合桩的施工可采用液压钢套管全长护壁、机械冲抓成孔工艺，其施工应符合下列要求。

① 桩顶应设置导墙，导墙宽度宜取3～4m，导墙厚度宜取0.3～0.5m。

② 相邻咬合桩应按先施工素混凝土桩、后施工钢筋混凝土桩的顺序进行。钢筋混凝土桩应在素混凝土桩初凝前，通过成孔时切割部分混凝土桩身形成与素混凝土桩的互相咬合，但应避免过早切割。

③ 钻机就位及吊设第一节钢套管时，应采用两个测斜仪贴附在套管外壁并用经纬仪复核套管垂直度，其垂直度允许偏差应为0.3%；液压套管应正反扭动加压下切；抓斗在套管内取土时，套管底部应始终位于抓土面下方，且抓土面与套管底的距离应大于1.0m。

④ 孔内虚土和沉渣应清除干净，并用抓斗夯实孔底；灌注混凝土时，套管应随混凝土浇筑逐段提拔；套管应垂直提拔，阻力过大时应转动套管同时缓慢提拔。

(8) 除有特殊要求外，排桩的施工偏差应符合下列规定。

① 桩位的允许偏差应为50mm。

② 桩垂直度的允许偏差应为0.5%。

③ 预埋件位置的允许偏差应为20mm。

④ 桩的其他施工允许偏差应符合现行行业标准《建筑桩基技术规范》(JGJ 94) 的规定。

(9) 冠梁施工时，应将桩顶浮浆、低强度混凝土及破碎部分清除。冠梁混凝土浇筑采用土模时，土面应修理整平。

(10) 采用混凝土灌注桩时，其质量检测应符合下列规定。

① 在围护桩施工前应进行试成孔检测。

② 对于临时性围护结构桩，应进行20%桩的成孔检测；对于永久性围护结构桩，应进行100%桩的成孔检测。

③ 应采用低应变动测法检测桩身完整性，检测桩数不宜少于总桩数的20%，且不得少于5根。

④ 当根据低应变动测法判定的桩身完整性为Ⅲ类或Ⅳ时，应采用钻芯法进行验证，并应扩大低应变动测法检测的数量。

三、地下连续墙围护结构施工与检测

(1) 地下连续墙的施工应根据地质条件的适应性等因素选择成槽设备。成槽施工前应进行试成槽试验，并应通过试验结果确定施工工艺及施工参数。

(2) 当地下连续墙邻近的既有建筑物、地下管线、地下构筑物对地基变形敏感时，地下连续墙的施工应采取有效措施控制槽壁变形。

(3) 成槽施工前，应沿地下连续墙两侧设置导墙，导墙宜采用混凝土结构，且混凝土强度等级不宜低于C20。导墙底面不宜设置在新近填土上，且埋深不宜小于1.5m。导墙的强度和稳定性应满足成槽设备和顶拔接头管施工的要求。

(4) 成槽前，应根据地质条件进行护壁泥浆材料的适配及室内性能试验，泥浆配比应按试验确定。泥浆拌制后应贮放24h，待泥浆材料充分水化后方可使用。成槽时，泥浆的供应及处理设备应满足泥浆使用量的要求，泥浆的性能应符合相关技术指标的要求。

(5) 单元槽段宜采用间隔一个或多个槽段的跳幅施工顺序。每个单元槽段，挖槽分段不宜超过3个。成槽时，护壁泥浆液面应高于导墙底面500mm。

(6) 槽段接头应满足混凝土浇筑压力对其强度和刚度的要求，安放槽段接头时，应紧贴槽段垂直缓慢沉放至槽底。遇到阻碍时，槽段接头应在清除障碍后入槽。混凝土浇灌过程中应采取防止混凝土产生绕流的措施。

(7) 地下连续墙有防渗要求时，应在吊放钢筋笼前，对槽段接头和相邻墙段混凝土面用刷槽器等方法进行清刷，清刷后的槽段接头和混凝土面不得夹泥。

(8) 钢筋笼制作时，纵向受力钢筋的接头不宜设置在受力较大处。同一连接区段内，纵向受力钢筋的连接方式和连接头面积百分率应符合现行国家标准《混凝土结构设计规范》(GB 50010) 对板类构件的规定。

(9) 钢筋笼应设置定位垫块，垫块在垂直方向上的间距宜取3～5m，在水平方向上宜每层设置2～3块。

(10) 单元槽段的钢筋笼宜整体装配和沉放。需要分段装配时，宜采用焊接或机械连接，钢筋接头的位置宜选在受力较小处，并应符合现行国家标准《混凝土结构设计规范》(GB 50010) 对钢筋连接的有关规定。

(11) 钢筋笼应根据吊装的要求，设置纵横向起吊桁架；桁架主筋宜采用HRB400级钢筋，钢筋直径不宜小于20mm，且应满足吊装和沉放过程中钢筋笼的整体性及钢筋笼骨架不产生塑性变形的要求。钢筋连接点出现位移、松动或开焊时，钢筋笼不得入槽，应重新制作或修整完好。

(12) 地下连续墙应采用导管法浇筑混凝土。导管拼接时，其接缝应密闭。混凝土浇筑时，导管内应预先设置隔水栓。

(13) 槽段长度不大于6m时，混凝土宜采用两根导管同时浇筑；槽段长度大于6m时，混凝土宜采用三根导管同时浇筑。每根导管分担的浇筑面积应基本均等。钢筋笼就位后应及时浇筑混凝土。混凝土浇筑过程中，导管埋入混凝土面的深度宜在2.0～4.0m，浇筑液面的上升速度不宜小于3m/h。混凝土浇筑面宜高于地下连续墙设计顶面500mm。

(14) 除有特殊要求外，地下连续墙的施工偏差应符合现行国家标准《建筑地基基础工程施工质量验收规范》(GB 50202) 的规定。

(15) 冠梁的施工应符合有关规定。

(16) 地下连续墙的质量检测应符合下列规定。

① 应进行槽壁垂直度检测，检测数量不得小于同条件下总槽段数的20%，且不应少于10幅；当地下连续墙作为主体地下结构构件时，应对每个槽段进行槽壁垂直度检测。

② 应进行槽底沉渣厚度检测；当地下连续墙作为主体地下结构构件时，应对每个槽段进行槽底沉渣厚度检测。

③ 应采用声波透射法对墙体混凝土质量进行检测，检测墙段数量不宜少于同条件下总

墙段数的20%，且不得少于3幅，每个检测墙段的预埋超声波管数不应少于4个，且宜布置在墙身截面的四边中点处。

④ 当根据声波透射法判定墙身质量不合格时，应采用钻芯法进行验证。

⑤ 地下连续墙作为主体地下结构构件时，其质量检测尚应符合相关标准的要求。

四、锚杆围护结构施工与检测

（1）当锚杆穿过的地层附近存在既有地下管线、地下构筑物时，应在调查或探明其位置、尺寸、走向、类型、使用状况等情况后再进行锚杆施工。

（2）锚杆的成孔应符合下列规定。

① 应根据土层性状和地下水条件选择套管护壁、干成孔或泥浆护壁成孔工艺，成孔工艺应满足孔壁稳定性要求。

② 对松散和稍密的砂土、粉土、碎石土、填土、有机质土、高液性指数的饱和黏性土宜采用套管护壁成孔工艺。

③ 在地下水位以下时，不宜采用干成孔工艺。

④ 在高塑性指数的饱和黏性土层成孔时，不宜采用泥浆护壁成孔工艺。

⑤ 当成孔过程中遇不明障碍物时，在查明其性质前不得钻进。

（3）钢绞线锚杆和钢筋锚杆杆体的制作安装应符合下列规定。

① 钢绞线锚杆杆体绑扎时，钢绞线应平行、间距均匀；杆体插入孔内时，应避免钢绞线在孔内弯曲或扭转。

② 当锚杆杆体选用HRB400、HRB500钢筋时，其连接宜采用机械连接、双面搭接焊、双面帮条焊；采用双面焊时，焊缝长度不应小于杆体钢筋直径的5倍。

③ 杆体制作和安放时应除锈、除油污、避免杆体弯曲。

④ 采用套管护壁工艺成孔时，应在拔出套管前将杆体插入孔内；采用非套管护壁工艺成孔时，杆体应匀速推送至孔内。

⑤ 成孔后应及时插入杆体及注浆。

（4）钢绞线锚杆和钢筋锚杆的注浆应符合下列规定。

① 注浆液采用水泥浆时，水灰比宜取0.5～0.55；采用水泥砂浆时，水灰比宜取0.4～0.45，灰砂比宜取0.5～1.0，拌和用砂宜选用中粗砂。

② 水泥浆或水泥砂浆内可掺入提高注浆固结体早期强度或微膨胀的外加剂，其掺入量宜按室内试验确定。

③ 注浆管端部至孔底的距离不宜大于200mm，注浆及拔管过程中，注浆管口应始终埋入注浆液面内，应在水泥浆液从孔口溢出后停止注浆；注浆后浆液面下降时，应进行孔口补浆。

④ 采用二次压力注浆工艺时，注浆管应在锚杆末端$\left(\frac{1}{4}\sim\frac{1}{3}\right)l_a$范围内设置注浆孔，孔间距宜取500～800mm，每个注浆截面的注浆孔宜取2个；二次压力注浆液宜采用水灰比为0.5～0.55的水泥浆；二次注浆管应固定在杆体上，注浆管的出浆口应有逆止构造；二次压力注浆应在水泥浆初凝后、终凝前进行，终止注浆的压力不应小于1.5MPa（注：l_a为锚杆的锚固段长度）。

⑤ 采用二次压力分段劈裂注浆工艺时，注浆宜在固结体强度达到5MPa后进行，注浆管的出浆孔宜沿锚固段全长设置，注浆应由内向外分段依次进行。

⑥ 基坑采用截水帷幕时，地下水位以下的锚杆注浆应采取孔口封堵措施。

⑦ 寒冷地区在冬期施工时，应对注浆液采取保温措施，浆液温度应保持在5℃以上。

(5) 锚杆的施工偏差应符合下列要求。

① 钻孔孔位的允许偏差应为 50mm。

② 钻孔倾角的允许偏差为 3°。

③ 杆体长度不应小于设计长度。

④ 自由段的套管长度允许偏差应为±50mm。

(6) 组合型钢锚杆腰梁、钢台座的施工应符合现行国家标准《钢结构工程施工质量验收规范》(GB 50205) 的有关规定;混凝土锚杆腰梁、混凝土台座的施工应符合现行国家标准《混凝土结构工程施工质量验收规范》(GB 50204) 的有关规定。

(7) 预应力锚杆的张拉锁定应符合下列要求。

① 当锚杆固结体的强度达到 15MPa 或设计强度的 75%后,方可进行锚杆的张拉锁定。

② 拉力型钢绞线锚杆宜采用钢绞线束整体张拉锁定的方法。

③ 锚杆锁定前,应按锚杆抗拔承载力检测值(表 19-1)进行锚杆预张拉;锚杆张拉应平缓加载,加载速率不宜大于 $0.1N_k$/min;在张拉值下的锚杆位移和压力表压力应能保持稳定,当锚头位移不稳定时,应判定此根锚杆不合格(N_k 为最大加载值)。

表 19-1 锚杆抗拔承载力检测值

支护结构的安全等级	抗拔承载力检测值与轴向拉力标准值的比值
一级	≥1.4
二级	≥1.3
三级	≥1.2

④ 锁定时的锚杆压力应考虑锁定过程的预应力损失量;预应力损失量宜通过对锁定前、后锚杆拉力的测试确定;缺少测试数据时,锁定时的锚杆拉力可取锁定值的 1.1~1.15 倍;

⑤ 锚杆锁定应考虑相邻锚杆张拉锁定引起的预应力损失,当锚杆预应力损失严重时,应进行再次锁定;锚杆出现锚头松弛、脱落、锚具失效等情况时,应及时进行修复并对其进行再次锁定。

⑥ 当锚杆需要再次张拉锁定时,锚具外杆体长度和完好程度应满足张拉要求。

(8) 锚杆抗拔承载力的检测应符合下列规定。

① 检测数量不应少于锚杆总数的 5%,且同一土层中的锚杆检测数量不应少于 3 根。

② 检测试验应在锚固段注浆固结体强度达到 15MPa 或达到设计强度的 75%后进行。

③ 检测锚杆应采用随机抽样的方法选取。

④ 抗拔承载力检测值应按锚杆抗拔承载力检测值表确定。

⑤ 检测试验应按锚杆验收试验方法进行。

⑥ 当检测的锚杆不合格时,应扩大检测数量。

五、内支撑围护结构施工与检测

(1) 内支撑结构的施工与拆除顺序,应与设计工况一致,必须遵循先支撑后开挖的原则。

(2) 混凝土支撑的施工应符合现行国家标准《混凝土结构工程施工质量验收规范》(GB 50204) 的规定。

(3) 混凝土腰梁施工前应将排桩、地下连续墙等挡土构件的连接表面清理干净,混凝土腰梁应与挡土构件紧密接触,不得留有缝隙。

(4) 钢支撑的安装应符合现行国家标准《钢结构工程施工质量验收规范》(GB 50205) 的规定。

(5) 钢腰梁与排桩、地下连续墙等挡土构件间隙的宽度宜小于 100mm,并应在钢腰梁安装定位后，用强度等级不低于 C30 的细石混凝土填充密实或采用其他可靠连接措施。

（6）对预加轴向压力的钢支撑，施加预压力时应符合下列要求。

① 对支撑施加压力的千斤顶应有可靠、准确的计量装置。

② 千斤顶压力的合力点应与支撑轴线重合，千斤顶应在支撑轴线两侧对称、等距放置，且应同步施加压力。

③ 千斤顶的压力应分级施加，施加每级压力后应保持压力稳定 10min 后方可施加下一级压力；预压力加至设计规定值后，应在压力稳定 10min 后，方可按设计预压力值进行锁定。

④ 支撑施加压力过程中，当出现焊点开裂、局部压曲等异常情况时，应卸除压力，在对支撑的薄弱处进行加固后，方可继续施加压力。

⑤ 当检测的支撑压力出现损失时，应再次施加预压力。

（7）对钢支撑，当夏期施工产生较大温度应力时，应及时对支撑采取降温措施。当冬期施工降温产生的收缩使支撑端头出现空隙时，应及时用铁楔将空隙楔紧或采用其他可靠连接措施。

（8）支撑拆除应在替换支撑的结构构件达到换撑要求的承载力后进行。当主体结构底板和楼板分块浇筑或设置后浇带时，应在分块部位或后浇带处设置可靠的传力构件。支撑的拆除应根据支撑材料、形式、尺寸等具体情况采用人工、机械和爆破等方法。

（9）立柱的施工应符合下列要求。

① 立柱桩混凝土的浇筑面宜高于设计桩顶 500mm。

② 采用钢立柱时，立柱周围的空隙应用碎石回填密实，并宜辅以注浆措施。

③ 立柱的定位和垂直度宜采用专门措施进行控制，对格构柱、H 型钢柱，还应同时控制转向偏差。

（10）内支撑的施工偏差应符合下列要求。

① 支撑标高的允许偏差应为 30mm。

② 支撑水平位置的允许偏差应为 30mm。

③ 临时立柱平面位置的允许偏差应为 50mm，垂直度的允许偏差应为$\frac{1}{150}$。

六、围护结构与主体结构的结合及逆作法

（1）围护结构与主体结构可采用下列结合方式。

① 围护结构的地下连续墙与主体结构外墙相结合。

② 围护结构的水平支撑与主体结构水平构件相结合。

③ 围护结构的竖向支承立柱与主体结构竖向构件相结合。

（2）围护结构与主体结构相结合时，应分别按基坑支护各设计状况与主体结构各设计状况进行设计。与主体结构相关的构件之间的节点连接、变形协调与防水构造应满足主体结构的设计要求。按围护结构设计时，作用在围护结构上的荷载除应符合有关规定外，还应同时考虑施工时的主体结构自重及施工荷载；按主体结构设计时，作用在主体结构外墙上的土压力宜采用静止土压力。

（3）地下连续墙与主体结构外墙相结合时，可采用单一墙、复合墙或叠合墙结构形式（图 19-1），其结合应符合下列要求。

① 对于单一墙，永久使用阶段应按地下连续墙承担全部外墙荷载进行设计。

② 对于复合墙，地下连续墙内侧应设置混凝土衬墙；地下连续墙与衬墙之间的结合面应按不承受剪力进行构造设计，永久使用阶段水平荷载作用下的墙体内力宜按地下连续墙与

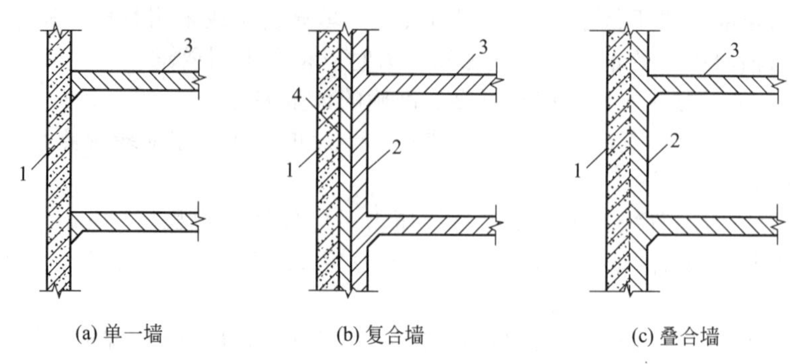

图 19-1 地下连续墙与主体结构外墙结合的形式

1—地下连续墙；2—衬墙；3—楼盖；4—衬垫材料

衬墙的刚度比例进行分配。

③ 对于叠合墙，地下连续墙内侧应设置混凝土衬墙；地下连续墙与衬墙之间的结合面应按承受剪力进行构造设计，永久使用阶段地下连续墙与衬墙应按整体考虑，外墙厚度应取地下连续墙与衬墙厚度之和。

（4）地下连续墙与主体结构外墙相结合时，主体结构各设计状况下地下连续墙的计算分析应符合下列规定。

① 水平荷载作用下，地下连续墙应按以楼盖结构为支承的连续板或连续梁进行计算，结构分析还应考虑与支护阶段地下连续墙内力、变形叠加的工况。

② 地下连续墙应进行裂缝宽度验算；除特殊要求外，应按现行国家标准《混凝土结构设计规范》（GB 50010）的规定，按环境类别选用不同的裂缝控制等级及最大裂缝宽度限值。

③ 地下连续墙作为主要竖向承重构件时，应分别按承载能力极限状态和正常使用极限状态验算地下连续墙的竖向承载力和沉降量；地下连续墙的竖向承载力宜通过现场静载荷试验确定；无试验条件时，可按钻孔灌注桩的竖向承载力计算公式进行估算，墙身截面有效周长应取周边土体接触部分的长度，计算侧阻力时的墙体长度应取坑底以下的嵌固深度；地下连续墙采用刚性接头时，应对刚性接头进行抗剪验算。

④ 地下连续墙承受竖向荷载时，应按偏心受压构件计算正截面承载力。

⑤ 墙顶冠梁与地下连续墙及上部结构的连接处应验算截面受剪承载力。

（5）当地下连续墙作为主体结构的主要竖向承重构件时，可采取下列协调地下连续墙与内部结构之间差异沉降的措施。

① 宜选择压缩性较低的土层作为地下连续墙的持力层。

② 宜采取对地下连续墙墙底注浆加固的措施。

③ 宜在地下连续墙附近的基础底板下设置基础桩。

（6）用作主体结构的地下连续墙与内部结构的连接及防水构造应符合下列规定。

① 地下连续墙与主体结构的连接可采用墙内预埋弯起钢筋、钢筋接驳器、钢板等，预埋钢筋直径不宜大于 20mm，并应采用 HPB300 钢筋；连接钢筋直径大于 20mm，宜采用钢筋接驳器连接；无法预埋钢筋或埋设精度无法满足设计要求时，可采用预埋钢板的方式。

② 地下连续墙墙段间的竖向接缝宜设置防渗和止水构造；有条件时，可在墙体内侧接缝处设扶壁式构造柱或框架柱；当地下连续墙内侧设有构造衬墙时，应在地下连续墙与衬墙间设置排水通道。

③ 地下连续墙与结构顶板、底板的连接接缝处，应按地下结构的防水等级要求，设置刚性止水片、遇水膨胀橡胶止水条或预埋注浆管注浆止水等构造措施。

（7）水平支撑与主体结构水平构件相结合时，支护阶段用作支撑的楼盖的计算分析应符合下列规定。

① 应符合有关规定。

② 当楼盖结构兼作为施工平台时，应按水平和竖向荷载同时作用进行计算。

③ 同层楼板面存在高差的部位，应验算该部位构件的受弯、受剪、受扭承载能力；必要时，应设置可靠的水平向转换结构或临时支撑等措施。

④ 结构楼板的洞口及车道开口部位，当洞口两侧的梁板不能满足传力要求时，应采用设置临时支撑等措施。

⑤ 各层楼盖设结构分缝或后浇带处，应设置水平传力构件，其承载力应通过计算确定。

（8）水平支撑与主体结构水平构件相结合时，主体结构各设计状况下主体结构楼盖的计算分析应考虑与支护阶段楼盖内力、变形叠加的工况。

（9）当楼盖采用梁板结构体系时，框架梁截面的宽度应根据梁柱节点位置框架梁主筋穿过的要求，适当大于竖向支承立柱的截面宽度。当框架梁宽度在梁柱节点位置不能满足主筋穿过的要求时，在梁柱节点位置应采取梁的宽度方向加腋、环梁节点、连接环板等措施。

（10）竖向支承立柱与主体结构竖向构件相结合时，围护阶段立柱与立柱桩的计算分析除应符合有关规定外，还应符合下列规定。

① 立柱及立柱桩的承载力与沉降计算时，立柱及立柱桩的荷载应包括围护阶段施工的主体结构自重及其所承受的施工荷载，并应按其安装的垂直度允许偏差考虑竖向荷载偏心的影响。

② 在主体结构底板施工前，立柱基础之间及立柱与地下连续墙之间的差异沉降不宜大于20mm，且不宜大于柱距的$\frac{1}{400}$。

（11）在主体结构的短暂与持久设计状况下，宜考虑立柱基础之间的差异沉降及立柱与地下连续墙之间的差异沉降引起的结构次应力，并应采取防止裂缝产生的措施。立柱桩采用钻孔灌注桩时，可采用后注浆措施减小立柱桩的沉降。

（12）竖向支承立柱与主体结构竖向构件相结合时，一根结构柱位置宜布置一根立柱及立柱桩。当一根立柱无法满足逆作施工阶段的承载力与沉降要求时，也可采用一根结构柱布置多根立柱和立柱桩的形式。

（13）与主体结构竖向构件相结合的立柱的构造应符合下列规定。

① 立柱应根据围护阶段承受的荷载要求及主体结构设计要求，采用格构式钢立柱、H型钢立柱或钢管混凝土立柱等形式；立柱桩宜采用灌注桩，并应尽量利用主体结构的基础桩。

② 立柱采用角钢格构柱时，其边长不宜小于420mm；采用钢管混凝土桩时，钢管直径不宜小于500mm。

③ 外包混凝土形成主体结构框架柱的立柱，其形式与截面应与地下结构梁板和柱的截面与钢筋配置相协调，其节点构造应保证结构整体受力与节点连接的可靠性；立柱应在地下结构底板混凝土浇筑完后，逐层在立柱外侧浇筑混凝土形成地下结构框架柱。

④ 立柱与水平构件连接节点的抗剪钢筋、栓钉或钢牛腿等抗剪构造应根据计算确定。

⑤ 采用钢管混凝土立柱时，插入立柱桩的钢管的混凝土保护层厚度不应小于100mm。

（14）地下连续墙与主体结构外墙相结合时，地下连续墙的施工应符合下列规定。

① 地下连续墙成槽施工应采用具有自动纠偏功能的设备。

② 地下连续墙采用墙底后注浆时，可将墙段折算成截面面积相等的桩后，按现行行业标准《建筑桩基技术规范》（JGJ 94）的有关规定确定后注浆参数，后注浆的施工应符合该

规范的有关规定。

（15）竖向支承立柱与主体结构竖向构件相结合时，立柱及立柱桩的施工除应符合有关规定外，还应符合下列要求。

① 立柱采用钢管混凝土桩时，宜通过现场试充填试验确定钢管混凝土桩的施工工艺与施工参数。

② 立柱桩采用后注浆时，后注浆的施工应符合现行行业标准《建筑桩技术规范》（JGJ 94）有关灌注桩后注浆施工的规定。

（16）主体结构采用逆作法施工时，应在地下各层楼板上设置用于垂直运输的孔洞。楼板的孔洞应符合下列规定。

① 同层楼板上需要设置多个孔洞时，孔洞的位置应考虑楼板作为内支撑的受力和变形要求，并应满足合理布置施工运输的要求。

② 孔洞宜尽量利用主体结构的楼梯间、电梯井或无楼板处等结构开口；孔洞的尺寸应满足土方、设备、材料等垂直运输的施工要求。

③ 结构楼板上的运输预留孔洞、立柱预留孔洞部位，应验算水平支撑力和施工荷载作用下的应力和变形，并应采取设置边梁或增强钢筋配置等加强措施。

④ 对主体结构逆作施工后需要封闭的临时孔洞，应根据主体结构对孔洞处二次浇筑混凝土的结构连接要求，预先在洞口周边设置连接钢筋或抗剪预埋件等结构连接措施；有防水要求的洞口应设置刚性止水片、遇水膨胀橡胶止水条或预埋注浆管注浆止水等构造措施。

（17）逆作的主体结构梁、板、柱，其混凝土浇筑应采用下列措施。

① 主体结构的梁板等构件宜采用支模法浇筑混凝土。

② 由上而下逐层逆作主体结构的墙、柱时，墙、柱的纵向钢筋预先埋入下方土层内的钢筋连接段应采取防止钢筋污染的措施，与下层墙、柱钢筋的连接应符合现行国家标准《混凝土结构设计规范》（GB 50010）对钢筋连接的规定；浇筑下层墙、柱混凝土前，应将已浇筑的上层墙、柱混凝土的结合面及预留连接钢筋、钢板表面的泥土清除干净。

③ 逆作浇筑各层墙、柱混凝土时，墙、柱的模板顶部宜做成向上开口的喇叭形，且上层梁板在柱、墙节点处宜预留墙、柱的混凝土浇捣孔；墙、柱混凝土与上层墙、柱的结合面应浇筑密实、无收缩裂缝。

④ 当前后两次浇筑的墙、柱混凝土结合面可能出现裂缝时，宜在结合面处的模板上预留充填裂缝的压力注浆孔。

（18）与主体结构结合的地下连续墙、立柱及立柱桩，其施工偏差应符合下列规定。

① 除有特殊要求外，地下连续墙的施工偏差应符合现行国家标准《建筑地基基础工程施工质量验收规范》（GB 50202）的规定。

② 立柱及立柱桩的平面位置允许偏差应为10mm。

③ 立柱的垂直度允许偏差应为$\frac{1}{300}$。

④ 立柱桩的垂直度允许偏差应为$\frac{1}{200}$。

（19）竖向支承立柱与主体结构竖向构件相结合时，立柱及立柱桩的检测应符合下列规定。

① 应对全部立柱进行垂直度与柱位进行检测。

② 应采用敲击法对钢管混凝土立柱进行检验，检测数量应大于立柱总数的20%；当发现立柱缺陷时，应采用声波透射法或钻芯法进行验证，并扩大敲击法检测数量。

（20）与围护结构结合的主体结构构件的设计、施工、检测，应符合有关规定。

七、土钉墙围护结构施工与检测

(1) 土钉墙应按土钉层数分层设置土钉、喷射混凝土面层、开挖基坑。

(2) 当有地下水时，对易产生流砂或塌孔的砂土、粉土、碎石土等土层，应通过试验确定土钉施工工艺及其参数。

(3) 钢筋土钉的成孔应符合下列要求。

① 土钉成孔范围内存在地下管线等设施时，应在查明其位置并避开后，再进行成孔作业。

② 应根据土层的性状选用洛阳铲、螺旋钻、冲击钻、地质钻等成孔方法，以减小对孔壁的扰动。

③ 当成孔遇不明障碍物时，应停止成孔作业，在查明障碍物的情况并采取针对性措施后方可继续成孔。

④ 对易塌孔的松散土层宜采用机械成孔工艺；成孔困难时，可采用注入水浆等方法进行护壁。

(4) 钢筋土钉杆体的制作安装应符合下列要求。

① 钢筋使用前，应调直并清除污锈。

② 当钢筋需要连接时，宜采用搭接焊、帮条焊连接；焊接宜采用双面焊，双面焊的搭接长度或帮条长度不应小于主筋直径的 5 倍，焊接高度不应小于主筋直径的 30%。

③ 对中支架的截面尺寸应符合对土钉杆体保护层厚度的要求，对中支架可选用直径为 6～8mm 的钢筋焊制。

④ 土钉成孔后应及时插入土钉杆体，遇塌孔、缩径时，应在处理后再插入土钉杆体。

(5) 钢筋土钉的注浆应符合下列要求。

① 注浆材料可选用水泥浆或水泥砂浆；水泥浆的水灰比宜取 0.5～0.55；水泥砂浆的水灰比宜取 0.4～0.45，同时，灰砂比宜取 0.5～1.0，拌和用砂宜选用中粗砂，按重量计的含泥量不得大于 3%。

② 水泥浆或水泥砂浆应拌和均匀，一次拌和的水泥浆或水泥砂浆应在初凝前使用。

③ 注浆前应将孔内残留的虚土清除干净。

④ 注浆应采用将注浆管插至孔底、由孔底注浆的方式，且注浆管端部至孔底的距离不宜大于 200mm，注浆及拔管时，注浆管出浆口始终埋入注浆液面内，应在新鲜浆液从孔口溢出后停止注浆；注浆后，当浆液液面下降时，应进行补浆。

(6) 打入式钢管土钉的施工应符合下列要求。

① 钢管端部应制成尖锥状；钢管顶部宜设置防止施打变形的加强构造。

② 注浆材料应采用水泥浆，水泥浆的水灰比宜取 0.5～0.6。

③ 注浆压力不宜小于 0.6MPa；应在注浆至钢管周围出现返浆后停止注浆；当不出现返浆时，可采用间歇注浆的方法。

(7) 喷射混凝土面层的施工应符合下列要求。

① 细骨料宜选用中粗砂，含泥量应小于 3%。

② 粗骨料宜选用粒径不大于 20mm 的级配砾石。

③ 水泥与砂石的重量比宜取 (1∶4)～(1∶4.5)，砂率宜取 45%～55%，水灰比宜取 0.4～0.45。

④ 使用速凝剂等外加剂时，应通过试验确定外加剂掺量。

⑤ 喷射作业应分段依次进行，同一分段内应自上而下均匀喷射，一次喷射厚度宜为 30～80mm。

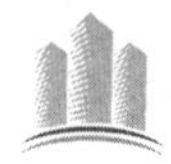

⑥ 喷射作业时，喷头应与土钉墙面保持垂直，其距离宜为0.6～1.0m。

⑦ 喷射混凝土终凝2h后应及时喷水养护。

⑧ 钢筋与坡面的间隙应大于20mm。

⑨ 钢筋网可采用绑扎固定；钢筋连接宜采用搭接焊，焊缝长度不应小于钢筋直径的10倍。

⑩ 采用双层钢筋网时，第二层钢筋网应在第一层钢筋网被喷射混凝土覆盖后铺设。

(8) 土钉墙的施工偏差应符合下列要求。

① 土钉位置的允许偏差应为100mm。

② 土钉倾角的允许偏差应为3°；

③ 土钉杆体长度不应小于设计长度。

④ 钢筋网间距的允许偏差应为±30mm。

⑤ 微型桩桩位的允许偏差应为50mm。

⑥ 微型桩垂直度的允许偏差应为0.5%。

(9) 复合土钉墙中预应力锚杆的施工应符合有关规定。微型桩的施工应符合现行行业标准《建筑桩基技术规范》(JGJ 94) 的有关规定。水泥土桩的施工应符合有关规定。

(10) 土钉墙的质量检测应符合下列规定。

① 应对土钉的抗拔承载力进行检测，土钉检测数量不宜少于土钉总数的1%，且同一土层中的土钉检测数量不应少于3根；对安全等级为二级、三级的土钉墙，抗拔承载力检测值分别不应小于土钉轴向拉力标准值的1.3倍、1.2倍；检测土钉应采用随机抽样的方法选取；检测试验应在注浆固结体强度达到10MPa或达到设计强度的70%后进行，应按有关试验方法进行；当检测的土钉不合格时，应扩大检测数量。

② 应进行土钉墙面层喷射混凝土的现场试块强度试验，每500m^{2}喷射混凝土面积的试验数量不应少于一组，每组试块不应少于3个。

③ 应对土钉墙的喷射混凝土面层厚度进行检测，每500m^{2}喷射混凝土面积检测数量不应少于一组，每组的检测点不应少于3个；全部检测点的面层厚度平均值不应小于厚度设计值，最小厚度不应小于厚度设计值的80%。

④ 复合土钉墙中的预应力锚杆，应按有关规定进行抗拔承载力检测。

⑤ 复合土钉墙中的水泥土搅拌桩或旋喷桩用作截水帷幕时，应按有关规定进行质量检测。

八、重力式水泥墙围护结构施工与检测

(1) 重力式水泥墙宜采用水泥土搅拌桩相互搭接成格栅状的结构形式，也可采用水泥土搅拌桩相互搭接成实体的结构形式。搅拌桩的施工工艺宜采用喷浆搅拌法。

(2) 以h表示基坑深度。重力式水泥墙的嵌固深度，对淤泥质土，不宜小于$1.2h$，对淤泥，不宜小于$1.3h$；重力式水泥墙的宽度，对淤泥质土，不宜小于$0.7h$，对淤泥，不宜小于$0.8h$。

(3) 重力式水泥墙采用格栅式时，格栅的面积置换率，对淤泥质土，不宜小于0.7，对淤泥；不宜小于0.8；对一般黏性土、砂土，不宜小于0.6。格栅内侧的长宽比不宜大于2。

(4) 水泥土搅拌桩的搭接宽度不宜小于150mm。

(5) 当水泥土墙兼作截水帷幕时，应满足截水要求。

(6) 当水泥土墙的28d无侧限抗压强度不宜小于0.8MPa。当需要增强墙体的抗拉性能时，可在当水泥土墙内插入杆筋。杆筋可采用钢筋、钢管或毛竹。杆筋的插入深度宜大于基坑深度。杆筋应锚入面板内。

(7) 水泥土墙顶面宜设置混凝土连接面板，面板厚度不宜小于150mm，混凝土强度等

级不宜低于C15。

（8）水泥土搅拌桩的施工应符合现行行业标准《建筑地基处理技术规范》（JGJ 79）的规定。

（9）重力式水泥土墙的质量检测应符合下列规定。

① 应采用开挖方法检测水泥土搅拌桩的直径、搭接宽度、位置偏差；

② 应采用钻芯法检测水泥土搅拌桩的单轴抗压强度、完整性、深度。单轴抗压强度试验的芯样直径不应小于80mm。检测桩数不应少于总桩数的1%，且不应少于6根。

第二节　基坑围护结构施工质量验收检测

一、一般规定

（1）在基坑（槽）或管沟工程等开挖施工中，现场不宜进行放坡开挖，当可能对邻近建（构）筑物、地下管线、永久性道路产生危害时，应对基坑（槽）、管沟进行支护后再开挖。

（2）基坑（槽）、管沟开挖前应做好下述工作。

① 基坑（槽）、管沟开挖前，应根据支护结构形式、挖深、地质条件、施工方法、周围环境、工期、气候和地面载荷等资料制定施工方案、环境保护措施、检测方案，经审批后方可施工。

② 土方工程施工前，应对降水、排水措施进行设计，系统应经检查和试运转，一切正常时方可开始施工。

③ 有关围护结构的施工质量验收可按有关规定执行，验收合格后方可进行土方开挖。

（3）土方开挖的顺序、方法必须与设计工况相一致，并遵循“开槽支撑，先撑后挖，分层开挖，严禁超挖”的原则。

（4）基坑（槽）、管沟的挖土应分层进行。在施工过程中基坑（槽）、管沟边堆置土方不应超过设计荷载，挖方时不应碰撞或损伤支护结构、降水设施。

（5）基坑（槽）、管沟土方施工中应对支护结构、周围环境进行观察和监测，如出现异常情况应及时处理，待恢复正常后方可继续施工。

（6）基坑（槽）、管沟开挖至设计标高后，应对坑底进行保护，经验槽合格后，方可进行垫层施工。对特大型基坑，宜分区分块挖至设计标高，分区分块及时浇筑垫层。必要时，可加强垫层。

（7）基坑（槽）、管沟土方工程验收必须确保支护结构安全和周围环境安全为前提。当设计有指标时，以设计要求为依据；如无设计指标，应按建筑基坑变形的监控值（表19-2）的规定执行。

表19-2　建筑基坑变形的监控值　　单位：cm

基坑类别	围护结构墙顶位移监控值	围护结构墙体最大位移监控值	地面最大沉降监控值
一级基坑	3	5	3
二级基坑	6	8	6
三级基坑	8	10	10

注：1. 符合下列情况之一，为一级基坑：

（1）重要工程或支护结构做主体结构的一部分；

（2）开挖深度大于10m；

（3）与邻近建筑物、重要设施的距离在开挖深度以内的基坑；

（4）基坑范围内有历史文物、近代优秀建筑、重要管线等需严加保护的基坑。

2. 三级基坑为开挖深度小于7m，且周围环境无特别要求时的基坑。

3. 除一级和三级外的基坑属二级基坑。

4. 当周围已有的设施有特殊要求时，还应符合这些要求。

二、排桩墙围护

(1) 排桩墙围护结构包括灌注桩、预制桩、板桩等类型构成的支护结构。施工前应对原材料进行检验。

(2) 灌注桩排桩施工前应进行试成孔检测，试成孔检测数量应根据工程规模和场地地质条件确定，且不宜少于2个。

(3) 灌注桩排桩应采用低应变法检测桩身完整性。检测数量不宜少于总桩数的20%，且不得少于20根。若采用桩墙合一围护结构时，桩身完整性检测数量为100%；采用声波透射法检测，检测数量不应低于总桩数的10%，且不应少于3根。对低应变法和声波透射法检测出的Ⅲ类、Ⅳ类桩，应采用钻芯法进行验证。

(4) 灌注桩排桩的桩身强度应进行试件，随机抽样检测。

(5) 灌注桩排桩施工中应加强过程控制，对成孔、钢筋笼制作与安装、混凝土灌注等各项技术指标进行检查验收。灌注桩排桩质量检验标准见表19-3。

表19-3 灌注桩排桩质量检验标准

项目	序号	检查项目		允许值或允许偏差		检查方法
				单位	数量	
主控项目	1	孔深		不小于设计值		测钻孔长度或用测绳
	2	桩身完整性		设计要求		成孔、低应变、声波透射、钻芯
	3	混凝土强度		不小于设计值		28d试块强度或钻芯
	4	嵌岩深度		不小于设计值		取岩样或超前钻孔取样
	5	钢筋笼主筋间距		mm	±10	用钢尺量
一般项目	1	垂直度		≤1/100(≤1/200)		超声波或井径仪测量
	2	孔径		不小于设计值		测钻头直径
	3	桩位		mm	≤50	开挖前量护筒、开挖后量桩中心
	4	泥浆	比重	1.10～1.25		用比重计，清孔后距孔底500mm处取样
			含沙量	%	≤8	洗砂瓶
			黏度	s	18～28	黏度计
	5	钢筋笼	长度	mm	±100	用钢尺量
			钢筋连接质量	设计要求		实验室试验
			箍筋间距	mm	±20	用钢尺量
			笼直径	mm	±10	用钢尺量
	6	沉渣厚度		mm	≤200	用沉渣仪或重锤测
	7	混凝土坍落度		mm	180～220	坍落度仪
	8	钢筋笼安装深度		mm	±100	用钢尺量
	9	混凝土充盈系数		≥1.0		实际与理论量比
	10	桩顶标高		mm	±50	水准仪测量

三、截水帷幕水泥土墙

(1) 截水帷幕水泥土墙包括：单轴水泥土拌合桩、双轴水泥土拌和桩、三轴水泥土拌和桩、高压喷射注浆和渠式切割水泥土连续墙等组合形成的围护墙。各类桩的质量检验标准见表19-4～表19-8。

(2) 水泥土墙可插入型钢，提高刚度。

(3) 截水帷幕水泥土墙检测，一般采用钻芯法。取芯数量不宜少于总桩数的1%，且不应少于3根。

表 19-4 单、双轴水泥土拌和桩截水帷幕质量检验标准

项目	序号	检查项目	允许值或允许偏差		检查方法
			单位	数量	
主控项目	1	水泥用量	不小于设计值		查看流量表
	2	桩长	不小于设计值		测钻杆长度
	3	导向架垂直度	≤1/150		经纬仪测量
	4	桩径	mm	±20	量搅拌叶回转直径
一般项目	1	桩身强度	不小于设计值		28d 试块强度或钻芯法
	2	水胶比	设计值		实际水与水泥材料重量比
	3	提升速度	设计值		测机头上升距离和时间
	4	下沉速度	设计值		测机头下沉距离和时间
	5	桩位	mm	≤20	全站仪或钢尺量
	6	桩顶标高	mm	≤200	水准仪测量
	7	施工间隙	h	≤24	检查施工记录

表 19-5 三轴水泥土拌和桩截水帷幕质量检验标准

项目	序号	检查项目	允许值或允许偏差		检查方法
			单位	数量	
主控项目	1	水泥用量	不小于设计值		查看流量表
	2	桩长	不小于设计值		测钻杆长度
	3	导向架垂直度	≤1/250		经纬仪测量
	4	桩径	mm	±20	量搅拌叶回转直径
	5	桩身强度	不小于设计值		28d 试块强度或钻芯法
一般项目	1	水胶比	设计值		实际水与水泥材料重量比
	2	提升速度	设计值		测机头上升距离和时间
	3	下沉速度	设计值		测机头下沉距离和时间
	4	桩位	mm	≤50	全站仪或钢尺量
	5	桩顶标高	mm	≤200	水准仪测量
	6	施工间隙	h	≤24	检查施工记录

表 19-6 高压喷射注浆截水帷幕质量检验标准

项目	序号	检查项目	允许值或允许偏差		检查方法
			单位	数量	
主控项目	1	水泥用量	不小于设计值		查看流量表
	2	桩长	不小于设计值		测钻杆长度
	3	钻孔垂直度	≤1/100		经纬仪测量
	4	桩身强度	不小于设计值		28d 试块强度或钻芯法
一般项目	1	水胶比	设计值		实际水与水泥材料重量比
	2	提升速度	设计值		测机头上升距离和时间
	3	旋转速度	设计值		现场实测
	4	桩位	mm	≤20	全站仪或钢尺量
	5	桩顶标高	mm	≤200	水准仪测量
	6	注浆压力	设计值		水准仪测量
	7	施工间隙	h	≤24	检查施工记录

表 19-7　渠式切割水泥土连续墙截水帷幕质量检验标准

项目	序号	检查项目	允许值或允许偏差		检查方法
			单位	数量	
主控项目	1	水泥用量	不小于设计值		查看流量表
	2	墙体长度	不小于设计值		测切割连长度
	3	垂直度	≤1/250		测斜仪测量
	4	墙厚	mm	±30	用钢尺量
	5	墙身强度	不小于设计值		28d 试块强度或钻芯法
一般项目	1	水胶比	设计值		实际水与水泥材料重量比
	2	中心线定位	mm	±25	用钢尺量
	3	墙顶标高	mm	≥−10	水准测量

表 19-8　内插型钢的质量检验标准

项目	序号	检查项目	允许偏差		检查方法
			单位	数量	
主控项目	1	型钢截面高度	mm	±5	用钢尺量
	2	型钢截面宽度	mm	±3	用钢尺量
	3	型钢长度	mm	±10	用钢尺量
一般项目	1	型钢挠度	mm	≤1/500	用钢尺量
	2	型钢腹板厚度	mm	≥−1	用钢尺量
	3	型钢翼缘板厚度	mm	≥−1	用游标卡尺量
	4	型钢顶标高	mm	±50	用游标卡尺量
	5	型钢平面位置 mm	mm	≤50	用钢尺量
		型钢平面位置 mm	mm	≤10	用钢尺量
	6	型钢形心转角	°	≤3	用角度器量

四、板桩围护墙

板桩围护墙结构是由钢板桩或预制钢筋混凝土桩形成的围护结构。围护墙质量检验标准见表 19-9、表 19-10。

表 19-9　钢板桩围护墙质量检验标准

项目	序号	检查项目	允许值或允许偏差		检查方法
			单位	数量	
主控项目	1	桩长	不小于设计值		用钢尺量
	2	桩身弯曲度	mm	≤2%l	用钢尺量
	3	桩顶标高	mm	±100	水准测量
一般项目	1	齿槽平直度及光滑度	无电焊渣或毛刺		用 1m 长的桩段做通过试验
	2	沉桩垂直度	≤1/100		经纬仪测量
	3	轴线位置	mm	±100	经纬仪或用钢尺量
	4	齿槽咬合程度	紧密		目测法

注：l 为型钢设计长度，mm。

表 19-10　预制混凝土板桩围护墙质量检验标准

项目	序号	检查项目	允许值或允许偏差		检查方法
			单位	数量	
主控项目	1	桩长	不小于设计值		用钢尺量
	2	桩身弯曲度	mm	≤0.1%l	用钢尺量
	3	桩身厚度	mm	+100	用钢尺量
	4	凹凸槽尺寸	mm	±3	用钢尺量
	5	桩顶标高	mm	±100	水准测量
一般项目	1	保护层厚度	mm	±5	用钢尺量
	2	模截面相对两面之差	mm	≤5	用钢尺量
	3	桩尖对桩轴线的位置	mm	≤10	用钢尺量
	4	沉桩垂直度	≤1/100		经纬仪测量
	5	轴线位置	mm	≤100	用钢尺量
	6	板缝间隙	mm	≤20	用钢尺量

注：l 为型钢设计长度，mm。

五、咬合桩围护墙

咬合桩主要由钻孔灌注桩形成。施工中应对桩孔质量、钢筋笼制作、混凝土坍落度进行检查。

六、重力式水泥土墙

重力式水泥土墙是由水泥土拌和桩组成的格构式挡土墙。检验方法采用钻芯法，检验数量不宜小于总桩数的1%，且不得少于6根。水泥土拌和桩质量检验标准见表19-11。

表 19-11　水泥土拌和桩质量检验标准

项目	序号	检查项目	允许值或允许偏差		检查方法
			单位	数量	
主控项目	1	桩身强度	不小于设计值		钻芯法
	2	水泥用量	不小于设计值		查看流量表
	3	桩长	不小于设计值		测钻杆长度
一般项目	1	桩径	mm	±10	量搅拌叶回转直径
	2	水胶比	设计值		水量与水泥等的重量比
	3	提升速度	设计值		测机头上升距离及时间
	4	下沉速度	设计值		测机头下沉距离及时间
	5	桩位	mm	≤50	全站仪或用钢尺量
	6	桩顶标高	mm	±200	水准测量
	7	导向架垂直度	≤1/100		经纬仪测量
	8	施工间隙	h	≤24	检查施工记录

七、土钉墙、锚杆、内支撑

锚杆及土钉墙围护工程要求如下。

（1）锚杆及土钉墙围护工程施工前应熟悉地质资料、设计图纸及周围环境，降水系统应确保正常工作，必需的施工设备如挖掘机、钻机、压浆泵、搅拌机等能正常运转。

（2）一般情况下，应遵循分段开挖、分段支护的原则，不宜按一次挖就再行支护的方式施工。

（3）施工中应对锚杆或土钉位置，钻孔直径、深度及角度，锚杆或土钉插入长度，注浆配比、压力及注浆量，喷锚墙面厚度及强度、锚杆或土钉应力等进行检查。

(4) 每段围护体施工完后，应检查坡顶或坡面位移，坡顶沉降及周围环境变化，如有异常情况应采取措施，恢复正常后方可继续施工。

(5) 土钉墙围护工程及锚杆质量检验应符合土钉墙围护工程及锚杆质量检验标准（表19-12、表19-13）的规定。

(6) 土钉墙的土钉检验数量不宜少于土钉总数量的1%，且同一层土钉检验数不应少于3根。

(7) 锚杆抗拔承载力检验数量不宜少于总锚杆数的5%，且同一层锚杆检验数不应少于3根。

表 19-12 土钉墙围护工程质量检验标准

项目	序号	检查项目	允许值或允许偏差		检查方法
			单位	数量	
主控项目	1	抗拔承载力	不小于设计值		土钉抗拔试验
	2	土钉长度	不小于设计值		用钢尺量
	3	分层开挖厚度	mm	±200	水准测量或用钢尺量
一般项目	1	土钉位置	mm	±100	用钢尺量
	2	土钉直径	不小于设计值		用钢尺量
	3	土钉孔倾斜度	°	≤3	测倾角
	4	水胶比	设计值		水量与水泥等的重量比
	5	注浆量	不小于设计值		查看流量表
	6	注浆压力	设计值		检查压力表
	7	浆体强度	不小于设计值		试块强度
	8	钢筋网间距	mm	±30	用钢尺量
	9	土钉层面厚度	mm	±10	用钢尺量
	10	面层混凝土强度	不小于设计值		28d 试块强度
	11	预留土墩尺寸及间距	mm	±500	用钢尺量
	12	微型桩桩位	mm	≤50	全站仪或用钢尺量
	13	微型桩垂直度	≤1/200		经纬仪测量

注：表中12、13条的检测仅适用于微型桩结合土钉的复合土钉墙。

表 19-13 锚杆质量检验标准

项目	序号	检查项目	允许值或允许偏差		检查方法
			单位	数量	
主控项目	1	抗拔承载力	不小于设计值		锚杆抗拔试验
	2	锚固体强度	不小于设计值		试块强度
	3	预加力	不小于设计值		检查压力表
	4	锚杆长度	不小于设计值		用钢尺量
一般项目	1	锚孔孔径	mm	≤100	用钢尺量
	2	锚杆直径	不小于设计值		用钢尺量
	3	锚孔倾斜度	°	≤3	测倾角
	4	水胶比或水泥砂浆配比	设计值		水量与水泥等的重量比或砂浆比
	5	注浆量	不小于设计值		查看流量表
	6	注浆压力	设计值		查看压力表
	7	自由锻套管长度	mm	±50	用钢尺量

八、钢或混凝土支撑系统

(1) 支撑系统包括围图及支撑，当支撑较长时（一般超过15m），还包括支撑下的立柱及相应的立柱桩。

(2) 施工前应熟悉支撑系统的图纸及各种计算工况，掌握开挖及支撑设置的方式、预顶力及周围环境保护的要求。

(3) 施工过程中应严格控制开挖和支撑的程序及时间，对支撑的位置（包括立柱及立柱桩的位置）、每层开挖深度、预加顶力（如需要时）、钢围囹与维护体或支撑与围囹的密贴度应做周密检查。

(4) 全部支撑安装结束后，仍应维持整个系统的正常运转，直至支撑全部拆除。

(5) 作为永久性结构的支撑系统还应符合现行国家标准《混凝土结构工程施工质量验收规范》(GB 50204) 的要求。

(6) 钢或混凝土支撑系统工程质量验收标准应符合钢及混凝土支撑系统工程质量检验标准（表 19-14～表 19-16）的规定。

表 19-14 钢筋混凝土支撑质量检验标准

项目	序号	检查项目	允许值或允许偏差		检查方法
			单位	数量	
主控项目	1	混凝土强度	不小于设计值		28d 试块强度
	2	截面宽度	mm	+200	用钢尺量
	3	截面高度	mm	+200	用钢尺量
一般项目	1	标高	mm	±20	水准测量
	2	轴线平面位置	mm	≤20	用钢尺量
	3	支撑与垫层或模板隔离	设计要求		目测法

表 19-15 钢支撑质量检验标准

项目	序号	检查项目	允许值或允许偏差		检查方法
			单位	数量	
主控项目	1	外轮廓尺寸	mm	±5	用钢尺量
	2	预加顶力	kN	±10%	应力监测
一般项目	1	轴线平面位置	mm	≤30	用钢尺量
	2	连接质量	设计要求		超声波或射线探伤

表 19-16 钢立柱的质量检验标准

项目	序号	检查项目	允许偏差		检查方法
			单位	数量	
主控项目	1	截面尺寸	mm	≤5	用钢尺量
	2	立柱长度	mm	±50	用钢尺量
	3	垂直度	≤1/200		经纬仪测量
一般项目	1	立柱挠度	mm	≤1/500	用钢尺量
	2	缀板或缀条截面尺寸	mm	≥−1	用钢尺量
	3	缀板间距	mm	±20	用钢尺量
	4	钢板厚度	mm	≥−1	用钢尺量
	5	立柱顶标高	mm	±20	水准测量
	6	平面位置	mm	≤20	用钢尺量
	7	平面转角	°	≤5	量角器测量

九、地下连续墙

(1) 地下连续墙均应设置导墙，导墙形式有预制及现浇两种，现浇导墙形状有“L”形或倒“L”形，可根据不同土质选用。

（2）地下墙施工前宜先试成槽，以检验泥浆的配比、成槽机的选型并可复核地质资料。

（3）作为永久结构的地下连续墙，其抗渗质量标准可按现行国家标准《地下防水工程施工质量验收规范》（GB 50208）执行。

（4）地下墙槽段间的连接接头形式，应根据地下墙的使用要求选用，且应考虑施工单位的经验，无论选用何种接头，在浇筑混凝土前，接头处必须刷洗干净，不留任何泥砂或污物。

（5）地下墙与地下室结构顶板、楼板、底板及梁之间连接可预埋钢筋或接驳器（锥螺纹或直螺纹），对接驳器也应按原材料检验要求，抽样复验。数量每500套为一个检验批，每批应抽检3件，复验内容为外观、尺寸、抗拉试验等。

（6）施工前应检验进场的钢材、电焊条。已完工的导墙应检查其净空尺寸，墙面平整度与垂直度。检查泥浆用的仪器、泥浆循环系统应完好。地下连续墙应用商品混凝土。

（7）施工中应检查成槽的垂直度、槽底的淤积物厚度、泥浆比重、钢筋笼尺寸、浇注导管位置、混凝土上升速度、浇注面标高、地下墙连接面的清洗程度、商品混凝土的坍落度、锁口管或接头箱的拔出时间及速度等。

（8）成槽结束后应对成槽的宽度、深度及倾斜度进行检验，重要结构每段槽段都应检查，一般结构可抽查总槽段数的20%，每槽段应抽查1个段面。

（9）永久性结构的地下墙，在钢筋笼沉放后，应做二次清孔，沉渣厚度应符合要求。

（10）每50m^{3}地下墙应做1组试件，每幅槽段不得少于1组，在强度满足设计要求后方可开挖土方。

（11）作为永久性结构的地下连续墙，土方开挖后应进行逐段检查，钢筋混凝土底板也应符合现行国家标准《混凝土结构工程施工质量验收规范》（GB 50204）的规定。

（12）地下墙的钢筋笼检验标准应符合有关的规定。其他标准应符合地下墙质量检验标准的规定。

地下连续墙应对导墙、泥浆、钢筋笼、混凝土坍落度、接头、成槽质量、混凝土浇筑质量等进行检测，其要求见表19-17～表19-19。其中，成槽质量用超声波检测、混凝土浇筑质量可用声波透射法或钻芯法检测。

表19-17　泥浆性能指标

<table>
<tr><th>项目</th><th>序号</th><th colspan="4">检查项目</th><th>性能指标</th><th>检查方法</th></tr>
<tr><td rowspan="13">一般项目</td><td rowspan="3">1</td><td colspan="2" rowspan="3">新拌制泥浆</td><td colspan="2">相对密度</td><td>1.03～1.10</td><td>比重计</td></tr>
<tr><td rowspan="2">黏度</td><td>黏性土</td><td>20～25s</td><td rowspan="2">黏度计</td></tr>
<tr><td>砂土</td><td>25～35s</td></tr>
<tr><td rowspan="3">2</td><td colspan="2" rowspan="3">循环泥浆</td><td colspan="2">相对密度</td><td>1.05～1.25</td><td>比重计</td></tr>
<tr><td rowspan="2">黏度</td><td>黏性土</td><td>20～30s</td><td rowspan="2">黏度计</td></tr>
<tr><td>砂土</td><td>30～40s</td></tr>
<tr><td rowspan="4">3</td><td rowspan="7">清基(槽)后的泥浆</td><td rowspan="4">现浇地下连续墙</td><td rowspan="2">相对密度</td><td>黏性土</td><td>1.10～1.15</td><td rowspan="2">比重计</td></tr>
<tr><td>砂土</td><td>1.10～1.20</td></tr>
<tr><td colspan="2">黏度</td><td>20～30s</td><td>黏度计</td></tr>
<tr><td colspan="2">含沙量</td><td>≤7%</td><td>洗砂瓶</td></tr>
<tr><td rowspan="3">4</td><td rowspan="3">预制地下连续墙</td><td colspan="2">相对密度</td><td>1.10～1.20</td><td>比重计</td></tr>
<tr><td colspan="2">黏度</td><td>20～30s</td><td>黏度计</td></tr>
<tr><td colspan="2">pH值</td><td>7～9</td><td>pH试纸</td></tr>
</table>

表 19-18　钢筋笼制作与安装允许偏差

项目	序号	检查项目		允许偏差		检查方法
				单位	数量	
主控项目	1	钢筋笼长度		mm	±100	用钢尺量，每片钢筋网检查上中下 3 处
	2	钢筋笼宽度		mm	−20	
	3	钢筋笼安装标高	临时结构	mm	±20	
			永久结构	mm	±15	
	4	主筋间距		mm	±10	任取一断面，连续量取间距，取平均值作为一点，每片钢筋网上测 4 点
一般项目	1	分布筋间距		mm	±20	
	2	预埋件及槽底注浆管中心位置	临时结构	mm	≤10	用钢尺量
			永久结构	mm	≤5	
	3	预埋钢筋和接驳器中心位置	临时结构	mm	≤10	用钢尺量
			永久结构	mm	≤5	
	4	钢筋笼制作平台平整度		mm	±20	用钢尺量

表 19-19　地下连续墙成槽及墙体允许偏差

项目	序号	检查项目		允许值		检查方法
				单位	数量	
主控项目	1	墙体强度		不小于设计值		28d 试块强度或钻芯法
	2	槽壁垂直度	临时结构	≤1/200		20%超声波 2 点/幅
			永久结构	≤1/300		100%超声波 2 点/幅
	3	槽段深度		不小于设计值		测绳 2 点/幅
一般项目	1	导墙尺寸	宽度(设计墙厚＋40mm)	mm	±10	用钢尺量
			垂直度	≤1/500		用线锤测
			导墙顶面平整度	mm	±5	用钢尺量
			导墙平面定位	mm	≤10	用钢尺量
			导墙顶端	mm	±20	水准测量
	2	槽段宽度	临时结构	不小于设计值		20%超声波 2 点/幅
			永久结构	不小于设计值		100%超声波 2 点/幅
	3	槽段位置	临时结构	mm	≤50	钢尺 1 点/幅
			永久结构	mm	≤30	
	4	沉渣厚度	临时结构	mm	≤150	100%测绳 2 点/幅
			永久结构	mm	≤100	
	5	混凝土坍落度		mm	180～220	坍落度仪
	6	地下连续墙表面平整度	临时结构	mm	±150	用钢尺量
			永久结构	mm	±100	
			预制地下连续墙	mm	±20	
	7	预制墙顶标高		mm	±10	水准测量
	8	预制墙中心位移		mm	≤10	用钢尺量
	9	永久结构的渗漏水		无渗漏，线流，且≤0.1L/(m^2·d)		现场检验

十、沉井与沉箱

(1) 沉井是下沉结构，必须掌握确凿的地质资料，钻孔可按下述要求进行。

① 面积在 200m^2 以下（包括 200m^2）的沉井（箱），应有一个钻孔（可布置在中心位

置)。

② 面积在 200m² 以上的沉井(箱),在四周(圆形为相互垂直的两直径端点)应各布置一个钻孔。

③ 特大沉井(箱)可根据具体情况增加钻孔。

④ 钻孔底标高应深于沉井的终沉标高。

⑤ 每座沉井(箱)应有一个钻孔提供土的各项物理力学指标、地下水位和地下水含量资料。

(2) 沉井(箱)的施工应由具有专业施工经验的单位承担。

(3) 沉井制作时,承垫木或砂垫层的采用,与沉井的结构情况、地质条件、制作高度等有关。无论采用何种型式,均应有沉井制作时的稳定计算及措施。

(4) 多次制作和下沉的沉井(箱),在每次制作接高时,应对下卧层稳定复核计算,并确定确保沉井接高的稳定措施。

(5) 沉井采用排水封底,应确保终沉时,井内不发生管涌、涌土及沉井止沉稳定。如不能保证时,应采用水下封底。

(6) 沉井施工出迎符合本规范规定外,还应符合现行国家标准《混凝土结构工程施工质量验收规范》(GB 50204)及《地下防水工程施工质量验收规范》(GB 50208)的规定。

(7) 沉井(箱)在施工前应对钢筋、电焊条及焊接成形的钢筋半成品进行检验。如不用商品混凝土,则应对现场的水泥、骨料做检验。

(8) 混凝土浇筑前,应对模板尺寸、预埋件位置、模板的密封性进行检验。拆模后应检查浇筑质量(外观及强度),符合要求后方可下沉。浮运沉井尚需做起浮可能性检查。下沉过程中应对下沉偏差做过程控制检查。下沉后的接高应对地基强度、沉井的稳定做检查。封底结束后,应对底板的结构(有无裂缝)及渗漏做检查。有关渗漏验收标准应符合现行国家标准《地下防水工程施工质量验收规范》(GB 50208)的规定。

(9) 沉井(箱)竣工后的验收应包括沉井(箱)的平面位置、终端标高、结构完整性、渗水等进行综合检查。

(10) 沉井(箱)的质量检验标准应符合沉井(箱)的质量检验标准表的要求,其质量检验标准见表 19-20。

表 19-20 沉井与沉箱质量检验标准

<table>
<tr><th rowspan="2">项目</th><th rowspan="2">序号</th><th rowspan="2" colspan="4">检查项目</th><th colspan="2">允许值</th><th rowspan="2">检查方法</th></tr>
<tr><th>单位</th><th>数量</th></tr>
<tr><td rowspan="13">主控项目</td><td>1</td><td colspan="4">混凝土强度</td><td colspan="2">不小于设计值</td><td>28d 试块强度或钻芯法</td></tr>
<tr><td>2</td><td colspan="4">井(箱)壁厚度</td><td>mm</td><td>±15</td><td>用钢尺量</td></tr>
<tr><td>3</td><td colspan="4">封底前下沉速度</td><td></td><td>≤10</td><td>水准测量</td></tr>
<tr><td rowspan="2">4</td><td rowspan="10">终沉后</td><td rowspan="2">刃脚平均标高</td><td colspan="2">沉井</td><td>mm</td><td>±100</td><td rowspan="2">测量计算</td></tr>
<tr><td colspan="2">沉箱</td><td>mm</td><td>±50</td></tr>
<tr><td rowspan="4">5</td><td rowspan="4">刃脚中心线位移</td><td rowspan="2">沉井</td><td>$H_3 \geqslant 10$m</td><td>mm</td><td>$\leqslant 1\% H_3$</td><td rowspan="4">测量计算</td></tr>
<tr><td>$H_3 < 10$m</td><td>mm</td><td>≤100</td></tr>
<tr><td rowspan="2">沉箱</td><td>$H_3 \geqslant 10$m</td><td>mm</td><td>$\leqslant 0.5\% H_3$</td></tr>
<tr><td>$H_3 < 10$m</td><td>mm</td><td>≤50</td></tr>
<tr><td rowspan="4">6</td><td rowspan="4">四角中任何两角高差</td><td rowspan="2">沉井</td><td>$L_2 \geqslant 10$m</td><td>mm</td><td>$\leqslant 1\% L_2$ 且≤300</td><td rowspan="4">测量计算</td></tr>
<tr><td>$L_2 < 10$m</td><td>mm</td><td>≤100</td></tr>
<tr><td rowspan="2">沉箱</td><td>$L_2 \geqslant 10$m</td><td>mm</td><td>$\leqslant 0.5\% L_2$ 且≤150</td></tr>
<tr><td>$L_2 < 10$m</td><td>mm</td><td>≤50</td></tr>
</table>

续表

项目	序号	检查项目			允许值		检查方法
					单位	数量	
一般项目	1	平面尺寸	长度		mm	±0.5%L_1 且≤50	用钢尺量
			宽度		mm	±0.5%B 且≤50	用钢尺量
			高度		mm	±30	用钢尺量
			直径(圆形沉箱)		mm	±0.5%D_1 且≤100	用钢尺量(相互垂直)
			对角线		mm	≤0.5%线长且≤50	用钢尺量(两端中间各取一点)
	2	垂直度			≤1/100		经纬仪测量
	3	预埋件中心线位置			mm	≤20	用钢尺量
	4	预留孔(洞)位移			mm	≤20	用钢尺量
	5	下沉过程中	四角高差	沉井	≤1.5%～2.0%L_1 且≤500mm		水准测量
				沉箱	≤1.0%～1.5%L_1 且≤450mm		水准测量
	6		中心位移	沉井	≤1.5%H_2 且≤300mm		经纬仪测量
				沉箱	≤1%H_2 且≤150mm		经纬仪测量

注：L_1 为设计沉井（箱）长度，mm；L_2 为矩形沉井两角的距离，圆形沉井为互相垂直的两条直径，mm；B 为设计沉井（箱）宽度，mm；H_2 为下沉深度，mm；H_3 为下沉总深度，系指下沉后刃脚之高差，mm；D_1 为设计沉井（箱）直径，mm；检查中心线位置时，应沿纵、横两个方向测量，并取其中较大值。

十一、降水与排水

(1) 降水与排水是配合基坑开挖的安全措施，施工前应有降水与排水设计。当在基坑外降水时，应有降水范围的估算，对重要建筑物或公共设施在降水过程中应监测。

(2) 对不同的土质应用不同的降水形式，降水类型及使用条件表为常用的降水形式。

(3) 降水系统施工完后，应试运转，如发现井管失效，应采取措施使其恢复正常，如无可能恢复则应报废，另行设置新的井管。

(4) 降水系统运转过程中应随时检查观测孔中的水位。

(5) 基坑内明排水应设置排水沟及集水井，排水沟纵坡宜控制在1‰～2‰。

(6) 降水与排水施工的质量检验标准应符合降水与排水施工的质量检验标准（表19-21～表19-25）的规定。

表 19-21 降水施工材料质量检验标准

项目	序号	检查项目	允许值或允许偏差		检查方法
			单位	数量	
主控项目	1	井、滤管材质	设计要求		产品合格证书或按设计参数现场检测
	2	滤管孔隙率	设计值		单位长度渗管渗透比对法
	3	滤料粒径	(6～12)d_{50}		筛分法
	4	滤料不均匀系数	≤3		筛分法
一般项目	1	沉淀管长度	mm	+500	用钢尺量
	2	封孔回填土质量	设计要求		现场搓条法检验土性
	3	挡砂网	设计要求		合格证书或量测目数

注：d_{50}为土颗粒的平均粒径。

表 19-22　轻型井点施工质量检验标准

项目	序号	检查项目	允许值		检查方法
			单位	数量	
主控项目	1	出水量	不小于设计值		查看流量表
一般项目	1	成孔孔径	mm	±20	用钢尺量
	2	成孔深度	mm	+1000 或 −200	测绳测量
	3	滤料回填量	不小于设计计算体积的 95%		测算滤料用量且测绳量回填高度
	4	黏土封孔高度	mm	≥1000	用钢尺量
	5	井点管间距	m	0.8～1.6	用钢尺量

表 19-23　喷射井点施工质量检验标准

项目	序号	检查项目	允许值		检查方法
			单位	数量	
主控项目	1	出水量	不小于设计值		查看流量表
一般项目	1	成孔孔径	mm	±500	用钢尺量
	2	成孔深度	mm	+1000 或 −200	测绳测量
	3	滤料回填量	不小于设计计算体积的 95%		测算滤料用量且测绳量回填高度
	4	井点管间距	m	2～3	用钢尺量

表 19-24　管井施工质量检验标准

项目	序号	检查项目		允许值		检查方法
				单位	数量	
主控项目	1	泥浆相对密度		1.05～1.10		比重计
	2	滤料回填高度		+10%或 0		现场搓条法检验土性、测算封填黏土体积
	3	封孔		设计要求		现场检验
	4	出水量		不小于设计值		查看流量表
一般项目	1	成孔孔径		mm	±50	用钢尺量
	2	成孔深度		mm	±20	测绳测量
	3	扶中器		设计要求		测量扶中器高度或厚度、间距、检查数量
	4	活塞洗井	次数	次	≥20	检查施工记录
			时间	h	≤2	检查施工记录
	5	沉淀物高度		≤5‰井深		测锤测量
	6	含砂量		≤1/20000		现场目测或含砂量测量

表 19-25　轻型井点、喷射井点、真空管井运行质量检验标准

项目	序号	检查项目	允许值		检查方法
			单位	数量	
主控项目	1	降水效果	设计要求		量测水位、观测土体固结或沉降情况
一般项目	1	真空负压	MPa	≥0.065	查看真空表
	2	有效井点数	≥90%		现场目测出水情况

第二十章 基坑监测方法

随着建筑业的发展，大量建筑物向地下扩展，造成需要设计建筑物的深基础——基坑。而在基坑开挖施工项目中，出现了因基坑开挖施工造成建筑基坑围护结构垮塌、周围建筑物和市政道路管线破坏的情况。国家建筑行业出版了相应的基坑监测要求和技术规范。由于基坑开挖影响范围很大，涉及监测的项目和方法内容较多。

基坑监测的目的：测量基坑开挖施工过程中，各监测项目因基坑开挖施工而造成的数值变化情况；测量比较数值变化规律和速率。由这些规律和速率值，监督指导基坑开挖施工。本章就一般常用监测方法做一介绍。

第一节 监测的一般规定

从事建筑基坑围护结构现场监测应符合以下规定。

(1) 现场监测应在工程施工期间进行。对有特殊要求的工程，应根据工程特点，确定必要的项目，且在使用期内继续进行。

(2) 现场监测的记录、数据和图件，应保持完整，并应按工程要求整理分析。

(3) 现场监测资料，应及时向有关方面报送。当监测数据接近危及工程的报警值时，必须报警和加密监测，并及时通报。

(4) 现场监测完成后，应提交成果报告。报告中应附有关曲线和图纸，并进行分析评价，提出建议。

第二节 测量的基准

一、变形测量基准点和工作基准点设置

变形测量基准点和工作基准点设置应符合以下规定。

(1) 建筑沉降观测应设置高程基准点。

(2) 建筑位移和特殊变形观测应设置平面基准点，必要时应设置高程基准点。

(3) 当基准点离所测建筑距离较远致使变形测量作业不方便时，宜设置工作基点。

二、变形测量的基准点

变形测量的基准点应设置在变形区域以外、位置稳定、易于长期保存的地方，并应定期复测。复测周期应视基准点所在位置的稳定情况确定，在建筑施工过程中宜1～2月复测一次，点位稳定后宜每季度或每半年复测一次。当观测点受其他因素影响出现异常应及时

复测。

基准点复测与工作基准点测量应符合以下规定。

（1）变形测量基准点的标识、标志埋设后，应达到稳定后方可开始观测。稳定期应根据观测要求与地质条件确定，不宜少于15d。

（2）当有工作基点时，每期变形观测时应将其与基准点进行联测，然后再对观测点进行观测。

（3）特级沉降观测的高程基准点数不应少于4个；其他级别沉降观测的高程基准点数不应少于3个。高程工作基准点可根据需要设置。基准点和工作基准点应形成闭合环或由附合路线构成的结点网。

三、基准点布置

平面基准点、工作基点的布置应符合下列规定。

（1）各级别位移观测的基准点（含方位定向点）不应少于3个，工作基点可根据需要设置。

（2）基准点、工作基点应便于检核校验。

（3）当使用GPS测量方法进行平面或三维控制测量时，基准点位置还应满足下列要求。

① 应便于安置接收设备和操作。

② 视场内障碍物的高度角不宜超过15°。

③ 离电视台、电台、微波站等大功率无线电发射源的距离不应小于200m；离高压输电线合微波无线电信号传输通道的距离不应小于50m；附近不应有强烈反射卫星信号的大面积水域、大型建筑以及热源等。

④ 通视条件好，应方便后续采用常规测量手段进行联测。

第三节　监测方法

一、监测方法确定

监测方法的选择应根据基坑类型、设计要求、场地条件、当地经验和方法适用性等因素综合来确定。

二、监测仪器与设置的传感器

监测仪器、设备和元件应符合下列规定。

（1）满足观测精度和量程的要求，且应具备良好的稳定性和可靠性。

（2）应经过校准或标定，且校核记录和标定资料齐全，并应在规定的校准有效期内使用。

（3）监测过程中应定期进行监测仪器、设备的维护保养、检测以及监测元件的检查。

三、监测方法

任何监测项目，都有初始值和监测值两部分。因各种测量传感器或间接测量物体，在安装和埋设中并非完全理想状态。所以，安装和埋设后，基坑开挖前应经过一定的休止稳定时间，并测量初始值。以后的监测值结果，是与初始值比较的变化值。

（1）对同一监测项目，监测时宜符合下列要求。

① 采用相同观测方法和观测路线。

② 使用同一监测仪器和设备。

③ 固定观测人员。

④ 在基本相同的环境和条件下工作。

(2) 监测项目初始值应在相关施工工序之前测定，并取至少连续观测3次的稳定值的平均值。

(3) 地铁、隧道等其他基坑周边环境的监测方法和监测精度应符合相关标准的规定以及主管部门的要求。

第四节　沉降变形监测

一、沉降变形监测内容

沉降变形监测是最基本、最重要的观测项目之一。

(1) 监测内容如下。

① 基坑围护结构和支撑结构的沉降变形。

② 基坑周围地面、道路、管线和已有建筑物的沉降变形。

③ 基坑底面的隆起（回弹）变形。

④ 根据需要监测各土层的分层沉降变形。

⑤ 分析监测数据得到各监测沉降变形速率。

(2) 监测可采用几何水准或液态静力水准等方法。

(3) 坑底隆起（回弹）宜通过设置回弹监测标，采用几何水准并配合传递高程的辅助设备进行监测，传递高程的金属杆或钢尺等应进行温度、尺长和拉力等项修正。

二、沉降监测精度

沉降变形监测精度应依据设计确定的监测项目要求，参考沉降变形报警值的要求，按照表20-1来确定。

表20-1　沉降变形监测精度要求

沉降变形报警值					
沉降变形报警值	累计值 S/mm	$S<20$	$20\leqslant S<40$	$40\leqslant S\leqslant 60$	$S>60$
	变化速率 v_s/(mm/d)	$v_s<2$	$2\leqslant v_s<4$	$4\leqslant v_s\leqslant 6$	$v_s>6$
监测点测站高差中误差		≤0.15	≤0.3	≤0.5	≤1.5

注：监测点测站高差中误差是指相应精度与视距的几何水准测量单程一测站的高差中误差。

三、基坑底部隆起变形监测

基坑隆起回弹变形监测精度应满足表20-2的要求。

表20-2　基坑底部回弹监测精度　　单位：mm

基坑底部回弹报警值	≤40	40～60	60～80
监测点高程误差	≤1.0	≤2.0	≤3.0

四、各土层变形监测

为了了解地表以下土体分层的沉降变形情况，还应对各土质分层的变形情况进行监测。具体方法如下。

(1) 土体分层沉降变形可通过埋设磁环式分层沉降标，采用分层沉降仪进行测量；或者通过埋设深层沉降标，采用水准测量法进行量测。

（2）磁环式分层沉降标或深层沉降标应在基坑开挖前至少1周埋设。采用磁环式分层沉降标时，应保证沉降管安置到位后与土层密贴牢固。

（3）土体分层变形的初始值应在磁环式分层沉降标或深层沉降标埋设后量测，稳定时间不应少于1周并获得稳定的初始值。

（4）采用分层沉降仪量测时，每次测量应重复2次并取得平均值作为测量结果，2次读数较差不大于1.5mm，沉降仪的系统精度不宜低于1.5mm；采用深层沉降标结合水准测量时，水准监测精度宜按坑底隆起（回弹）监测的精度要求确定。

（5）采用磁环式分层沉降标监测时，每次监测均应测定沉降管口高程的变化，然后换算出沉降管内监测点的高程。

第五节　水平变形监测

水平变形包括地面表层水平变形和土体或结构物的深层水平变形两种。对于这两种变形需采用不同监测手段和方法。

一、地表水平变形监测

（1）测定特定方向上的水平变形时，可采用视准线法、小角度法、投点法等；测定监测点任意方向的水平变形时，可视监测点的分布情况，采用前方交会法、后方交会法、极坐标法等；当测点与基准点无法通视或距离较远时，可采用GPS测量法或三角、三遍、边角测量与基准线法相结合的测量方法。

（2）水平变形监测基准点的埋设应符合有关规范规定，宜设置有强制对中的观测墩，并宜采用精密的光学对中装置，对中误差不宜大于0.5mm。

（3）水平变形监测精度应与水平变形报警值按表20-3确定。

表20-3　水平变形监测精度要求

水平变形报警值	累计值 D/mm	$D<20$	$20\leqslant D<40$	$40\leqslant D\leqslant 60$	$D>60$
	变化速率 v_p/(mm/d)	$v_p<2$	$2\leqslant v_p<4$	$4\leqslant v_p\leqslant 6$	$v_p>6$
监测点坐标中误差		$\leqslant 0.3$	$\leqslant 1.0$	$\leqslant 1.5$	$\leqslant 3.0$

注：1. 监测点坐标误差，是指监测点相对测站点（如工作基点等）的坐标中误差，为点位中误差的$\left(\frac{1}{2}\right)^{\frac{1}{2}}$。

2. 当累计值和变化速率选择的精度要求不一致时，水平变形监测精度优先按变化速率报警值的要求确定。

3. 以上误差为衡量精度的标准。

二、深层水平变形监测

（1）围护墙或土体深层水平位移的监测宜采用在墙体中或土体中预埋测斜管，通过测斜仪测量测斜管的变形，观测各深度处水平位移的方法。

（2）测斜仪的系统精度不宜低于0.25mm/m，分辨率不宜低于0.02mm/500mm。

（3）测斜管的弯曲变形刚度应低于被测物体的变形刚度。反之，将影响测量数值。并在基坑开挖1周前埋设。埋设时应符合下列要求。

① 埋设前应检查测斜管质量，测斜管连接时应保证上、下管段的导槽相互对准、顺畅，各段接头及管底应保证密封。

② 测斜管埋设时应保持竖直，防止发生上浮、断裂、扭转；测斜管一对导槽的方向应

与所需测量的位移方向保持一致。

③ 当采用钻孔法埋设时，测斜管与钻孔之间的空隙应填充密实。

(4) 测斜仪探头置入测斜管底后，应待探头接近管内温度时再量测，每个监测点均应进行正、反两次量测。

(5) 当以上部管口作为深层水平位移的起算点时，每次监测均应测定管口坐标的变化并修正。

(6) 测量：测斜管埋设后应根据地质条件，休止15～25d后再进行首次初始值测量。以后监测数据经与初始值比较，才能得到变化数值。

第六节　压力监测

一、土压力监测

(1) 土压力监测的目的和范围：土压力监测采用压力计测量土体中平面压力分布情况和压力影响深度情况。土压力监测用于监测基坑开挖对基坑围护结构所受压力的影响。

(2) 测试仪器：包括压力传感器、数据采集接受仪。土压力传感器目前有钢弦式、电阻应变式、电感式土压力盒。国内生产的土压力盒直径为10～100mm，国外有直径更小的压力盒。数据采集接受仪一般根据传感器形式匹配。

(3) 压力计安装：压力计分受力面和非受力面，应将受力面对着需测量面。压力计依据测试要求布置测量位置和深度。测量导线引出以便进行测量。采用钻孔法埋设时，回填应均匀密实，且回填材料宜与周边岩土体一致。做好埋设记录。

(4) 测量：依据载荷施加变化情况，分别在基坑开挖施工阶段和开挖施工间歇时进行数据测量。

(5) 压力计的量程应满足测量要求，其测量上限可取设计压力的2倍，精度不宜低于0.5%F·S。分辨率不宜低于0.2%F·S。

(6) 压力计埋设以后应立即进行检查测试，基坑开挖前应至少经过1周时间的监测并取得稳定初始值。以后监测结果与初始值比较，得到监测的变化数值。

二、孔隙水压力监测

在饱和的地基土层中进行地基处理和基础施工过程中，往往产生孔隙水压力的变化，而孔隙水压力对土体的变形和稳定性有很大影响，故孔隙水压力测试是施工过程中的监测手段。

(1) 孔隙水压力测量方法与仪器的选择见孔隙水压力计类型及适用条件（表20-4）。

表20-4　孔隙水压力计类型及适用条件

仪器类型		适用条件
立管式测压计(敞开式)		渗透系数>10^{-4}cm/s的含水量
水压式测压计(液压式)		渗透系数低的土层,量测精度≥2kPa,测试期<1个月
电测式测压计	振弦式	各种土层,量测精度≤2kPa,测试期>1个月
	差动变压式	各种土层,量测精度≤2kPa,测试期>1个月
	电阻式	各种土层,量测精度≤2kPa,测试期>1个月
气动测压计(气压式)		各种土层,量测精度≥10kPa,测试期<1个月
孔压静力触探仪		各种土层,不宜进行长期观测

（2）电测式孔隙水压力计（又称渗压计）的埋设：首先根据测量深度要求成孔。用滤网包细纱将测量探头包紧，防止泥土堵塞探头。按测量深度埋设探头，土层之间用膨胀泥球封孔，避免各测量层的水压力串通。

（3）孔隙水压力计的量程应满足测量要求，其测量上限可取设计压力的2倍，精度不宜低于0.5%F·S。分辨率不宜低于0.2%F·S。

（4）孔隙水压力计埋设以后应立即进行检查测试，确定孔隙水压力计埋设成功率。基坑开挖前应至少经过1周时间的监测并取得稳定初始值。

（5）应在孔隙水压力计监测的同时量测孔隙水压力计埋设位置附近的地下水位。

第七节　地下水位监测

地下水位监测分基坑外和基坑内两处的地下水位监测。地下水位监测的具体要求如下。

（1）地下水位监测宜通过孔内设置水位管，采用水位计进行测量。

（2）地下水位测量精度不宜低于10mm。

（3）潜水水位管应在基坑施工前埋设，滤管长度应满足量测要求；承压水位监测时被测含水层与其他含水层之间应采取有效的隔水措施。

（4）水位管宜在基坑开始降水前至少1周埋设，且宜逐日连续观测水位并取得稳定初始值。

第八节　内力监测

所谓内力监测一般指：锚杆、土钉内力监测、围护结构内力监测、基坑内的支撑结构内力监测。内力监测的具体要求如下。

（1）这些围护结构内力监测宜采用专用测力计、钢筋应力计或应变计，当使用钢筋束时宜监测每根钢筋的受力。

（2）测力计、钢筋应力计或应变计的量程应满足测量要求，其测量上限可取设计压力的2倍，精度不宜低于0.5%F·S。分辨率不宜低于0.2%F·S。

（3）锚杆、土钉和支护结构施工完成后应对专用测力计、钢筋应力计或应变计进行检测测试，并取下一层土方开挖前连续2d获得的稳定测试数据的平均值作为其初始值。

内力监测实际测量结构或构件的内应力或应变的情况。通过应力或应变的测量结果，结合结构或构建的刚度值（应力与应变关系），可导出结构或构件的内力变化。同样，通过结构或构建整体各部位的应变值累加，又可验证整体结构或构建的变形值。

第九节　倾斜监测

在基坑开挖施工中，应对基坑周围已有建筑物进行建筑物倾斜监测。通过监测已有建筑物各点的沉降差异量，以及差异变化速率，可导出建筑物的倾斜值、倾斜发展趋势和发展速度。

监测应遵循以下要求。

（1）建筑倾斜观测应根据现场观测条件和要求，选用投点法、前方交会法、激光铅直仪法、垂吊法、倾斜仪法和差异沉降法等方法。

（2）建筑倾斜观测精度应符合有关规范规定要求。

第十节　裂缝监测

除了应对基坑周围已有建筑物进行建筑物倾斜监测外，还应进行基坑外的地面、道路等出现的裂缝进行监测。监测要求如下。

(1) 裂缝监测应监测裂缝的位置、走向、长度、宽度，必要时尚应监测裂缝深度。

(2) 基坑开挖前应记录监测对象已有裂缝的分布位置和数量，测定走向、长度、宽度和深度等情况，监测标志应具有可供量测的明晰的端面或中心。

(3) 裂缝监测可采用以下方法。

① 裂缝宽度监测宜在裂缝两侧贴埋标志，用千分尺或游标卡尺等直接量测，也可用裂缝计、粘贴安装千分表量测或摄影量测等。

② 裂缝长度监测宜采用直接量测法。

③ 裂缝深度检测宜采用超声波、凿除法等。

(4) 裂缝宽度联测精度不宜低于0.1mm，裂缝长度和深度量测精度不宜低于1mm。

第二十一章 基坑监测

建筑基坑监测是指在基坑开挖施工过程中，借助仪器设备和其他手段对基坑围护结构、周围环境（土体、建筑物、道路、地下管线等）的应力、位移、倾斜、沉降、开裂及地下水位的动态变化、土层孔隙水压力变化等进行综合监测。

第一节 基本规定

一、监测要求

对于开挖深度大于等于 5m 或开挖深度小于 5m 但现场地质情况和周围环境较复杂的建筑基坑工程以及其他需要监测的建筑基坑工程应实施基坑工程监测。

建筑基坑工程施工前，应由建设方委托具有相应资质的监测单位对建筑基坑工程实施现场监测。基坑设计提出对基坑监测的技术要求，包括监测项目、监测频率和监测报警值等。检测单位编制的监测方案需经建设方、设计方、监理方的认可，必要时还需与基坑周围环境涉及的有关单位协商一致后方可实施。

二、监测步骤

（1）接受委托。

（2）现场踏勘，收集资料。

（3）制订监测方案。

（4）监测点设置与验收，设备、仪器校验和元器件标定。

（5）现场监测。

（6）监测数据的处理、分析及信息反馈。

（7）提交阶段性监测结果和报告。

（8）现场监测工作结束后，提交完整的监测资料。

第二节 监测方案

一、监测方案内容

（1）工程概况。

（2）建设场地岩土工程条件及基坑周围环境状况。

（3）监测目的和依据；监测内容和项目。

（4）基准点、监测点的布置及保护。

（5）监测方法及精度。

（6）监测频率、监测报警及异常情况的措施。

（7）监测数据处理与信息反馈。

（8）监测人员的配备；监测仪器设备及检定要求。

（9）监测作业安全及其他管理制度。

二、特殊情况监测方案

对于有下列特殊情况的监测方案需进行论证。

（1）地质和环境条件复杂的基坑工程。

（2）临近重要建筑和管线，历史文物、优秀近现代建筑、地铁、隧道等破坏后果很严重的基坑工程。

（3）已发生严重事故、需重新组织施工的基坑工程。

（4）采用新技术、新工艺、新材料、新设备的一、二级基坑工程。

（5）其他需论证的基坑工程。

三、监测方案执行

监测单位应严格执行监测方案，如发生基坑工程重大变更时，监测单位应与建设方及有关部门研究并及时调整监测方案。监测数据应及时整理分析，并将监测数据信息反馈有关部门。当监测数据接近报警值时，应立即报送建设方和有关部门。

基坑工程监测期间，建设方和施工方应协助监测单位保护监测设备。

第三节　监测项目内容

建筑基坑工程监测应采用仪器监测和巡视检查相结合的方式。针对监测的关键部位，做到重点观测、项目配套，形成有效、完整的检测体系。

一、监测对象

（1）支护结构。

（2）地下水状况。

（3）基坑内底部及周围土体。

（4）周边建筑。

（5）周边道路、管线及设施。

（6）其他应监测的对象。

二、监测项目

依据设计方和建设方要求选择监测项目内容。项目内容见建筑基坑工程监测项目表（表21-1）。

表 21-1　建筑基坑工程监测项目

监测项目	基坑类别		
	一级	二级	三级
围护墙(边坡)顶部水平位移	应测	应测	应测
围护墙(边坡)顶部垂直位移	应测	应测	应测

续表

监测项目		基坑类别		
		一级	二级	三级
围护墙深层水平位移		应测	应测	宜测
立柱竖向位移		应测	宜测	宜测
围护墙内力		宜测	可测	可测
支撑内力		应测	宜测	可测
锚杆内力		可测	可测	可测
土钉内力		应测	宜测	可测
坑底隆起(回弹)		宜测	可测	可测
围护墙侧向土压力		宜测	可测	可测
孔隙水压力		宜测	可测	可测
地下水位		应测	应测	应测
土体分层竖向位移		宜测	可测	可测
周边地表竖向位移		应测	应测	宜测
周边建筑	竖向位移	应测	应测	应测
	倾斜	应测	宜测	可测
	水平位移	应测	宜测	可测
周边建筑、地表裂缝		应测	应测	应测
周边管线变形		应测	应测	应测
地连墙(围护桩)成槽(成孔)监测		应测	应测	应测

三、监测仪器

(1) 水准仪和经纬仪：主要用于测量墙顶、立柱和周围环境的沉降和变形。

(2) 测斜仪：用于墙体和土体水平位移的观测，根据观测数据判断危险性，指导控制开挖速率。

(3) 深层沉降标：量测墙后土体位移的变化，用以判断墙体的稳定状况。

(4) 土压力盒：用于量测墙体后土体的压力状态（主动、被动和静止）、大小及变化情况，以检验设计计算的准确程度和反馈墙体受力变化情况，指导控制开挖速率。

(5) 孔隙水压力计：用于观测墙后孔隙水压力的变化情况；判断土体的松密和移动；预测每层基坑开挖的间隔时间。

(6) 水位计：用于量测墙后地下水位的变化情况，以检验降水效果。

(7) 钢筋计和温度计：钢筋计用来量测围护结构和支撑结构的内力，判断结构的稳定性；温度计一般与钢筋计一同设置，用于监测由温度引起的应力变化。

(8) 低应变和声波检测仪：用于检测围护结构的完整性和强度。

(9) 超声波检测仪：用于围护结构成槽（成孔）情况。

四、巡视检查

在建筑基坑工程施工和使用期间，每天应由专人进行巡视检测，并做好记录。且与仪器监测数据进行综合分析判断。

巡视检测内容如下。

(1) 围护结构的质量，有无较大变形、开裂、渗漏。墙后土体有无裂缝、沉降、滑移。基坑内有无涌土、流砂、管涌。

(2) 施工工况，应注意基坑开挖的地质情况是否与地质报告描述一致。基坑开挖进度是否与设计要求一致，锚杆和支撑结构是否按设计要求的随开挖进度施工。场地和地下水排放状况，基坑降水、回灌是否正常运转。

(3) 周边地面有无超载，周边路面有无开裂、沉降，管线有无破损、泄漏，周边建筑物有无裂缝和裂缝的发展情况。邻近基坑和建筑的施工变化情况。

（4）监测的基准点、监测点是否完好，监测使用的传感器的完好情况。有无影响巡视观察的障碍物。

（5）其他设计要求或当地经验需确定的巡视观察内容。

第四节　监测点布置

建筑基坑工程监测点的布置应能反映监测对象的实际状况及其变化趋势。监测点应布置在内力及变形的关键特征点上，并能满足监测的要求，且不应妨碍监测对象的正常工作。

监测标志应稳固、明显、结构合理，监测点应采取保护措施，避免施工时对监测点的破坏。

监测点的布置数量，应由监测单位根据监测需要提出，并同设计方和委托方协商确定。

监测点布置原则：突出关键部位，反映工程全面情况。

一、围护结构

（1）围护墙或基坑边坡顶部的水平和竖向位移监测点应沿基坑周边布置，周边中部、阳角处应布置监测点。监测点水平间距不宜大于 20m，每边监测点数目不宜少于 3 个。

（2）围护墙或土体深层水平位移监测点宜布置在基坑周边的中部、阳角处及有代表性的部位。监测点水平间距宜为 20～50m，每边监测点数目不应少于 1 个。测斜仪观测土体水平位移的测量深度不宜少于基坑开挖深度的 1.5 倍，并应大于围护墙埋深。

（3）围护墙内力监测点应布置在受力、变形较大且有代表性的部位。监测点数量和水平距离视具体情况而定。竖直方向监测点应布置在弯矩极值处，竖向间距宜为 2～4m。

（4）支撑内力监测点布置应符合以下要求。

① 监测点设置在支撑内力较大或在整个支撑系统中起控制作用的杆件上。

② 每层支撑的内力监测点不应少于 3 个，各层监测点竖向位置一致。

③ 支撑的监测截面宜在两支点间的 1/3 位置，钢支撑也可布置支撑的端头，混凝土支撑应避开节点处。

④ 每个监测点截面内传感器设置数量及布置应满足传感器测试要求。

（5）立柱的竖向位移监测点宜布置在基坑中部、多根支撑交汇处、地质条件复杂处的立柱上。监测点不应少于立柱总数量的 5%，逆作法施工的基坑不应少于 10%，且均不应少于 3 根。立柱内力监测点宜布置在受力较大立柱的坑底以上各层立柱下部 1/3 处。

（6）锚杆内力监测点应选择在受力较大且有代表性的位置，布置在基坑每边中部、阳角处和地质条件复杂的区段。每根锚杆的内力监测点数量应为该层锚杆总数量的 1%～3%，且不少于 3 根。

（7）土钉监测点布置和数量参考锚杆。

（8）坑底隆起（回弹）监测点布置应符合以下要求。

① 监测点宜按纵、横向剖面布置，选择基坑中央及其他反映变形特征的位置，数量不宜少于 2 个。

② 同一剖面上监测点间距宜为 10～30m，数量不应少于 3 个。

（9）围护墙侧向土压力监测点布置应符合下列要求。

① 监测点应布置在受力、土质条件变化较大或其他有代表性的部位。

② 平面布置上基坑每边不宜少于 2 个测点。竖向布置监测点间距宜为 2～5m，下部宜加密。

③ 当按土层情况布置时，每层应至少布置 1 个测点，且宜布置在各层土的中部。

(10) 孔隙水压力监测点宜布置在基坑受力、变形较大或有代表性的部位。竖向布置上监测点宜在水压力变化影响深度范围内按土层分布情况布设，竖向间距宜为 2～5m，数量不宜少于 3 个。

(11) 地下水监测点的布置应符合下列要求。

① 基坑内地下水位：当采用深井降水时，水位监测点宜布置在基坑中央和两相邻降水井的中间部位；当采用轻型井点、喷射井点降水时，水位监测点宜布置在基坑中央和周边拐角处，监测点数量应视具体情况确定。

② 基坑外地下水位：监测点应沿基坑、被保护对象的周边或在基坑与被保护对象之间布置，监测点间距宜为 20～50m。相邻建筑、重要的管线或管线密集处应布置水位监测点；当有止水帷幕时，宜布置在止水帷幕的外侧约 2m 处。

③水位观测管的管底埋置深度应在最低设计水位或最低允许地下水位以下 3～5m。承压水水位监测管的滤管应埋置在所测的承压含水层中。

④ 回灌井点观测井应布置在回灌井点与被保护对象之间。

二、基坑周边环境

(1) 从基坑边缘以外 1～3 倍基坑开挖深度范围内需要保护的周边环境应作为监测对象。必要时还应扩大监测范围。

(2) 位于重要保护对象安全保护区范围内的监测点的布置，还应满足相关部门的技术要求。

(3) 建筑竖向位移监测点的布置应符合下列要求。

① 建筑四角、沿外墙每 10～15m 处或每间隔 2～3 根柱基础上，且每侧不少于 3 个监测点。

② 不同地基或基础的分界线处。

③ 不同结构的分界线。

④ 变形缝、抗震缝或严重开裂处的两侧。

⑤ 新、旧建筑或高、低建筑交界处的两侧。

⑥ 高耸构筑物基础轴线的对称部位，每一构筑物不应少于 4 点。

(4) 建筑水平位移监测点布置在建筑的外墙墙角、外墙中间部位的墙上或柱上、裂缝两侧以及其他有代表性的部位，监测点间距视具体情况而定，一侧墙体的监测点不宜少于 3 点。

(5) 建筑倾斜监测点的布置应符合下列要求。

① 监测点宜布置在建筑角点、变形缝两侧的承重柱或墙上。

② 监测点应沿主体顶部、底部上下对应布设，上下监测点应布置在同一竖线上。

③ 当由基础的差异沉降推算建筑倾斜时，监测点的布置应符合建筑竖向位移监测点的布置规定。

(6) 建筑裂缝、地表裂缝监测点应选择有代表性的裂缝进行布置，当原有裂缝增大或出现新裂缝时，应及时增设监测点。对需要观测的裂缝，每条裂缝的监测点至少应设 2 个，且宜布置在裂缝的最宽处及裂缝末端。

(7) 管线监测点的布置应符合下列要求。

① 应根据管线修建年代、类型、材料、尺寸及现状情况，确定监测点设置。

② 监测点宜布置在管线的节点、转角点和变形曲率较大的部位，监测点平面间距宜为 15～25m，并宜延伸至基坑边缘以外 1～3 倍基坑开挖深度范围的管线。

③ 供水、煤气、暖气等压力管线宜设置直接监测点，在无法埋设直接监测点的部位，可设置间接监测点。

（8）基坑周边地表竖向位移监测点宜按监测剖面设在坑边中部或其他有代表性的部位。监测剖面应与坑边垂直，数量视具体情况确定。每个监测剖面上的监测点数量不宜少于5个。

（9）土体分层竖向位移监测孔应布置在靠近被保护对象且有代表性的部位，数量应视具体情况度确定。在竖向布置上测点宜设置在各层土的界面上，也可等间距设置。测点深度、测点数量应视具体情况确定。

第五节　监测频率

一、监测频率的设置原则

（1）建筑基坑工程监测频率的确定应满足能反映监测对象所测项目的重要变化过程而不遗漏其变化时刻的要求。

（2）建筑基坑工程监测工作应贯穿于基坑工程和地下工程施工全过程。监测期应从基坑工程施工前开始，直至地下工程完成为止。对特殊要求的基坑周边环境的监测应根据需要延续至变形趋于稳定后结束。

（3）监测项目的监测频率应符合考虑基坑类别、基坑及地下工程的不同施工阶段以及周边环境、自然条件的变化和当地经验而确定。在施工频率较快时加密监测频率。当施工间歇期间、监测值相对稳定时，可适当降低监测频率。对于应测项目，在无数据异常和事故征兆的情况下，开挖后现场仪器检测频率可参照表21-2确定。

表21-2　现场仪器检测频率

基坑类型	施工进度		基坑设计深度/m			
			≤5	5～10	10～15	＞15
一级	开挖深度/m	≤5	1次/1d	1次/2d	1次/2d	1次/2d
		5～10	—	1次/1d	1次/1d	1次/1d
		＞10	—	—	2次/1d	2次/1d
	底板浇筑后时间/d	≤7	1次/1d	1次/1d	2次/1d	2次/1d
		7～14	1次/3d	1次/2d	1次/1d	1次/1d
		14～8	1次/5d	1次/3d	1次/2d	1次/1d
		＞28	1次/7d	1次/5d	1次/3d	1次/3d
二级	开挖深度/m	≤5	1次/2d	1次/2d	—	—
	开挖深度/m	5～10	—	1次/1d	—	—
	底板浇筑后时间/d	≤7	1次/2d	1次/2d	—	—
		7～14	1次/3d	1次/3d	—	—
		14～28	1次/7d	1次/5d	—	—
		＞28	1次/10d	1次/10d	—	—

二、提高监测频率

当出现下列情况之一时，应提高监测频率。

（1）监测数据达到报警值。

（2）监测数据变化较大或速率加快。

（3）存在勘察未发现的不良地质。

（4）超深、超长开挖或未及时加撑等违反设计工况施工。

（5）基坑及周边大量积水、长时间连续降雨、市政管道出现泄漏。

（6）基坑附近地面荷载突然增大或超过设计限值。

（7）支护结构出现开裂。

（8）周边地面突发较大沉降或出现严重开裂。

（9）邻近建筑突发较大沉降、不均匀沉降或出现严重开裂。

（10）基坑底部、侧壁出现管涌、渗透或流砂等现象。

（11）基坑工程发现事故后重新组织施工。

（12）出现其他影响基坑及周边环境安全的异常情况。

（13）当有危险事故征兆时，应实时跟踪监测。

第六节　监测报警

一、建筑基坑围护结构监测报警

（1）建筑基坑工程监测必须确定监测报警值。监测报警值应满足基坑工程设计、地下结构设计以及周边环境中被保护对象的控制要求。监测报警值应由基坑设计方确定。

（2）基坑内、外地层位移控制应符合下列要求。

① 不得导致基坑的失稳。

② 不得影响地下结构的尺寸、形状和地下工程的正常施工。

③ 对周边已有建筑引起的变形不得超过相关技术规范的要求或影响正常使用。

④ 不得影响周边道路、管线、设施等正常使用。

⑤ 满足特殊环境的技术要求。

（3）建筑基坑工程监测报警应由监测项目的累计变化量和变化速率值共同控制。

（4）基坑及围护结构监测报警值应根据土质特征、设计结果及当地经验等因素确定；当无当地经验时，可根据土质特征、设计结果以及基坑及支护结构监测报警值（表 21-3）确定。

表 21-3　基坑及支护结构监测报警值

<table>
<tr><th rowspan="4">序号</th><th rowspan="4">监测项目</th><th rowspan="4">支撑结构类型</th><th colspan="9">基坑类型</th></tr>
<tr><th colspan="3">一级</th><th colspan="3">二级</th><th colspan="3">三级</th></tr>
<tr><th colspan="2">累计值</th><th rowspan="2">变化速率/(mm/d)</th><th colspan="2">累计值</th><th rowspan="2">变化速率/(mm/d)</th><th colspan="2">累计值</th><th rowspan="2">变化速率/(mm/d)</th></tr>
<tr><th>绝对值/mm</th><th>相对深度控制值</th><th>绝对值/mm</th><th>相对深度控制值</th><th>绝对值/mm</th><th>相对深度控制值</th></tr>
<tr><td rowspan="2">1</td><td rowspan="2">墙顶水平</td><td>放坡、土钉墙、喷锚支护、水泥土墙</td><td>30～35</td><td>0.3%～0.4%</td><td>5～10</td><td>50～60</td><td>0.6%～0.8%</td><td>10～15</td><td>70～80</td><td>0.8%～1.0%</td><td>15～20</td></tr>
<tr><td>钢板桩、灌注桩、型钢水泥土墙、地下连续墙</td><td>25～30</td><td>0.2%～0.3%</td><td>2～3</td><td>40～50</td><td>0.5%～0.7%</td><td>4～6</td><td>60～70</td><td>0.6%～0.8%</td><td>8～10</td></tr>
<tr><td rowspan="2">2</td><td rowspan="2">墙顶垂直</td><td>放坡、土钉墙、喷锚支护、水泥土墙</td><td>20～40</td><td>0.3%～0.4%</td><td>3～5</td><td>50～60</td><td>0.6%～0.8%</td><td>5～8</td><td>70～80</td><td>0.8%～1.0%</td><td>8～10</td></tr>
<tr><td>钢板桩、灌注桩、型钢水泥土墙、地下连续墙</td><td>10～20</td><td>0.1%～0.2%</td><td>2～3</td><td>25～30</td><td>0.3%～0.5%</td><td>3～4</td><td>35～40</td><td>0.5%～0.6%</td><td>4～5</td></tr>
</table>

续表

序号	监测项目	支撑结构类型	基坑类型 一级 累计值 绝对值/mm	一级 累计值 相对深度控制值	一级 变化速率/(mm/d)	二级 累计值 绝对值/mm	二级 累计值 相对深度控制值	二级 变化速率/(mm/d)	三级 累计值 绝对值/mm	三级 累计值 相对深度控制值	三级 变化速率/(mm/d)
3	深层水平位移	水泥土墙	30～50	0.3%～0.4%	5～10	50～60	0.6%～0.8%	10～15	70～80	0.8%～1.0%	4～5
		钢板桩	50～60	0.6%～0.7%	2～3	80～85	0.7%～0.8%	4～6	90～100	0.9%～1.0%	8～10
		型钢水泥土墙	50～55	0.5%～0.6%		75～80	0.7%～0.8%		80～90	0.9%～1.0%	
		灌注桩	45～50	0.4%～0.5%		70～75	0.6%～0.7%		70～80	0.8%～0.9%	
		地下连续墙	40～50	0.4%～0.5%		70～75	0.7%～0.8%		80～90	0.9%～1.0%	
4	立柱竖向位移		25～35	—	2～3	35～45	—	4～6	55～65	—	8～10
5	周边地表竖向位移		25～35	—	2～3	50～60	—	4～6	60～80	—	8～10
6	坑底隆起(回弹)		25～35	—	2～3	50～60	—	4～6	60～80	—	8～10
7	土压力		$(60\%\sim70\%)f_1$		—	$(70\%\sim80\%)f_1$		—	$(70\%\sim80\%)f_1$		—
8	孔隙水压力										
9	支撑内力		$(60\%\sim70\%)f_2$		—	$(70\%\sim80\%)f_2$		—	$(70\%\sim80\%)f_2$		—
10	围护墙内力										
11	立柱内力										
12	锚杆内力										

注：1. f_1 为荷载设计值；f_2 为构件承载力设计值。

2. 累计值取绝对值和相对基坑深度控制值两者的小值。

3. 当监测项目的变化速率达到表中规定值或连续 3d 超过该值的 70%，应报警。

4. 嵌岩的灌注桩或地下连续墙位移报警值宜按表中数值的 50%取用。

二、基坑周围环境监测报警

基坑周边环境监测报警值应根据主管部门的要求确定，如主管部门无具体规定，可按表 21-4采用。

表 21-4　建筑基坑工程周边环境监测报警值

监测对象				项目 累计值/mm	变化速率/(mm/d)	备注
1	地下水位变化			1000	500	—
2	管线位移	刚性管道	压力	10～30	1～3	直接观察点数据
			非压力	10～40	3～5	
		柔性管道		10～40	3～5	—
3	邻近建筑位移			10～60	1～3	—
4	裂缝宽度	建筑		1.5～3	持续发展	—
		地表		10～15	持续发展	—

注：建筑整体倾斜度累计值达到 2/1000 或倾斜速度连续 3d 大于 $0.0001H$/d（H 为建筑承重结构高度）时应报警。

当出现下列情况之一时，必须立即进行危险报警，并应对基坑支护结构和周边环境中的保护对象采取应急措施。

(1) 监测数据达到检测报警值的累计值。

(2) 建筑基坑围护结构或周边土体的位移值突然明显增大或基坑出现流砂、管涌、隆起、陷落或较严重的渗漏等。

(3) 建筑基坑围护结构的支撑或锚杆体系出现过大变形、压屈、断裂、松弛或拔出的迹象。

(4) 周边建筑物基础的结构部分、周边地区出现过较严重的突发裂缝或危害结构的变形裂缝。

(5) 周边管线变形突然明显增长或出现裂缝、泄露等。

(6) 根据当地工程经验判断，出现其他必须进行危险报警的情况。

第七节　数据处理与信息反馈

一、数据处理

(1) 监测分析人员应具有岩土工程、结构工程、工程测量的综合知识和工程实践经验，具有较强的综合分析能力，能及时提供可靠的综合分析报告。

(2) 现场量测人员应对监测数据的真实性负责，监测分析人员应对监测报告的可靠性负责，监测单位应对整个项目监测质量负责。监测记录和监测技术成果均应有责任人签字，监测技术成果应加盖成果章。

(3) 现场的监测资料应符合下列要求。

① 使用正式的监测记录表格。

② 监测记录应有相应的工况描述。

③ 监测数据的整理应及时。

④ 对监测数据的变化及发展情况的分析和评述应及时。

(4) 外业观测值和记事项目应在现场直接记录于观测记录表中。任何原始记录不得涂改、伪造和转抄。

(5) 观测数据出现异常时，应分析原因，必要时应进行重测。

(6) 监测项目数据分析应结合其他相关项目的监测数据和自然环境条件、施工工况等情况及以往数据进行，并对其发展趋势做出预测。

(7) 技术成果应包括当日报表、阶段性报告和总结报告。技术成果提供的内容应真实、准确、完整，并宜用文字阐述与绘制变化曲线或图形相结合的形式表达。技术成果应按时报送。

二、信息反馈

(1) 监测数据的处理与信息反馈宜采用专业软件，专业软件的功能和参数应符合规范的有关规定，并宜具备数据采集、处理、分析、查询和管理一体化以及监测成果可视化的功能。

(2) 建筑基坑工程监测的观测记录、计算资料和技术成果应进行组卷、归档。

(3) 当日报表应包括下列内容。

① 当日的天气情况和施工现场的工况。

② 仪器监测项目各监测点的本次测试值、单次变化值、变化速率以及累计值等，必要时绘制有关曲线图。

③ 巡视检查的记录。

④ 对监测项目应有正常或异常、危险的判断性结论。

⑤ 对达到或超过监测报警值的监测点应有报警标示，并有分析和建议。

⑥ 对巡视检查发现的异常情况应有详细描述，危险情况应有报警标示，并有分析和建议。

⑦ 其他相关说明。

(4) 阶段性报告应包括卜列内容。

① 该监测阶段相应的工程、气象及周边环境概况。

② 该监测阶段的监测项目及测点的布置图。

③ 各项监测数据的整理、统计及监测成果的过程曲线。

④ 各监测项目监测值的变化分析、评价及发展预测。

⑤ 相关的设计和施工建议。

第八节　监测报告

监测报告应包括下列内容。

(1) 工程概况。

(2) 监测依据。

(3) 监测项目。

(4) 监测点布置。

(5) 监测设备和监测方法。

(6) 监测频率。

(7) 监测报警值。

(8) 各监测项目全过程的发展变化分析及整体评述。

(9) 监测工作结论与建议。

第二十二章 基坑安全评估

第一节 基本规定

一、深基坑施工安全等级

建筑深基坑工程施工应根据深基坑工程地质条件、水文地质条件、周边环境保护要求、支护结构类型及使用年限、施工季节等因素，注重地区经验、因地制宜、精心组织，确保安全。

建筑深基坑工程施工安全等级划分应根据现行国家标准《建筑地基基础设计规范》（GB 50007）规定的地基基础设计等级，结合基坑本体安全、工程桩基与地基施工安全、基坑侧壁土层与荷载条件、环境安全等因素按建筑深基坑工程施工安全等级（表 22-1）确定。

表 22-1 建筑深基坑工程施工安全等级

施工安全等级	划分条件
一级	1. 复杂地质条件及软土地区的二层及二层以上地下室的基坑工程； 2. 开挖深度大于 15m 的基坑工程； 3. 基坑支护结构与主体结构相结合的基坑工程； 4. 设计使用年限超过 2 年的基坑工程； 5. 侧壁为填土或软土，场地因开挖施工可能引起工程桩基发生倾斜、地基隆起变形等改变桩基、地铁隧道运营性能的工程； 6. 基坑侧壁受水渗透可能性大或基坑工程降水深度大于 6m 或降水对周边环境有较大影响的工程； 7. 地基施工对基坑侧壁土体状态及地基产生挤土效应较严重的工程； 8. 在基坑影响范围内存在较大交通荷载，或大于 35kPa 短期作用荷载的基坑工程； 9. 基坑周边环境条件复杂、对支护结构变形控制要求严格的工程； 10. 采用型钢水泥土墙支护方式、需要拔除型钢对基坑安全可能产生较大影响的基坑工程； 11. 采用逆作法上下同步施工的基坑工程； 12. 需要进行爆破施工的基坑工程
二级	除一级以外的其他基坑工程

二、基坑工程施工前的准备资料

（1）基坑环境调查报告。明确基坑周边市政管线现状及渗漏情况，邻近建（构）筑物基础形式、埋深、结构类型、使用状况；相邻区域内正在施工和使用基坑工程情况；相邻建筑工程打桩震动及重载车辆通行情况等。

（2）基坑支护及降水设计施工图。对施工安全等级为一级的基坑工程，明确基坑变形控制设计指标，明确基坑变形、周围保护建筑、相关管线变形报警值。

（3）基坑工程施工组织设计。开挖影响范围内的塔吊荷载、临建荷载、临时边坡稳定性等纳入设计验算范围，施工安全等级为一级的基坑工程应编制施工安全专项方案。

（4）基坑安全监测方案。

三、基本规定

（1）基坑工程设计施工图必须按有关规定通过专家评审，基坑工程施工组织设计必须按有关规定通过专家论证；对施工安全等级为一级的基坑工程，应进行基坑安全监测方案的专家评审。

（2）当基坑施工过程中发现地质情况或环境条件与原地质报告、环境调查报告不相符合，或环境条件发生变化时，应暂停施工，及时会同相关设计、勘察单位经过补充勘察、设计验算或设计修改后方可恢复施工。对设计方案选型等重大设计修改的基坑工程，应重新组织评审和论证。

（3）在支护结构未达到设计强度前进行基坑开挖时，严禁在设计预计的滑（破）裂面范围内堆载；临时土石方的堆放应进行包括自身稳定性、邻近建筑物地基承载力、变形、稳定性和基坑稳定性验算。

（4）膨胀土、冻胀土、高灵敏度土等场地深基坑工程的施工安全应符合有关的规定，湿陷性黄土基坑工程应符合现行行业标准《湿陷性黄土地区建筑基坑工程安全技术规范》（JGJ 167）的规定。

（5）基坑工程应实施信息施工法，并应符合下列规定。

① 施工准备阶段应根据设计要求和相关规范要求建立基坑安全监测系统。

② 土方开挖、降水施工前，监测设备与元器件应安装、调试完成。

③ 高压旋喷注浆帷幕、三周搅拌帷幕、土钉、锚杆等注浆类施工时，应通过对孔隙水压力、深层土体位移等检测与分析，评估水下施工对基坑周边环境影响，必要时应调整施工速度、工艺或工法。

④ 对同时进行土方开挖、降水、支护结构、截水帷幕、工程桩等施工的基坑工程，应根据现场施工和运行的具体情况，通过试验与实测，区分不同危险源对基坑周边环境造成的影响，并应采取相应的控制措施。

⑤ 应对变形控制指标按实施阶段性和工况节点进行控制目标分解；当阶段性控制目标或工况节点进行控制目标超标时，应立即采取措施在下一阶段或工况节点时实现累加控制目标。

⑥ 应建立基坑安全巡查制度，及时反馈，并应有专业技术人员参与。

（6）对特殊条件下的施工安全等级为一级、超过设计使用年限的基坑工程应进行基坑安全评估。基坑安全评估原则应能确保不影响周边建（构）筑物及设施等的正常使用、不破坏景观、不造成环境污染。

第二节　施工安全专项方案

一、基本规定

（1）应根据施工、使用与维护过程的危险源分析结果编制基坑工程施工安全专项方案。

（2）基坑工程施工安全专项方案应符合下列规定。

① 应针对危险源及其特征制定具体安全技术措施。

② 应按消除、隔离、减弱危险源的顺序选择基坑工程安全技术措施。

③ 对重大危险源应论证安全技术方案的可靠性和可行性。

④ 应根据工程施工特点，提出安全技术方案实施过程中的控制原则、明确重点监控部位和监控指标要求。

⑤ 应包括基坑安全使用与维护全过程。

⑥ 设计和施工发生变更或调整时，施工安全专项方案应进行相应的调整和补充。

(3) 应根据施工图设计文件、危险源识别结果、周边环境与地质条件、施工工艺设备、施工经验等进行安全分析，选择相应的安全控制、监测预警、应急处理技术，制定应急预案并确定应急响应措施。

(4) 施工安全专项方案应通过专家论证。

二、安全专项方案编制

(1) 基坑工程施工安全专项方案应与基坑工程施工组织设计同步编制。

(2) 基坑工程施工安全专项方案应包括下列主要内容。

① 工程概况，包含基坑所处位置、基坑规模、基坑安全等级及现场勘察及环境调查结果、支护结构形式及相应附图。

② 工程地质与水文地质条件，包含对基坑工程施工安全的不利因素分析。

③ 危险源分析，包含基坑工程本体安全、周边环境安全、施工设备及人员生命财产安全的危险源分析。

④ 各施工阶段与危险源控制相对应的安全技术措施，包含围护结构施工、支撑系统施工及拆除、土方开挖、降水等施工阶段危险源控制措施；各阶段施工用电、消防、防台风、防汛等安全技术措施。

⑤ 信息施工法实施细则，包含对施工监测成果信息的发布、分析、决策与指挥系统。

⑥ 安全控制技术措施、处理预案。

⑦ 安全管理措施，包含安全管理组织及人员教育培训等措施。

⑧ 对突发事件的应急响应机制，包含信息报告、先期处理、应急启动和应急终止。

三、危险源分析

(1) 危险源分析应根据基坑工程周边环境条件和控制要求、工程地质条件、支护设计与施工方案、地下水与地表水控制方案、施工能力与管理水平、工程经验等进行，并应根据危险程度和发生的频率，识别为重大危险源和一般危险源。

(2) 符合下列特征之一的必须列为重大危险源。

① 开挖施工对邻近建（构）筑物、设施必然造成安全影响或有特殊保护要求的。

② 达到设计使用年限拟继续使用的。

③ 改变现行设计方案，进行加深、扩大及改变使用条件的。

④ 邻近的工程建设，包括打桩、基坑开挖降水施工影响基坑支护安全的。

⑤ 邻水的基坑。

(3) 下列情况应列为一般危险源。

① 存在影响基坑工程安全性、适用性的材料低劣、质量缺陷、构件损伤或其他不利状态。

② 支护结构、工程桩施工产生的振动、剪切等可能产生流土、土体液化、渗流破坏。

③ 截水帷幕可能发生严重渗漏。

④ 交通主干道位于基坑开挖影响范围内，或基坑周围建筑物管线、市政管线可能产生

渗漏、管沟存水，或存在渗漏变形敏感性强的排水管等可能发生的水作用产生的危险源。

⑤ 雨期施工，土钉墙、浅层设置的预应力锚杆可能失效或承载力严重下降。

⑥ 侧壁为杂填土或特殊性岩土。基坑侧壁存在振动荷载。

⑦ 基坑开挖可能产生过大隆起。

⑧ 内支撑因各种原因失效或发生连续破坏。对支护结构可能产生横向冲击荷载。

⑨ 台风、暴雨或强降雨降水致使施工用电中断，基坑降排水系统失效。

⑩ 土钉、锚杆蠕变产生过大变形及地面裂缝。

(4) 危险源分析应采用动态分析方法，并应在施工安全专项方案中及时对危险源进行更新和补充。

四、应急预案

(1) 应通过组织演练检验和评价应急预案的适用性和可操作性。

(2) 基坑工程发生险情时，应采取下列应急措施。

① 基坑变形超过报警值时，应调整分层、分段土方开挖等施工方案，并宜采取坑内回填反压后增加临时支撑、锚杆等。

② 周围地表或建筑物变形速率急剧加大，基坑有失稳趋势时，宜采取卸载、局部或全部回填反压，待稳定后再进行加固处理。

③ 基坑隆起变形过大时，应采取坑内加载反压、调整分区、分步开挖，及时浇筑快硬混凝土垫层等措施。

④ 坑外地下水位下降速率过快引起周边建筑物与地下管线沉降速率超过警戒值，应调整抽水速度减缓地下水位下降速度或采用回灌措施。

⑤ 维护结构深水、流土，可采用坑内引流、封堵或坑外快速注浆的方式进行堵漏；情况严重时应立即回填，再进行处理。

⑥ 开挖底面出现流砂、管涌时，应立即停止挖土施工，根据情况采取回填、降水法降低水头差、设置反滤层封堵流土点等方式进行处理。

(3) 基坑工程施工引起邻近建筑物开裂及倾斜事故时，应根据具体情况采取下列处置措施。

① 立即停止基坑开挖，回填反压。

② 增设锚杆或支撑。

③ 采取回灌、降水等措施调整降深。

④ 在建筑物基础周围采用注浆加固土体。

⑤ 制定建筑物的纠偏方案并组织实施。

⑥ 情况紧急时应及时疏散人员。

(4) 基坑工程引起邻近地下管线破裂、应采取下列应急措施。

① 立即关闭危险管道阀门，采取措施防止产生火灾、爆炸、冲刷、渗流破坏等安全事故。

② 停止基坑开挖，回填反压、基坑侧壁卸载。

③ 及时加固、修复或更换破裂管线。

(5) 基坑工程变形监测数据超过报警值，或出现基坑、周边建（构）筑物、管线失稳破坏征兆时，应立即停止施工作业，撤离人员，待险情排除后方可恢复施工。

五、应急响应

(1) 应急响应应根据应急预案采取抢险准备、信息报告、应急启动和应急终止四个程序统一执行。

（2）应急响应前的抢险准备，应包括下列内容。

① 应急响应需要的人员、设备、物资准备。

② 增加基坑变形监测手段与频次的措施。

③ 储备截水堵漏的必要器材。

④ 清理应急通道。

（3）当基坑工程发生险情时，应立即启动应急响应，并向上级和有关部门报告以下信息。

① 险情发生的时间、地点。

② 险情的基本情况及抢救措施。

③ 险情的伤亡及抢救情况。

（4）基坑工程施工与使用中，应针对下列情况启动安全应急响应。

① 基坑支护结构水平位移或周围建（构）筑物、周边道路（地面）出现裂缝、沉降、地下管线不均匀沉降或支护结构构件内力等指标超过限值时。

② 建筑物裂缝超过限值或土体分层竖向位移或地表裂缝宽度突然超过报警值时。

③ 施工过程出现大量涌水、涌砂时。

④ 基坑底部隆起变形超过报警值时。

⑤ 基坑施工过程遭遇大于或暴雨天气，出现大量积水时。

⑥ 基坑降水设备发生突发性停电或设备损坏造成地下水位升高时。

⑦ 基坑施工过程因各种原因导致人身伤亡事故出现时。

⑧ 遭受自然灾害、事故或其他突发事件影响的基坑。

⑨ 其他有特殊情况可能影响安全的基坑。

（5）应急终止应满足下列要求。

① 引起事故的危险源已经消除或险情得到有效控制。

② 应急救援行动已完全转化为社会公共救援。

③ 局面已无法控制和挽救，场内相关人员已全部撤离。

④ 应急总指挥根据事故的发展状态认为终止的。

⑤ 事故已经在上级主管部门结案。

（6）应急终止后，应针对事故发生及抢险救援经过、事故原因分析、事故造成的后果、应急预案效果及评估情况提出书面报告，并应按有关程序上报。

六、安全技术交底

（1）施工前应进行技术交底，并应做好交底记录。

（2）施工过程中各工序开工前，施工技术管理人员必须向所有参加作业的人员进行施工组织与安全技术交底，如实告知危险源、防范措施、应急预案、形成文件并签署。

（3）安全技术交底应包括下列内容：

① 现场勘察与环境调查报告；

② 施工组织设计；

③ 主要施工技术、关键部位施工工艺工法、参数；

④ 各阶段危险源分析结构与安全技术措施；

⑤ 应急预案及应急响应等。

第三节　检查与监测

一、基本规定

（1）基坑工程施工应对原材料质量、施工机械、施工工艺、施工参数等进行检查。

（2）基坑土方开挖前，应复核设计条件，对已经施工的维护结构质量进行检查，检查合格后方可进行土方开挖。

（3）基坑土方开挖及地下结构施工过程中，每个工序施工结束后，应对该工序的施工质量进行检查；检查发现的质量问题应进行整改，整改合格后方可进入下道施工工序。

（4）施工现场平面、竖向布置应与支护设计要求一致，布置的变更应经设计认可。

（5）基坑施工工程除应按现行国家标准《建筑基坑工程监测技术规范》（GB 50497）的规定进行专业监测外，施工方应同时编制包括下列内容的施工监测方案并实施。

① 工程概况。

② 监测依据和项目。

③ 监测人员配备。

④ 监测方法、精度和主要仪器设备。

⑤ 测点布置与保护。

⑥ 监测频率、监测报警值。

⑦ 异常情况下的处理措施。

⑧ 数据处理和信息反馈。

（6）应根据环境调查结果，分析评估基坑周边环境的变形敏感度，宜根据基坑支护设计单位提出的各个施工阶段变形设计值和报警值，在基坑工程施工前对周边敏感的建筑物及管线设施采取加固措施。

（7）施工工程中，应根据第三方专业监测和施工监测结果，及时分析评估基坑的安全状况，对可能危及基坑安全的质量问题，应采取补救措施。

（8）监测标志应稳固、明显、位置应避开障碍物，便于观测；对监测点应有专人负责保护，监测过程应有工作人员的安全保护措施。

（9）当遇到连续降雨等不利天气状况时，监测工作不得中断，并应同时采取措施确保监测工作的安全。

二、检查

（1）基坑工程施工质量检查应包括下列内容。

① 原材料表观质量。

② 维护结构施工质量。

③ 现场施工场地布置。

④ 土方开挖及地下结构施工工况。

⑤ 降水、排水质量。

⑥ 回填土质量。

⑦ 其他需要检查质量的内容。

（2）维护结构施工质量检查应包括施工工程中原材料质量检查和施工过程检查、施工完成后的检查；施工过程应主要检查施工机械的性能、施工工艺及施工参数的合理性，施工完成后的质量检查应按相关技术标准及设计要求进行，主要内容及方法应符合维护结构质量检查的主要内容及方法（表 22-2）的规定。

表 22-2 维护结构质量检查的主要内容及方法

<table>
<tr><th colspan="3">质量项目与基坑安全等级</th><th>检查内容</th><th>检查方法</th></tr>
<tr><td rowspan="10">支护结构</td><td rowspan="5">一级</td><td>排桩</td><td>混凝土强度、桩位偏差、桩长、桩身完整性</td><td rowspan="10">1. 混凝土或水泥土强度可检查取芯报告；
2. 排桩完整性可查桩身低应变动测报告；
3. 地下连续墙墙身完整性可通过预埋声测管检查；
4. 锚杆和土钉的抗拔力查现场抗拔试验报告，锚杆与腰梁的连接节点可采取目测结合人工扭力扳手</td></tr>
<tr><td>型钢水泥土搅拌墙</td><td>桩位偏差、桩长、水泥土强度、型钢长度及焊接质量</td></tr>
<tr><td>地下连续墙</td><td>墙深、混凝土强度、墙身完整性、接头渗水</td></tr>
<tr><td>锚杆</td><td>锚杆抗拔力、平面及竖向位置、锚杆与腰梁连接节点、腰梁与后靠结构之间的结合程度</td></tr>
<tr><td>土钉墙</td><td>放坡坡度、土钉抗拔力、土钉平面及竖向位置、土钉与喷射混凝土面层连接节点</td></tr>
<tr><td rowspan="5">二级</td><td>排桩</td><td>混凝土强度、桩身完整性</td></tr>
<tr><td>型钢水泥土搅拌墙</td><td>水泥土强度、型钢长度及焊接质量</td></tr>
<tr><td>地下连续墙</td><td>混凝土强度、接头渗水</td></tr>
<tr><td>锚杆</td><td>锚杆抗拔力、平面及竖向位置、锚杆与腰梁连接节点、腰梁与后靠结构之间的结合程度</td></tr>
<tr><td>土钉墙</td><td>放坡坡度、土钉抗拔力、土钉平面及竖向位置、土钉与喷射混凝土面层连接节点</td></tr>
<tr><td rowspan="6">截水帷幕</td><td rowspan="2">一级</td><td>水泥搅拌墙</td><td rowspan="2">桩长、成桩状况、渗透性能</td><td rowspan="12">1. 几何参数，如桩径、桩距等用直尺量；
2. 标高由水准仪测量，桩长可通过取芯检查；
3. 坡度、中间平台宽度用直尺量测；
4. 其余可根据具体情况确定</td></tr>
<tr><td>高压旋喷搅拌墙</td></tr>
<tr><td colspan="2">咬合桩墙</td><td>桩长、桩径、桩间搭接量</td></tr>
<tr><td rowspan="3">二级</td><td>水泥搅拌墙</td><td rowspan="2">成桩状况、渗透性能</td></tr>
<tr><td>高压旋喷搅拌墙</td></tr>
<tr><td>咬合桩墙</td><td>桩间搭接量</td></tr>
<tr><td rowspan="3">地基加固</td><td rowspan="2">一级</td><td>水泥土桩</td><td rowspan="2">顶标高、底标高、水泥土强度</td></tr>
<tr><td>压密注浆</td></tr>
<tr><td>二级</td><td>水泥土桩压密注浆</td><td>顶标高、水泥土强度</td></tr>
<tr><td rowspan="3">支撑</td><td rowspan="3">一级和二级</td><td>混凝土支撑</td><td>混凝土强度、截面尺寸、平直度等</td></tr>
<tr><td>钢支撑</td><td>支撑与腰梁连接节点、腰梁与后靠结构之间的密合程度等</td></tr>
<tr><td>竖向立柱</td><td>平面位置、顶标高、垂直度等</td></tr>
</table>

(3) 安全等级为一级的基坑工程设置封闭的截水帷幕时，开挖前应通过坑内预降水措施检查帷幕截水效果。

(4) 施工现场平面、竖向布置检查应包括下列内容。

① 出土坡道、出土口位置。

② 堆载位置及堆载大小。

③ 重车行驶区域。

④ 大型施工机械停靠点。

⑤ 塔吊位置。

(5) 土方开挖及支护结构施工工况检查应包括下列内容。

① 各工况的基坑开挖深度。

② 坑内各部位土方高差及过渡段坡率。

③ 内支撑、土钉、锚杆等的施工及养护时间。

④ 土方开挖的竖向分层及平面分块。

⑤ 拆撑之前的换撑措施。

(6) 混凝土内支撑在混凝土浇筑前，应对支架、模板等进行检查。

(7) 降排水系统质量检查应包括下列内容。

① 地表排水沟、集水井、地面硬化情况。

② 坑内外井点位置。

③ 降水系统运行状况。

④ 坑内临时排水措施。

⑤ 外排通道的可靠性。

(8) 基坑回填后应检查回填土密实度。

三、施工监测

(1) 施工监测应采用仪器监测与巡视相结合的方法。用于监测的仪器应按测量仪器有关要求定期标定。

(2) 基坑施工和使用中应采取多种方式进行安全监测，对有特殊要求或安全等级为一级的基坑工程，应根据基坑现场施工工作业计划制定基坑施工安全监测应急预案。

(3) 施工监测应包括下列内容。

① 基坑周边地面沉降。

② 周边重要建筑沉降。

③ 周边建筑物、地面裂缝。

④ 支护结构裂缝。

⑤ 坑内外地下水位。

⑥ 地下管线渗漏情况。

⑦ 安全等级为一级的基坑工程施工监测还应包含下列主要内容。

a. 维护墙或临时开挖边坡面顶部水平位移。

b. 维护墙或临时开挖边坡面顶部竖向位移。

c. 坑底隆起。

d. 支护结构与主体结构相结合时，主体结构的相关监测。

四、巡视检查

1. 巡视检查的规定

基坑工程施工过程中每天应有专人进行巡视检查，巡视检查应符合下列规定。

(1) 支护结构，应包含下列内容：

① 冠梁、腰梁、支撑裂缝及开展情况；

② 维护墙、支撑、立柱变形情况；

③ 截水帷幕开裂、渗漏情况；

④ 墙后土体裂缝、沉陷或滑移情况；

⑤ 基坑涌土、流砂、管涌情况。

(2) 施工工况，应包含下列内容：

① 土质条件与勘察报告的一致性情况；

② 基坑开挖分段长度、分层厚度、临时边坡、支锚设置与设计要求的符合情况；

③ 场地地表水、地下水排放状况，基坑降水、回灌设施的运转情况；

④ 基坑周边超载与设计要求的符合情况。

(3) 周边环境，应包含下列内容：

① 周边管道破损、渗漏情况；
② 周边建筑开裂、裂缝发展情况；
③ 周边道路开裂、沉陷情况；
④ 邻近基坑及建筑的施工状况；
⑤ 周边公众反映。
（4）监测设施，应包含下列内容：
① 基准点、监测点完好状况；
② 监测元件的完好和保护情况；
③ 影响观测工作的障碍物情况。

2. 巡视检查的方法

巡视检查宜以目视为主，可辅以锤、钎、量尺、放大镜等工具以及摄像、摄影等手段进行，并应做好巡视记录。如发现异常情况和危险情况，应对照仪器监测数据进行综合分析。

第四节　基坑安全使用与维护

一、基本规定

（1）基坑开挖完毕后，应组织验收，经验收合格并进行安全使用与维护技术交底后，方可使用。基坑使用与维护工程中应按施工安全专项方案要求落实安全措施。

（2）基坑使用与维护中进行工序移交时，应办理移交签字手续。

（3）应进行基坑安全使用与维护技术培训，定期开展应急处置演练。

（4）基坑使用中应针对暴雨、冰雹、台风等灾害天气，及时对基坑安全进行现场检查。

（5）主体结构施工工程中，不应损坏基坑支护结构。当需改变支护结构工作状态时，应经设计单位复核。

二、使用安全

（1）基坑工程应按设计要求进行地面硬化，并在周边设置防水围挡和防护栏杆。对膨胀性土及冻土的坡面和坡顶 3m 以内应采取防水及防冻措施。

（2）基坑周边使用荷载不应超过设计限值。

（3）在基坑周边破裂面以内不宜建造临时设施；必须建造时应经设计复核。并应采取保护措施。

（4）预期施工时，应有防洪、防暴雨措施及排水备用材料和设备。

（5）基坑临边、临空位置及周边危险部位，应设置明显的安全警示标识，并应安装可靠围挡和防护。

（6）基坑内应设置作业人员上下坡道或爬梯，数量不应少于 2 个。作业位置的安全通道应畅通。

（7）基坑使用工程中，施工栈桥的设置应符合下列规定。

① 施工栈桥及立柱桩应根据基坑周边环境条件、基坑形状、支撑布置、施工方法等进行专项设计，立柱桩的设计间距应满足坑内小型挖土机械的移动和操作时的安全要求。

② 专项设计应提交设计单位进行复核。

③ 使用中应按设计要求控制施工荷载。

（8）当基坑周边地面产生裂缝时，应采取灌浆措施封闭裂缝。对于膨胀基坑工程，应分析裂缝产生原因，及时反馈设计处理。

(9) 基坑使用中支撑的拆除应满足有关规范的规定。

三、维护安全

(1) 使用单位应有专人对基坑安全进行定期巡查，雨期应增加巡查次数，并应做好记录；发现异常情况应立即报告建设、设计、监理等单位。

(2) 基坑工程使用与维护期间，对基坑影响范围内可能出现的交通荷载或大于 35kPa 的振动荷载，应评估其对基坑工程安全的影响，

(3) 降水系统维护应符合下列规定。

① 定时巡视排水系统的运行情况，及时发现和处理系统运行的故障和隐患。

② 应采取措施保护降水系统，严禁损害降水井。

③ 在更换水泵时应先量测井深，确定水泵埋置深度。

④ 备用发电机应处于准备发动状态，并宜安装自动切换系统，当发生停电时，应及时切换电源，缩短停止抽水时间。

⑤ 发现喷水、涌砂，应立即查明原因，采取措施及时处理。

⑥ 冬期降水应采取防冻措施。

(4) 降水井点的拔除或封井除应满足设计要求外，应在基础及已施工部分结构的自重大于水浮力，已进行基坑回填的条件下进行，所留孔洞应用砂或土填塞，并可根据要求采用填砂注浆或混凝土封填；对地基有隔水要求时，地面下 2m 可用黏土填塞密实。

(5) 基坑维护结构出现损伤时，应编制加固修复方案并及时组织实施。

(6) 基坑使用与维护期间，遇有相邻基坑开挖施工时，应做好协调工作，防止相邻基坑开挖造成的安全损害。

(7) 邻近建（构）筑物，市政管线出现渗漏损伤时，应立即采取措施，阻止渗漏并应进行加固修复，排除危险源。

(8) 对预计超过设计使用年限的基坑工程应提前进行安全评估和设计复核，当设计复核不满足安全指标要求时，应及时进行加固处理。

(9) 基坑应及时按设计要求进行回填，当回填质量可能影响坑外建筑物或管线沉降、裂缝等发展变化时，应采用砂、砂石料、回填并注浆处理，必要时可采用低强度等级混凝土回填密实。

第二十三章 基坑工程监测实例与模型试验

第一节 基坑工程监测实例

一、环梁护壁围护结构

本实例为1988年天津市国际贸易大厦基坑监测。该建筑物主体为方形，基坑开挖深度11.0m，根据场地情况基坑工程采用钢筋预制混凝土方桩加环形钢筋混凝土梁支护。环形钢筋混凝土梁起到水平支撑作用，且避免了对基坑开挖施工的影响。监测内容：围护结构所受侧向土压力变化情况。测量结果见图23-1。

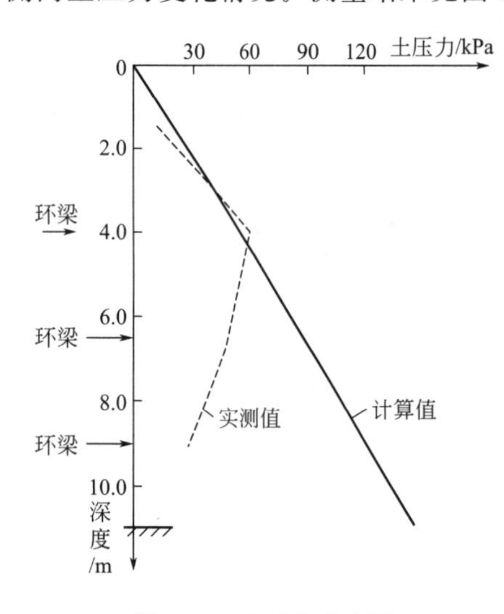

图23-1 土压力分布图

环形钢筋混凝土梁采用四道，按照库伦-朗肯理论计算侧向土压力分布为图23-1中的实线，实际测量结果为虚线。在第二道环梁点的侧向土压力值超过计算值，而其他环梁位置的侧向土压力值均小于计算值。

二、地下连续墙围护结构

本实例为1991年6月天津市无缝钢管总厂PU2铁皮坑开挖监测工作。该铁皮坑长33.0m，宽16.9m，开挖深度分别为：基坑顶部标高−6.3m，浅坑−15.5m，深坑−19.5m。地质条件：地表是以黏性土为主的人工填土层，人工填土层以下至−26.13m主要由亚黏土、轻亚黏土组成，中间−9.9～−1.9m有近8.0m厚的淤泥质亚黏土。围护结构采用1.2m厚封闭地下连续墙，加2～3层水平钢支撑。监测要求：测量围护结构所受侧向土压力和围护结构深层变形以及水平钢支撑的支撑力。PV2铁皮坑示意图见图23-2。

基坑开挖施工从1991年6月8日开始，8月9日结束。基坑监测自1991年6月4日测量初始值，后每间隔2～3d测量一次，共监测近四个月（包括基坑地板和衬墙施工结束）。

根据监测结果绘制的围护结构深层变形图、围护墙所受侧向土压力与土抗力图和水平支撑力变化图，见图23-3～图23-5。

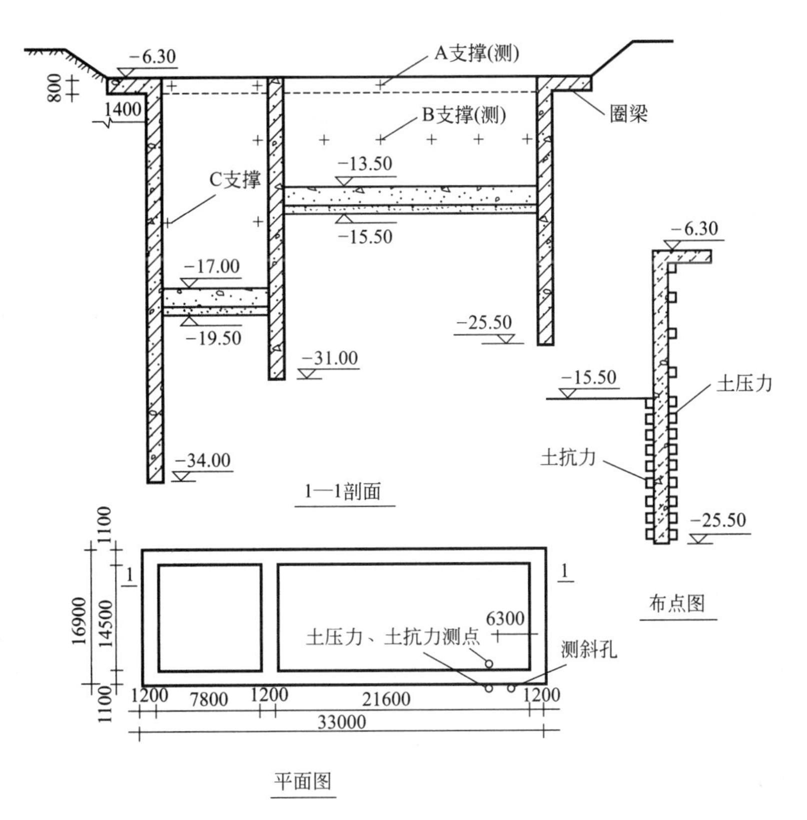

图 23-2　PU2 铁皮坑示意图

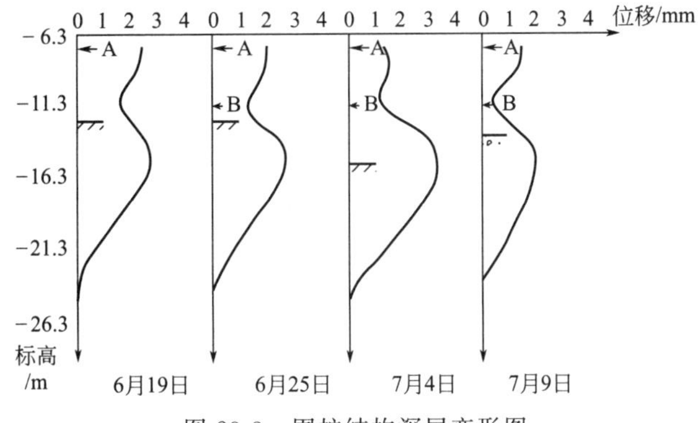

图 23-3　围护结构深层变形图

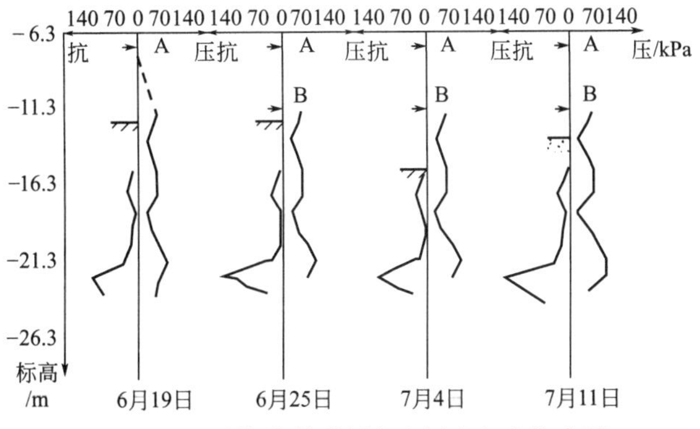

图 23-4　围护墙所受侧向土压力与土抗力图

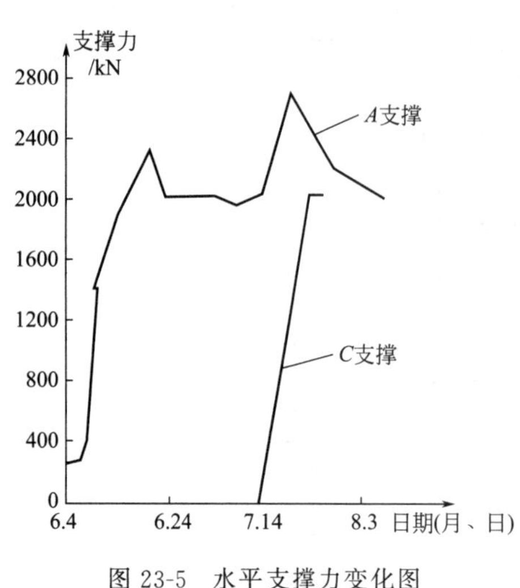

图 23-5　水平支撑力变化图

1. 围护结构深层变形

围护结构深层变形采用先埋设测斜管，用 CX-02 型测斜仪测量。第一步开挖至－10.2m 建立 *A* 支撑时，深层变形量很小仅有 1.6mm；第二部开挖至－14.3m，建立 *B* 支撑之前，深层变形量明显增大至 2.67mm，*B* 支撑建立以后，*B* 支撑位置变形量又开始减小。第三部开挖至－16.0m时，基坑底部变形增大至 3.34mm。在坑底垫层施工完，且达到强度后，整体深层变形量再次减小，深层墙体变形达到相对稳定。

2. 侧向土压力

围护结构所受侧向土压力分为：墙后土的侧向土压力-土抗力；墙内基坑内对墙体的侧向土压力-土抗力两部分监测。

土压力盒采用电感式压力传感器。检测结果表明以下几种现象。

（1）土压力变化反应比较滞后。当基坑开挖至某一深度时，土压力虽有增加，但变化幅度较小，经过一段静停时间后，才有较大变化。

（2）土抗力检测数值在整个开挖过程变化幅度比较明显。最大土抗力出现在－23.1m 处。当开挖结束且垫层达到强度后，各点土抗力测点逐渐减小，基本达到初始状态。

3. 检测结果原因分析

（1）该工程围护结构选用刚度较大的地下连续墙加水平钢支撑，并整体呈箱形结构。此大刚度围护结构造成墙体实测变形量很小（3.34mm），仅为设计计算值的 1/2，更达不到产生主动土压力的变形量。所以，基坑开挖造成的实际监测土压力变化很小。

（2）土抗力是由墙体向基坑内变形产生的。基坑内墙体总变形量也不足产生被动土压力的变形量。虽然－23.1m 处土抗力变化相对较大，但最大值仅有 140kPa，分析其主要是地层原因造成的应力集中点，此结果与设计计算结果相吻合。

（3）在基坑未开挖前，墙体两侧均承受静止土压力，且相同，监测主要检测由于基坑开挖造成的侧向土压力变化情况。当基坑围护结构刚度很大时，造成墙体变形量很小，故其侧向土压力变化也很小。

4. 支撑力

按照原监测要求：选 *A*、*B*、*C* 三层的三根支撑进行支撑力监测。但 *B* 层的监测支撑在开挖施工中被施工设备撞动，使 *B* 层支撑监测失效，未能获得实测数据。

根据检测结果图形可得到如下结论。

（1）*A* 层支撑安装后，由于安装应力使支撑力达到 1400kN。当基坑开挖至－12.3m 时，*A* 层支撑力急速增长，增长速率达 517kN/d，最大峰值接近 2400kN。静停 3d 后增长速率降至 166kN/d，静停 7d 后增长速率降至 59kN/d。*B* 层支撑安装，且发挥作用后，支撑力明显减小，最后支撑力已降至 1900kN。再次开挖至基坑底部，*A* 层支撑再次增大，最大值达到 2745kN。当 *C* 层支撑安装发挥作用后继续开挖时，*A* 层支撑力又开始明显呈减小趋势。最后完成基坑底部垫层施工后 *A* 层支撑的支撑力为 2100kN，达到相对稳定。

（2）*C* 层支撑安装后，继续进行基坑开挖，开挖过程 *C* 层支撑的支撑力逐渐增大，增长速率达到 189kN/d。基坑底部垫层施工 4d 后，*C* 层支撑的支撑力增长速率降至 19kN/d，趋于稳定。

该工程监测工作照片见图 23-6～图 23-16。

图 23-6　基坑开挖前场地情况

图 23-7　埋设测试传感器

图 23-8　钢支撑内安装荷重传感器

图 23-9　安装土压力传感器

图 23-10　用泥球封安装传感器钻孔

图 23-11　安装测斜管

图 23-12　现场监测

图 23-13　基坑开挖过程

图 23-14　基坑开挖过程场地情况

图 23-15　基坑开挖结束

图 23-16　基坑开挖结束场地情况

三、钢板桩加锚杆围护结构

（1）本实例为 1992 年 11 月天津日报社综合业务楼工程。该工程地上 27 层，地下 2 层。基坑开挖深度 9.4m，基坑围护结构采用工字型钢板桩加土层锚杆围护结构。施加锚杆位置为地表下 4.0m。

（2）场地地质情况如下。

杂填土，层厚 3.0～3.3m。

陆相层，可塑亚黏土～软塑亚黏土，层厚 2.7～3.8m。

海相层，轻亚黏土，局部夹软塑的淤泥质黏土层，厚 10.0～11.0m。

陆相层，亚黏土，层厚 7.5～9.8m。

（3）基坑开挖分为两步：第一步开挖 5.3m；第二步开挖至坑底 9.4m。

（4）监测要求：围护结构钢板桩深层变形；围护结构所受土压力和土抗力。

（5）钢板桩深层变形

测量的测斜管于 1992 年 11 月 18 日埋设，基坑开挖于 1992 年 12 月 10 日开始，至 1993 年 7 月基坑施工结束。深层变形监测结果见图 23-17。

第一步开挖施工后，最大变形量为 41.48mm，施工锚杆后，变形减小至 39.04mm。第二步开挖施工后，最大变形（钢板桩顶）为 94.74mm，施加锚杆位置（地表下 4.0m）变形量为 73.34mm，基坑底部变形量为 50.94mm。

（6）土压力与土抗力

土压力监测埋设 10 个土压力盒；土抗力埋设 6 个土压力盒。监测结果见图 23-18、图 23-19。

基坑开挖施工造成基坑围护结构水平变形较大，变形形式为转角变形。总变形量超过产生主动土压力所需的变形量（0.004H）。产生主动土压力的变形量为 40mm，实测变形量为 94.74mm。因此，造成实际监测的土压力值与设计计算（按静止土压力计算）有较大差别，仅为设计计算的土压力值的 50%～70%。

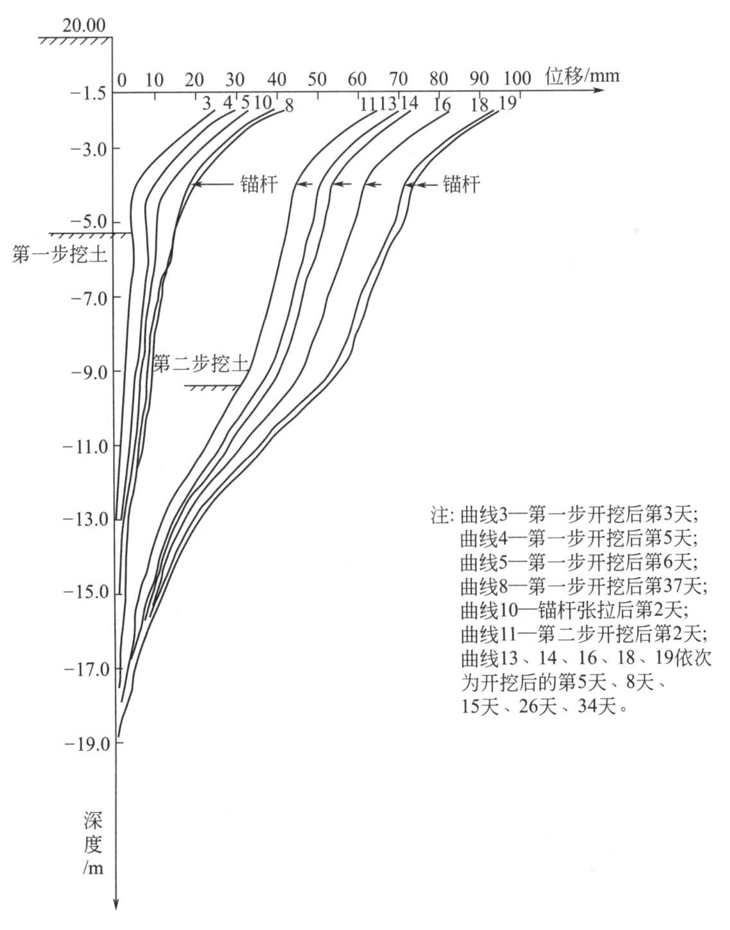

图 23-17　深层变形监测结果图

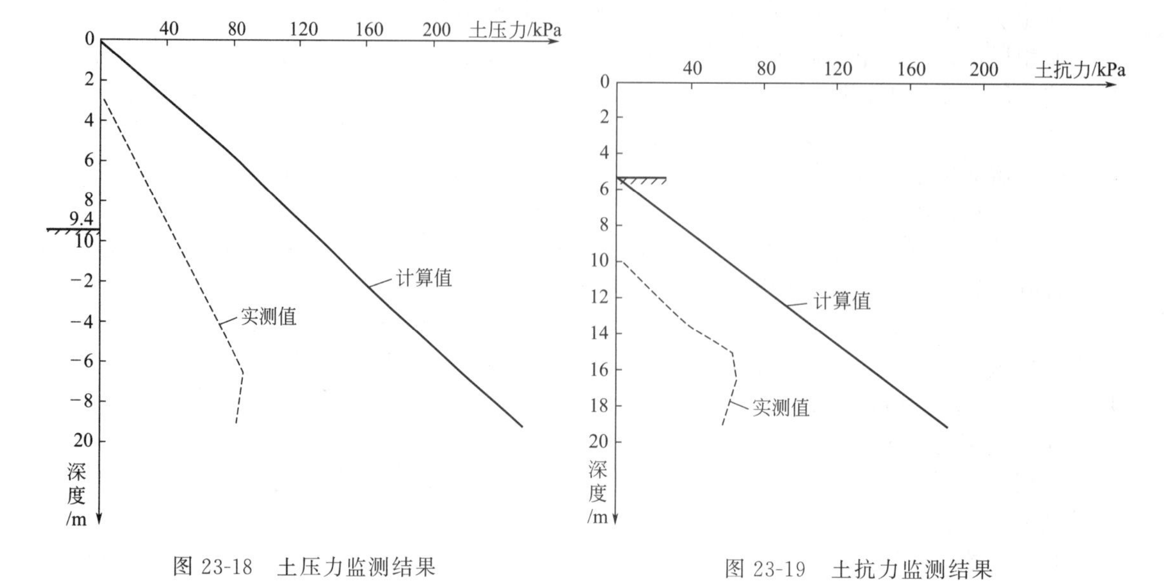

图 23-18　土压力监测结果　　　　图 23-19　土抗力监测结果

土抗力监测，在第一步开挖后，由于施工原因，造成测试传感器测试线损坏，仅监测到第一步开挖施工的结果。第一步开挖后，土抗力测试位置围护结构变形很小，而由于基坑开挖原因（撤土）造成实际监测值小于计算值，且土抗力监测点的总变形量，也远远小于产生被动土压力所需的变形量 0.1H（940mm）。该工程监测工作照片见图 23-20～图 23-25。

图 23-20　安装测斜管

图 23-21　安装土压力盒

图 23-22　现场进行测试

图 23-23　基坑开挖后（一）

图 23-24　基坑开挖后（二）

图 23-25　钢板桩之间局部塌方

第二节　模型试验

一、模型试验

通过进行多个实际基坑围护结构工程的监测实例，笔者发现实际监测的基坑围护结构所受侧向土压力值，与传统理论存在一定差异。1992 年笔者申请并主持完成了“软土地基深基坑护壁结构侧向土压力分布研究”的科研课题。经过大量模型试验和试验结果分析研究，得到了不同基坑围护结构形式的侧向土压力分布形式。

模式试验选用目前常用的悬臂式、加水平支撑式和连续墙式基坑围护结构。试验材料选用砂土和软黏土两种材料。模拟试验共完成六组。为模拟较深的基坑，且模拟基坑围护结构破坏，在试验模拟基坑表面施加了附加应力，附加应力用四个千斤顶同步施加荷载，并用压力传感器控制大小。试验先将模拟基坑围护结构设置，再装入试验土体材料。静停一段时间后，开始模拟基坑开挖，直至模拟基坑围护结构破坏。试验照片见图 23-26～图 23-31。

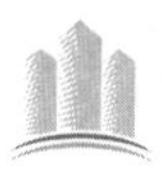

图 23-26　模型试验槽

图 23-27　安装的压力传感器

图 23-28　传感器采集仪器

图 23-29　安装的位移传感器

图 23-30　选用砂土装槽后待进行试验

图 23-31　在模型基坑表面施加附加应力装置

试验主要测试内容为：模拟不同基坑围护结构和土质材料，测试在基坑开挖过程中围护结构变形和侧向土压力变化情况。试验传感器选用空军后勤部生产的电感式传感器，以保证试验检测结果。所施加的附加应力由压力传感器控制，分级施加。试验过程照片见图 23-32～图 23-38。

图 23-32　模拟基坑开挖

图 23-33　模拟基坑开挖间歇

图 23-34 模拟悬臂结构

图 23-35 模拟加水平支撑结构

图 23-36　模拟地下连续墙结构

图 23-37　模拟基坑开挖破坏情况

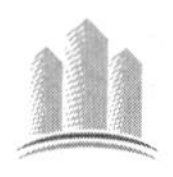

图 23-38　模拟基坑开挖后

二、试验结论

（1）悬臂结构，当护壁结构最大变的形量达到基坑深度的 2.3‰时，侧向土压力分布呈三角形，侧向土压力数值基本与静止土压力值基本相等。

（2）有支撑结构，护壁结构最大变的形量达到基坑深度的 34‰时，侧向土压力在 $0.375H$ 范围内呈梯形分布，以下呈有收敛趋势（H 为基坑深度）。侧向土压力最大值为 1.28 倍的静止土压力值。

（3）有支撑结构，当护壁结构最大变形量达到基坑深度的 58‰时，基坑深度的侧向土压力基本呈梯形分布。侧向土压力最大值为 1.25 倍的静止土压力值。

（4）连续壁结构，当护壁结构最大变形量达到基坑深度的 38‰时，侧向土压力在 $0.75H$ 范围内呈矩形分布，以下呈收敛趋势（H 为基坑深度）。侧向土压力最大数值与基坑深度该处的静止土压力值相等。

（5）除悬臂结构外，其他两种护壁结构的侧向土压力分布形式，均与原静止土压力分布形式不同。

（6）悬臂结构的变形随基坑深度与护壁结构嵌入深度比值的变化，呈曲线率增长。有支撑结构和连续壁结构随该比值的变化，呈直线率增长。

（7）软土地基上基坑护壁结构的变形具有滞后性。因此护壁结构破坏的发生较迅速，具有突变性。

（8）基坑开挖速率的大小，是影响护壁结构产生破坏的原因之一。故在实际工程中应对基坑开挖速率进行控制。

（9）护壁结构将产生破坏前，土压力值的变化比较剧烈，可出现最大峰值，所以土压力值的监测对实际工程具有很大意义。

不同基坑围护结构的侧向土压力分布见图 23-39。

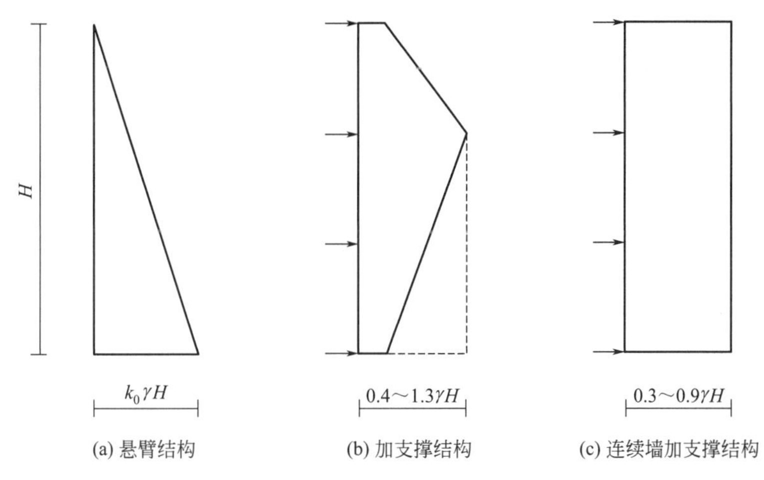

图 23-39　侧向土压力分布

思考题

1. 基坑开挖过程中，围护结构的检测，哪些监测项目首先出现变化，哪些监测项目会滞后发生变化？

2. 基坑监测项目中，哪些项目是必选项，哪些项目是可选项？

3. 为什么基坑围护结构的破坏，一般发生得比较迅速？

4. 产生主动土压力和产生被动土压力的变形量大小不同，在同种地质条件、同种支挡结构，主动土压力和被动土压力是否会同时产生？

主要参考文献

[1] GB 50021—2001 [S].

[2] JTGE 40—2007 [S].

[3] JGJ/T 422—2018 [S].

[4] JGJ 79—2012 [S].

[5] GB 50007—2011 [S].

[6] GB 50202—2018 [S].

[7] JGJ 340—2015 [S].

[8] JGJ 8—2007 [S].

[9] GB 50330—2013 [S].

[10] JGJ 120—2012 [S].

[11] JGJ 123—2012 [S].

[12] (英) T. H. 汉纳著. 锚固技术在岩土工程中的应用 [M]. 胡定，邱作中，刘浩吾等译. 北京：中国建筑工业出版社，1989.

[13] JGJ 94—2008 [S].

[14] JGJ 106—2014 [S].

[15] DB/T 29—112—2010 [S].

[16] JGJ 403—2017 [S].

[17] (美) H. F. 温特科恩，方晓阳基础工程手册. [M]. 钱鸿缙，叶书麟等译校. 北京：中国建筑工业出版社，1983.

[18] GB 50497—2009 [S].

[19] JGJ 311—2013 [S].

[20] JGJ 120—2012 [S].